U0274184

天喜文化

从声音到文字，分享人类智慧

大象与国王

Elephants and Kings

一部环境史

［美］
托马斯·R. 特劳特曼
著

李天祥
译

Thomas R. Trautmann

An Environmental History

图书在版编目（CIP）数据

大象与国王：一部环境史 /（美）托马斯·R.特劳特曼著；李天祥译. —成都：天地出版社，2023.11

书名原文：Elephants and Kings

ISBN 978-7-5455-7672-6

Ⅰ.①大… Ⅱ.①托… ②李… Ⅲ.①人类—关系—环境—研究 Ⅳ.①X24

中国国家版本馆CIP数据核字（2023）第055303号

著作权登记号：图进字 21-2019-415
审图号：GS（2023）883号

DAXIANG YU GUOWANG: YI BU HUANJING SHI

大象与国王：一部环境史

出品人 陈小雨 杨 政
著 者 ［美］托马斯·R.特劳特曼
译 者 李天祥
责任编辑 孙 裕
责任校对 马志侠
封面设计 左左工作室
责任印制 王学锋

出版发行 天地出版社
（成都市锦江区三色路238号 邮政编码：610023）
（北京市方庄芳群园3区3号 邮政编码：100078）
网 址 http://www.tiandiph.com
电子邮箱 tianditg@163.com
经 销 新华文轩出版传媒股份有限公司

印 刷 北京文昌阁彩色印刷有限责任公司
版 次 2023年11月第1版
印 次 2023年11月第1次印刷
开 本 880mm × 1230mm 1/32
印 张 13.5
插 页 4P
字 数 300千字
定 价 88.00元
书 号 ISBN 978-7-5455-7672-6

咨询电话：（028）86361282（总编室）
购书热线：（010）67693207（营销中心）

如有印装错误，请与本社联系调换

序 言

西蒙·迪格比（Simon Digby，1971）的著作《德里苏丹国的战马与大象：军用物资研究》（*War-Horse and Eelephant in the Dehli Sultanate*：*A Study of Military Supplies*）是我的最爱，也是学生们的最爱。他们从我这里借阅副本后都忘了归还。谁又能责怪他们呢？毕竟，这部著作有令人手不释卷的力量。

这部不朽的著作展示了德里苏丹国在恒河谷和印度河谷之间占据的战略位置，以及其历代国王对马匹东进和大象西出所拥有的控制能力——这正是北印度其他王国的劣势。这部书使我了解到印度诸国王在军事供给制度上的长远构建。根据迪格比书中所述，此一制度可向前追溯至两千年前，延续至大约公元1000年，此时制度已发展得更为完善。在迪格比完成他众多著作中的这部《德里苏丹国的战马与大象：军用物资研究》后，我才意识到麦加斯梯尼（Megasthenes）相关记述的重要性：孔雀王朝的皇帝垄断着马匹、大象和军队。在此之前的很长时间里，我都未注意到这一点。这一点与吠陀时代截然不同——可以很确定，在吠陀时期，马匹、大象和军队属于武士阶层私人所有。这种对比表明，孔雀王朝军队的力量和制度创新超过当时印度的其他邦国，正因如此，它成功地创建了第一个印度帝国。理解了这一点，我们才能正确理解斯特拉博（Strabo）的记述。斯特拉博说，那些记述印度的希腊作家都是骗子，因为他们所记述的内容互相矛盾。麦加斯梯尼对孔雀王朝的记述就与尼阿库斯（Nearchus）的说法相左。在尼阿库斯有关印度的记述中，大象和马匹为私人所有，并且人们会从事一些与役畜或动物驮运相关的工作。斯特拉博没有认识到，麦加斯梯尼所描述的是以恒河谷为中心的孔雀王朝东部区域，在该区域实行着与别处相异的政策，即国家垄断战争资源；而尼阿库斯记述的，则是一种存在于吠陀时代晚期的实行私人所有制的政权，这种古老的制度产生于印度西北地区，即印度河谷一带。我相信，只要人们认识到这一点，有关印度的不同记述之间的矛盾就会消失。我的这一观点已经发表在《大象和孔雀王朝》（*Elephants and the Mauryas*，1982）一文中。

可以肯定，这篇文章并不是结束，关于大象和马还有很多可论述的内容——特别是大象和印度王权之间的关系。我一直收集着自己偶然发现的资料，如有关象学的梵语文稿、英属印度时期关于大象管理和保护的文献、阿尔曼迪（Armandi）的早期著作《大象的战争史》（*Histoire militaire des éléphant*，1974），以及斯卡拉德（Scullard）的《希腊罗马世界的大象》（*The Elephant in the Greek and Roman World*）——在这篇文章中，斯卡拉德做出了重要且严谨的记述。我曾有幸参加已故的著名大象生物学家杰斯克尔·绍沙尼（Jeheskel Shoshani）举办的一日研讨会，当时他还在韦恩州立大学（Wayne State University）任教。我加入了美国哺乳动物协会的大象权益组织，方便获得杰斯克尔·绍沙尼编辑的刊物。我一直想撰写一部关于大象与王权以及大象作为军用物资问题的作品。该书构思良久，并带有一种深刻的、始终吸引着我的历史观。

多年来我一直忙于其他事务，如今这本关于大象的书终于被提上日程，成为首要的工作。就在那一刻，我无意中发现了文焕然（Wen Huanran）的著作。该书论述了中国野生大象和其他动物的分布，以及从古至今中国文献中这些动物消退和灭绝各阶段的记录。而我了解到文焕然的这部著作，则得益于另一位作家伊懋可（Mark Elvin）的著作《大象的退却》（*The Retreat of the Elephants*, 2004）。这是一部优秀的中国环境史著作。该书认为，大象生存范围之所以缩小，是因为中国王权势力和农业范围在不断扩大。这两部著作向我揭示了这样一个观点：虽然我所论述的主题只是军需问题的一方面，但是却具有环境史的深刻背景。根据伊懋可和文焕然的观点，我确定了本书的研究方向：印度王权与森林及其中“居民”的关系，尤其是与生活在森林中的人和大象之间的关系。很显然，在土地使用和动物驯化方面将中国与印度进行比较，能够说明印度王权与森林之间的独特关系。

书的著成受益于以下的文献。拉曼·苏库马尔（Raman Sukumar）的著作有力地推动了本书的完成。拉曼·苏库马尔一生致力于研究亚洲象的生理、环境和行为，他也因此成为该领域的首席专家。其处女作《亚洲象：生态与管理》（*The Asian Elephant: Ecology and Management*，1989）是他以南印度的田野工作为基础撰写的专题著作。这部著作极大拓展了人们对野生大象的认识。同时，殖民时代的相关著作也提供了相关知识。另外，苏库马尔的最新著作《亚洲大象的历史》（*The Story of Asia's Elephants*，2011），将人类历史中有关亚洲象的内容进行了大量概述。《亚洲象：生态与管理》是我撰写野生大象生理和行为的标杆与参考。而《亚洲大象的历史》对相关问题已经作了全面探讨，使得我能够进行更为专门的研究，可以聚焦问题的核心，而无须处理次要的枝节。

本书的问世还得益于很多朋友的帮助。

罗宾斯·比尔林（Robbins Burling）是我的第一位读者，他跟我一样都相信：在出版前直言不讳的批评能够体现真挚的友谊。

因为本书的主题与我擅长的领域相去甚远，所以我很乐于从我所了解并钦佩的学者那里获取相关的专业知识。这些学者包括：约翰·贝恩斯（John Baines）、雅内特·里卡兹（Janet Richards）和萨利马·依克拉姆（Salima Ikram）有关古埃及的研究；彼得·米哈沃夫斯基（Piotr Michalowsky）有关亚述帝国和两河流域的研究；迈克尔·哈撒韦（Michael Hathaway，他向我介绍了伊懋可的书）和查尔斯·桑夫特（Charles Sanft）有关中国的研究；央·莫耶（Ian Moyer）和帕特·惠特利（Pat Wheatley）有关亚历山大和希腊化时代的研究；罗宾斯·比尔林、约翰·惠特莫尔（John Whitmore）、维克托·利伯曼（Victor Lieberman）和罗伯特·麦金利（Robert McKinley）有关东南亚的研究；拉曼·苏库马尔、苏伦德拉·瓦尔马（Surendra Varma）、凯瑟琳·莫里森（Kathleen Morrison）和素密·古哈（Sumit Guha）有关环境和生态学的研究；苏伦德拉·瓦尔马有关圈养大象和象夫的研究；丹尼尔·费希尔（Daniel Fisher）有关大象历史的研究。我要感谢尤蓬德·辛格（Upinder Singh）、瓦尔米克·塔帕（Valmik Thapar）、迪维亚巴哈努辛·查夫达（Divyabhanusinh Chavda）、维波德·帕塔萨拉蒂（Vibodh Parthasarathi）、伊克巴尔·汗（Iqbal Khan）、库什拉发（Kushlav）和塔拉

（Tara）、肯尼斯·霍尔（Kenneth Hall）、吉恩·特劳特曼（Gene Trautmann）在印度和柬埔寨田野考察期间为我提供的帮助。我无法用语言表达对他们所有人的深切感谢。还有我的好朋友西奥多·巴斯卡兰（Theodore Baskaran）和蒂拉卡（Thilaka），他们一直以来慷慨地帮助我，鼓励我。

本书的某些部分最初是根据演讲报告尝试写作而成。这些报告会议由以下大学和机构举办：位于班加罗尔的印度理工学院生态科学中心（the Centre for Ecological Sciences，Indian Institute of Science，Bangalore）、贾瓦哈拉尔·尼赫鲁大学的环境历史组（Environmental History Group，Jawaharlal Nehru University）、德里大学历史系（Department of History，Delhi University）、密歇根大学南亚研究中心（the Center for South Asian Studies，University of Michigan）、奥塔戈大学（the University of Otago）、新西兰克赖斯特彻奇市的坎特伯雷大学人类－大象关系研讨会（the Symposium on Human–Elephant Relations，University of Canterbury，Christchurch NZ）、威斯康星大学南亚协会（the South Asia Conference，University of Wisconsin）。非常感谢这些机构，感谢拉曼·苏库马尔、R. 德苏扎（R. D'Souza）、尤蓬德·辛格、法里纳·米尔（Farina Mir）、威尔·斯威特曼（Will Sweetman）、皮尔斯·洛克（Piers Locke）的盛情邀请，让我获得发言的机会。

我由衷感谢丽贝卡·格雷普芬（Rebecca Grapevine）。作为我的研究助理，她工作严谨，还教会我如何使用电子设备。我特别欣赏丽贝卡在制作“使用大象进行野战和攻城战的战场分布地图”（见图 6.1）时建立数据库的工作，这项工作本身就是一场艰难的野战和持久的攻城战。妮科尔·朔尔茨（Nicole Scholtz）不吝时间，以专业的知识绘制出 4 幅地图的电子版本（见图 1.5、1.6、1.7、6.1）。伊丽莎白·佩马尔（Elisabeth Paymal）绘制了所有地图的最终版本。

我的研究由梅隆基金会资助。作为梅隆基金会的名誉研究员，我获得了来自密歇根大学文学、科学和艺术学院的配套基金，对此我甚为感激。历史系教工和时任主席杰夫·埃利（Geoff Eley）对我助益尤甚。感谢他们所有人。

我遇到很多幸运之事，其中就包括《永远的黑色》（*Permanent Black*）一书的作者鲁昆·阿德瓦尼（Rukun Advani）。他以精湛的编辑能力、友好的待人接物方式给予我宝贵的帮助。该项目还得到芝加哥大学出版社的戴维·布兰德（David Brend）的关照，我的幸运也因此翻了一番。

部分情况下我会对引用的古代资料进行转述，以便更好地表达自己的理解；原始资料可参见《参考文献》。

目　录

战象习俗的传播

第一章

大象的退却与留存

在过去的两个世纪里，世界上野生大象的数量锐减。大象的生存状况也令人担忧。

统计野生动物的数量本就十分困难，尤其是大象这样庞大的动物。而且，统计结果还会受大量不确定因素影响。但是，我们现有的信息十分确定：非洲象的数量依旧是亚洲象的10倍，据估计分别为50万头和5万头。然而，虽然非洲象的数量远多于亚洲象，但是因为国际象牙市场的需求刺激了偷猎行为，非洲象的数量也在迅速下降。虽然亚洲象受到当地政府更好的保护，甚至在一些地方，其数量还有所增长，但是高昂的象牙价格仍然威胁着亚洲象的生存。非洲象和亚洲象的未来依赖制度上的持续性举措，以保护大象免受各种人为因素引起的破坏威胁。野生大象的生存状况并不确定，这就需要政府采取持续、坚决且有效的措施。现在，野生大象的生存状况已受到国家的监护。

鉴于这种威胁，尽可能了解大象退却的原因是很有帮助的。面对将大象推向灭绝的力量，了解大象能够留存下来的原因可能对我们更有帮助。本书致力于阐述印度地区大象与人类之间的关系，着重论述印度的王权，以及受到印度宫廷用象文化影响的地区，包括北非、西班牙至印度尼西亚，还有这种文化对环境的影响。除此以外，本书还分析了大象当前的处境在过去五千年中是如何形成的。

印度与中国

当讨论印度的象文化何时传播至北非时，非洲象是论述的重点。但我的着眼点在印度，所以本书重点讨论亚洲象。首先我们总体概述近代以来亚洲象的数量。[1] 不同国家中，大象数量的区间范围按最高估算数字排序可列表如下（见表 1.1）。

目前，印度拥有的亚洲象数量最多，约为 3 万头，而全世界亚洲象总数约为 5 万头。南印度拥有的大象数量最多，主要集中在西高止山（the Western Ghats）的森林中，即泰米尔纳德（Tamilnadu）、卡纳塔克（Karnataka）和喀拉拉（Kerala）这三个相邻邦的交界地带。第二个大象数量集中的区域位于印度东北部一带，即阿萨姆邦（Assam）和梅加拉亚邦（Meghalaya）。印度大象总数中约有 3 500 头是驯化的大象。[2] 在南亚，印度的邻国也拥有一定数量的大象。其中斯里兰卡数量最多，不丹、孟加拉国和尼泊尔仅有少量。我们没有巴基斯坦的报告，但其大象数量如今已微不足道。当然，野生大象没有国界线的概念，只要地形合适，它们会反复大规模地迁徙。

东南亚各国也存在数量众多的大象，主要是那些中南半岛上的国家，例如缅甸、泰国、马来西亚、老挝（曾被称为“南掌”，意思是“万象之国”）、柬埔寨和越南。人们在印度尼西亚的苏门答腊岛

表 1.1　亚洲象数量的国别分布

单位：头

国别	大象数量估计范围（按最高估算数字排序）
印度	26 390~30 770
缅甸	4 000~5 000
斯里兰卡	2 500~4 000
印度尼西亚	2 400~3 400
泰国	2 500~3 200
马来西亚	2 100~3 100
老挝	500~1 000
柬埔寨	250~600
不丹	250~500
中国	200~250
孟加拉国	150~250
越南	70~150
尼泊尔	100~125
总计	41 410~52 345

上发现了野生大象，但是有历史记录以来爪哇岛是否有过野生大象，仍属未知。在加里曼丹岛*、马来西亚的沙巴州（Sabah）和印度尼西亚的加里曼丹省（Kalimantan）也曾发现过野生大象。我们了解到，为了满足东南亚王国统治者“进行印度化”的需求，中世纪和近代曾经存在过以驯化大象为商品的大规模海上贸易；一直到伊斯兰教

* 加里曼丹岛（Kalimantan Island），原文为婆罗洲（Borneo），地处东南亚马来群岛中部，是世界第三大岛屿，也是世界上唯一一个分属三国（马来西亚、文莱和印度尼西亚）领土的岛屿。——编者注

传入时期，东南亚诸国国王仍对大象采取印度式的使用方式。特别是在 1750 年，东印度公司向苏禄（Sulu）国王提供大象，这可能是现在该地区野生大象种群的来源。然而，我们很难将源自海上贸易的野象和当地遥远历史中幸存下来的野象区分开来。加里曼丹岛的个案仍有争议。[3] 但是，人们一致同意，孟加拉湾（Bay of Bengal）安达曼群岛（Andaman Islands）雨林中的大象源自印度，这些大象是驯化大象的野生后代。这些驯服的大象因用于工厂做工而被引入该地，直到 1962 年这些工厂被废弃。它们的后代则成为野生大象。[4]

中国在这个名单上十分靠后，拥有 200 至 250 头野生大象。中国的大象主要分布在与缅甸毗邻的西南山区——云南省；换言之，这里的大象栖息环境类似于东南亚。中国拥有的大象数量太少了，似乎可以忽略不计。但是这样做并不可行，因为有历史记载以来，整个中国都或多或少发现过野生大象。此外，云南已经成为中国环保主义的中心，率先对大象采取了保护措施。[5]

文焕然将过去七千多年时间里中国野生大象的分布情况做了详细记录，也记录了大象退却至云南地区的过程。[6] 伊懋可在其论述中国环境史长期情况的权威著作《大象的退却》（2004）一书中，引用了文焕然的研究成果。这两部著作对于目前的研究都很重要，因为它们建立了与印度进行比较的参照点。

文焕然这部关于大象的著作从属于一项更加巨大的工程，即追踪历史记载中某些动植物种类的分布变化。他的观点是，20 世纪 30 年代，人们在河南安阳殷墟中发现大象残骸，当时认为这些都是引进自东南亚的驯化大象。那时，人们还不知道野生大象曾分布于整个中国。明朝的历史文献中有记载，一些来自东南亚诸国王的驯化大象曾被当作贡物敬献给中国皇帝。这大概就是 20 世纪 30 年代人们如此推测的根据。[7] 直到后来，在古生物学和中国古代历史文献研究的基础上，前文提及的大象曾在中国分布广泛的观点才建立起来。由此，人们才认识到，在过去的几千年中，野生大象在除云南外的中国各省被逐渐捕杀或驱赶。该事实已然得到充分认可，但还不为中国以外的世界所知晓。

文焕然绘制了中国部分地区大象分布图。该地图标注了 90 个地区的数据点，来表示该地发现了大象遗骸、活象记录或者两者兼有（见图 1.1）。根据这些数据点的年代模式，文焕然在地图上添加了特定时间内野象分布极北区域的边界线（见图 1.2）。

文焕然还在地图中用线条简单呈现了不同时期的大象分布情况；同时也完整地呈现出，直至今日，野生大象都在持续向中国的西南方向退却，仅有数百头大象留存在云南一隅。中国的野生大象曾漫步于北纬 19° 至北纬 40° 的大地上，但现在其分布范围的极北值约为北纬 25° 。

如何解释大象在中国的退却？文焕然认为，气候是首要因素，人类活动也强化了该趋势，包括毁林耕种和猎取象牙。根据文焕然的观点，亚洲象进化出了一种特性，它们对周围环境的变化特别敏感；这主要是因为它们体形庞大，对食物和水有着巨大的需求，但是大象的生殖循环很慢（两年妊娠期、独胎、生育间隔较长），并且不耐寒冷。大象的外形极为特殊，它拥有长鼻子、特殊的牙齿结构（其门齿衍变成长牙，且牙齿数量减少，还形成了四颗大型的臼齿）。同时，大象对温度、阳光、水、食物的要求较高，其适应环境变化

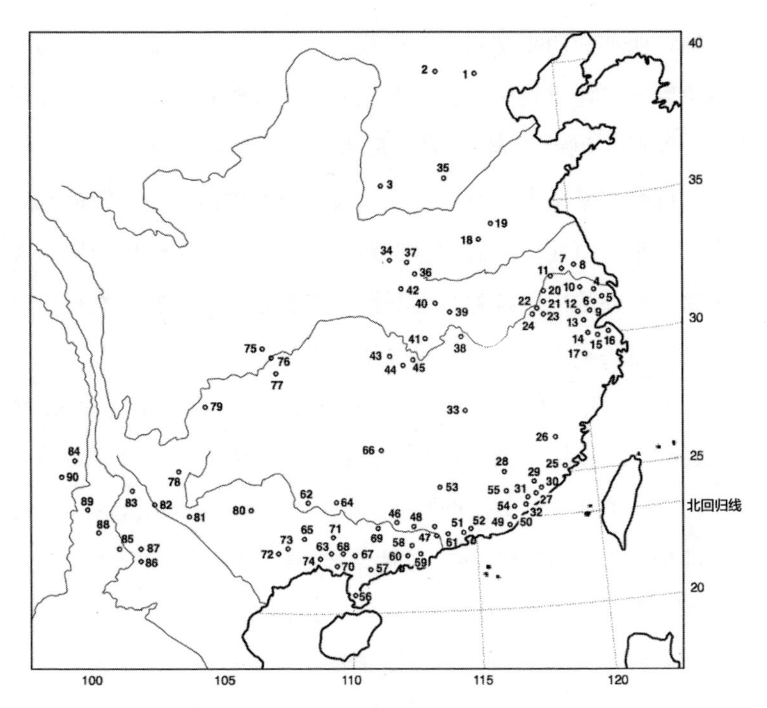

图 1.1 中国部分地区大象数据点地图

北京： 1. 北京

河北： 2. 阳原

山西： 3. 襄汾

上海： 4. 嘉定 5. 马桥 6. 松江

江苏： 7. 扬州 8. 泰州 9. 吴江 10. 苏州 11. 南京

浙江： 12. 湖州 13. 桐乡 14. 萧山 15. 绍兴 16. 余姚 17. 东阳

安徽： 18. 亳县 19. 砀县 20. 当涂 21. 芜湖 22. 繁昌 23. 南陵 24. 铜陵

福建： 25. 惠安 26. 闽侯 27. 漳浦 28. 武平 29. 漳州 30. 龙海 31. 云霄 32. 诏安

江西： 33. 安福

河南： 34. 淅川 35. 安阳 36. 唐河 37. 南阳

湖北：38. 鄂州 39. 黄陂 40. 安陆 41. 沔阳 42. 襄樊

湖南：43. 澧县 44. 安乡 45. 华容

广东：46. 封开 47. 南海 48. 高要 49. 潮阳 50. 汕头 51. 惠州 52. 惠阳 53. 韶关 54. 潮州 55. 梅州 56. 海康 57. 化州 58. 新兴 59. 恩平 60. 阳江 61. 东莞

广西：62. 都安 63. 灵山县 64. 柳江 65. 南宁 66. 全州 67. 博白 68. 浦北 69. 藤县 70. 合浦 71. 横县 72. 宁明 73. 崇左 74. 钦州

四川：75. 铜梁 76. 重庆 77. 綦江

云南：78. 昆明 79. 昭通 80. 广南 81. 个旧 82. 元江 83. 景东 84. 腾冲 85. 勐养（隶属景洪）86. 勐腊 87. 易武（隶属勐腊）88. 西盟 89. 沧源 90. 盈江

书中地图系原文插附地图

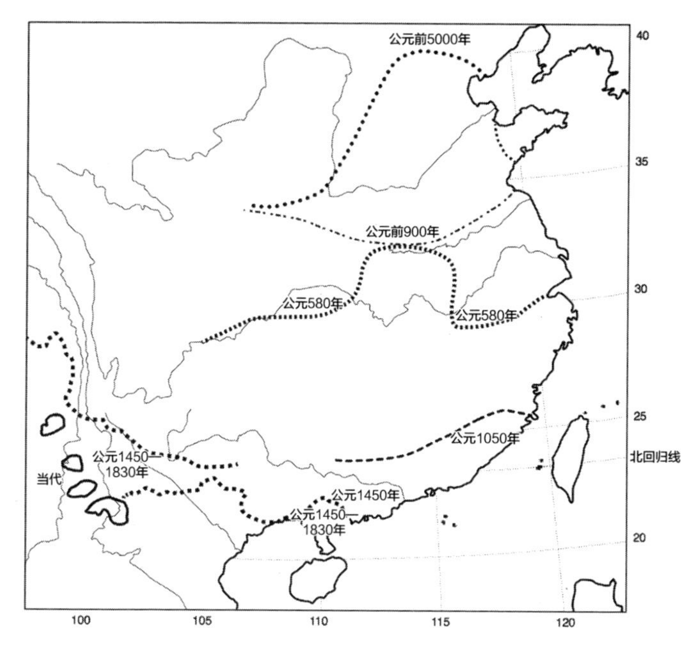

图 1.2　中国野生大象不同时期生存范围的最北值

的能力却相对较低。依据文焕然的研究，虽然可能存在短暂的逆转期，但是在过去七千年甚至更长的时间内，中国气候变化的总体趋势是从较温暖变为寒冷。

这种气候变迁模式符合野生大象生活范围的最北值逐渐南移的趋势。在这个总体南移的大趋势中，最北值有时会因为一些微小的逆转而出现波动。从相当长时间跨度的自然史角度看，文焕然将大象在中国退却的首要原因归结为气候变化。然而，人类活动的重要程度仅次于气候变化，生态破坏导致大象现在处于濒危状态。文焕然认为，有史记载以来，无节制的捕捉和猎杀对大象来说是致命的灾难。[8]

伊懋可认同这一观点，同时也认同野生大象在环境史中的特殊地位相当于“矿工的金丝雀”[*]（the miner’s canary）。在其著作开篇，伊懋可就转载了文焕然绘制的地图。[9] 同时，除了对气候变化给予了应有的重视，伊懋可更关注人类造成的环境破坏。因此，文焕然的研究指向自然史，伊懋可则更倾向于人类史。

伊懋可聚焦于森林破坏和耕地扩张。他通过丰富的中文资料（包括典籍文献和官方档案），极其详细地追溯了森林破坏和耕地扩张的历史情况。他分析认为，人类对大象发动了长达三千年的战争，而大象是这场战争的失败者。在中国古典文明中，周朝文化中就存在着“普遍针对野生动物的战争”。[10] 这种观点过分吗？查尔斯·桑夫特分析了从秦朝至西汉的法律，其中便有季节性地限制捕捉野生

* “矿工的金丝雀”是指矿井里用以监测空气状况的笼中鸟。如果这只鸟死了，就预示着矿井中的有毒气体达到了危险阈值。——译注

动物、禁止猎杀处于生长期的动物（尤其是在春夏两季）、在休耕期允许捕猎行为的记载。[11]捕捉小马驹、幼兽和孕期中的动物，捕食蛋卵，破坏鱼鸟巢穴，砍伐树木，通过放火焚烧草地进行捕猎，这些行为都被禁止。虽然伊懋可清晰地指出，这些管控措施未能有效防止自然被破坏，但是查尔斯·桑夫特认为，它们显示了保护自然的意图。这一发现修正了伊懋可的观点——这场“战争”是人类尤其是王室蓄意为之。但是，这并没有改变伊懋可的总体观点——人类活动对环境产生了影响。

在伊懋可的论述中，大象可以充当自然环境总体恶化程度的晴雨表。他从一开始就强调要认清大象退却的事实。大象是伊懋可整个研究主题的首要对象：自然环境作为一个整体，在中华文明面前处于衰落的状态。该书将大象的退却作为论据，进而论证了：人类及其活动造成了中国野生动物普遍面临生存困境，大象是其中的典型性物种。与大象的战争分为三条战线：第一，砍伐森林用于耕种；第二，消灭或捕捉大象以保护农民的庄稼；第三，狩猎大象以获得象牙和象肉（象肉被美食家所推崇）、从事战争、参与运输以及举行典礼仪式。[12]就我阅读的涉及中国君王与大象关系的证据资料看，使用大象作战的情况非常少见，似乎只在非汉族群体中有此案例。与印度成熟的战象文化不同，战象从未在中国成为一种习俗。

伊懋可查阅了中国历史、哲学、文学和宗教领域中涉及环境的丰富资料，在其著作中用三个章节来论述这些史料中蕴含的自然观点和原始环保主义的态度。他的结论是，虽然在中国历史上卷帙浩繁的文献记载中，有关环境史的信息资料非常庞大，但其中对自然的敬畏态度在很大程度上并没有起到相应的保护作用。这是一个重要且影响广泛的观点，值得详细引用：

> 最后，本书概述的价值与观念史显露出一个问题，不仅影响了我们对中国历史的理解，而且影响我们对中国环境史的理解。前文考察和翻译的宗教、哲学、文学和历史资料，一直都是我们描述、观察甚至产生灵感的丰富源泉。但是那些主导的观念和意识形态彼此之间常常相互矛盾，对于中国的环境实际发生的情况似乎没有多少解释力。个别案例确实可以解释得通，例如：佛教有助于保护寺院周围的树木；执法带来的神秘性笼罩着清皇陵，使周围环境丝毫没有受到经济发展的影响。但从总体来看，解释不通的情况更多。撇开一些细节不谈，似乎没有理由认为，中国的人为环境是由中国人特有的信仰经过三千多年的长期发展和维持所形成的。或者说，中国在自然世界的可能性和局限性，与权力、利益追求造成的巨大影响，以及在二者互动中产生的技术，是无法相提并论的。[13]

因此，特有的信仰和观念对中国环境史的影响微乎其微。伊懋可有力地证明了，环境变迁的真正动力是人们对权力和利益的追逐，而这一观点对研究印度的历史学者来说有深远的影响。这些历史学者参阅的文献资料大多是由宗教学者著述的。也就是说，如伊懋可的书中所述，把中国的土地使用模式同法国或者书中所说的印度模式相比较，中国的模式看起来就不仅仅在单纯地追求权力和利益。如何根据各种需求分配土地似乎才是根本性的选择或优先考虑的因素；我称其为土地伦理，它本身是一种占据主导的观念，尽管文献中可能呈现出相反的观点。

我认为，中国和印度在土地伦理问题上最显著的差异并不是在文学、哲学或宗教观念上，而是在君王与大象的关系上。具体说来，印度诸王国和东南亚进行印度化的各王国都会捕捉野象，训练它们作战，然而使用大象作战的制度却从未扎根于中国。实际情况是，虽然中国的君王曾经接触过运用大象的战争，但是他们拒绝将其作为战争手段。就此问题对中国和印度进行比较需要考察诸多差异；例如，中国的种植农业极度依赖大量劳动力，而印度的农业则依赖于家养驯化动物和放牧畜牧动物。我们可以用战象的历史进一步解释中印之间的不同：一方面，大象在中国大规模地退却；另一方面，近代以来印度和东南亚的野象尽管也在大规模地退却，但却留存了下来。

大象和马

图 1.3 展示了亚洲象现在的分布状况和它们退却以前的分布状况。如文焕然所记录，在图 1.3 中，亚洲象过去的分布范围囊括了中国大部分地区，还包括印度和巴基斯坦的广大区域，也就是印度次大陆的西半部，此外还有一条狭长的区域延伸至叙利亚。

大象的退却则表现为这个范围的最东端和最西端在急剧收缩，以至于大象被限制在中间区域，如南亚和东南亚各国，以及中国云南省。如今在此区域内，亚洲象的栖息地被高度分割，成为孤立的地带，且被人类聚居区包围。地图上绘制的大象退却情况展示的是有历史记录的时期，即从早期文明留下文字记录以来的时期。从某

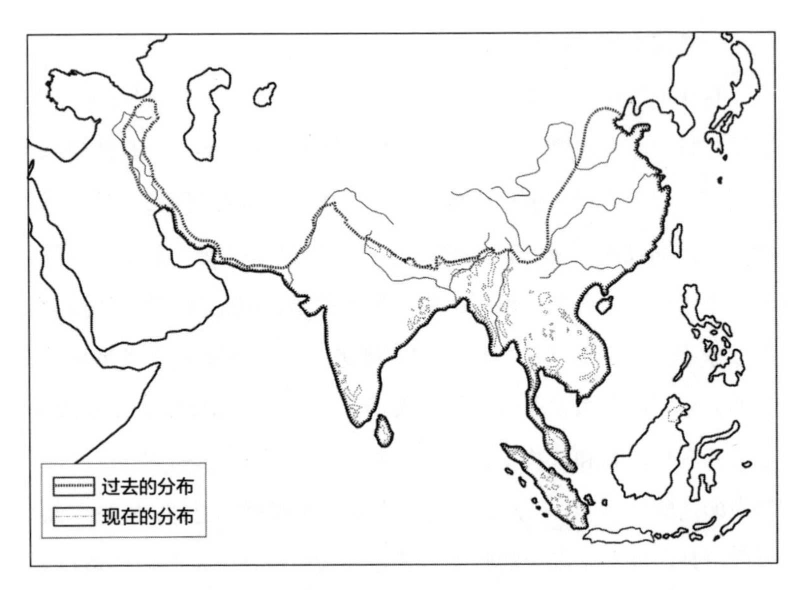

图 1.3　过去和现在亚洲象分布图

种程度上，我们依据档案追寻大象退却的原因和速度，可以发现其与文献记载中早期开化文明的扩张情况相吻合。[14]

在漫长的历史中，整个亚洲范围内的野生大象都在退却，直到大幅缩小至现在的生存范围。但是，在印度和其邻国的部分区域内还是有大象留存下来。为了获得古代印度野生大象更加详细的描述，我们可以参阅梵语文献中提到的 8 个大象森林（*gaja-vanas*）。考底利耶（*Kauṭilya*）在《政事论》（*Arthaśāstra*）中罗列出了这些森林的名单。《政事论》是论述王权的专著，相关论述在该书中占据主要篇幅；其中记载了这 8 个森林的名字，并根据总体情况划分了优劣。《政事论》是已知最早列出 8 个森林名字的文献；虽然这部著作的成书年代还有争议，但人们大都认为该书成书于两千年

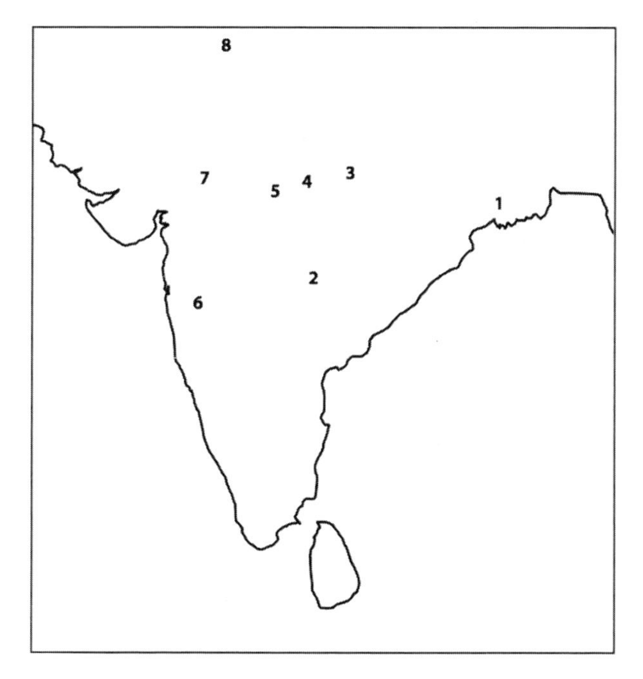

图 1.4　古代印度 8 个大象森林

1. 东部森林（Prācya）2. 羯陵伽森林（Kaliṅga）

3. 车底卡鲁沙森林（Cedikarūṣa）4. 达萨尔那森林（Daśārṇa）

5. 鸯伽森林（Āṅgareya）6. 阿帕兰陀森林（Aparānta）

7. 苏拉什特拉森林（Saurāṣṭra）8. 潘卡纳陀森林（Pāñcanada）

前或更早时期。[15] 在《政事论》之后，又有 4 部著作列出了相同的 8 个森林名称。由此，这个名单就变得非常清晰了。后来的文献也详细说明了这几处森林的边界，我们可以依据文献绘出地图（见图 1.4）。[16]

图 1.4 大致指出了 8 个大象森林的位置。当然，这些森林中会存在大象固定活动的区域，也会一直不断出现新的林区，其中可能存

在大象活动，但是在我们的资料中并没有用单独的边界展示出来。[17]大象森林的名单依据北印度的视角列出；因为正如我们所见，该名单不包括南印度西高止山的大象森林，如今这里的大象数量位列全世界之冠。有一个例外，即《心智之光》（*Mānasollāsa*，1131），这部文献没有以北方的视角看问题。该文献来自德干半岛（Decccan Peninsula），记述了从阿帕兰陀森林向南延伸至喀拉拉邦的西高止山和从羯陵伽森林向南延伸至泰米尔国家（达罗毗荼，*Drāviḍa*）的情况。这份文献就这两个地区提供了其他资料所没有的详细记述。很显然，《心智之光》通过向南延伸边界线，完善了大象森林的名单。

抛开南印度这个有争议的案例不论，这份名单列出的 8 个大象森林向我们阐述了，中印度和东印度地区很好地保护了野生大象，同时也说明了两千年前印度河流域（可能只有旁遮普的部分地区）和西部海岸也存在着一些野象，但是如今这些地方已经找不到大象了。从历史趋势上看，印度次大陆上大象生存范围的西部区域正逐渐收缩，因此野生大象曾经的总体分布范围并不会小于最早的文献《政事论》中的记载。

有关这 8 个森林，我们掌握的资料并没有直接给出大象数量的密度。但是如果我们把名单和地图（见图 1.3）进行比较，就能看出野生大象的范围在西部随着时间推移而缩小。我们可以合理地推论，虽然在古代，野生大象确实在印度河流域和西部海岸的森林中存在，但是它们的数量本来就比中印度和恒河流域森林中的少。梵语文献虽然没有透露出大象的密度，但却根据大象的品种优劣将这 8 片森林依次排序。尽管各个文献对森林的排序并不完全相同，但是通过比较可看出，它们的排序规则是一致的。古代官方文献一致认为品种最差的大象产自印度河流域（潘卡纳陀森林）和卡提阿瓦半岛（苏拉什特拉森林）。这一地区的野生大象如今已经消失，因此我们能推断出古代这里的大象数量也不如其他森林的多。中上等的象种据说发现于东印度和中印度的森林中。因此，北印度恒河流域的国王，如孔雀王朝的诸王，比印度河流域的国王拥有的大象在数量和质量上都占据着极大优势。

最近，印度政府大象问题工作组（The Elephant Task Force to the Government of India）的报告使用了 8 个大象森林的地图，这既是我们了解两千年前情况的最佳资料，也为当前绘制大象分布图提供了数据。[18] 在此，我绘制了 2005 年大象官方保护区所处位置的地图（见图 1.5）。这些保护区在地图上以点状而不是以片状呈现。这幅地图虽然没有将印度 3 万头大象全部包含在其中，但是已经包含了绝大多数。因此，图 1.5 只是描述了印度共和国内大象分布的整体范围。许多保护区非常小，并且全都被介于其间的土地所分割。但是，在其中一些保护区，大象可以通过走廊通道进行迁徙。如图 1.5 中的图例所示，人们根据地理环境特征将保护区进行划分。我们对比图 1.5 和图 1.4，就能看出在过去的两千年中，也就是从《政事论》时代起，保护区的范围就在自西至东急剧收缩。我们还可以看出大象的森林栖息地变得有多么狭小且支离破碎。大象通过走廊通道可以在森林之间迁徙，但这种缓解生存困境的方式并不多见。走廊通道地区往往存在人象冲突的隐患，因此这种缓解方式依然不够。总而言之，在栖息地萎缩的时期，大象种群的孤立是一个巨大的问题。

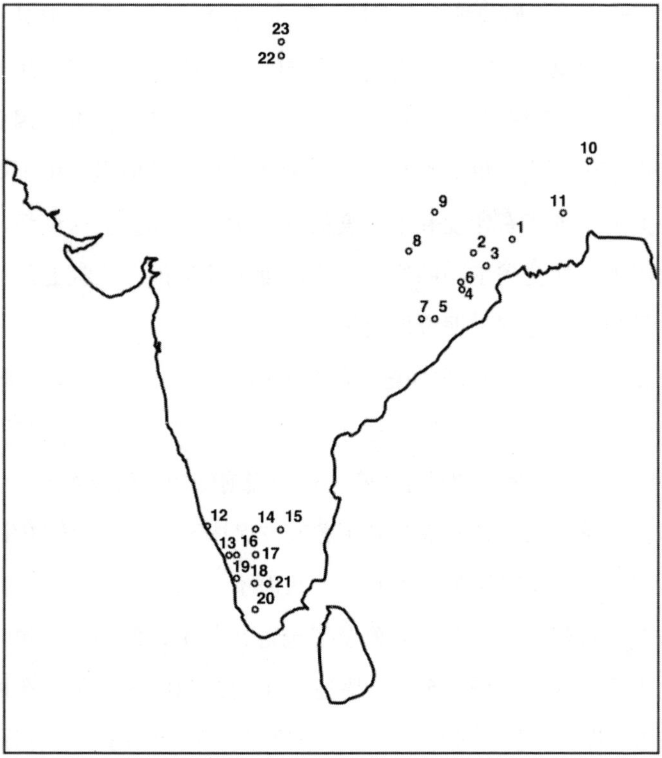

图 1.5　印度当代的大象保护区

东中部地区：1. 马尤尔哈纳 2. 辛格布姆 3. 马尤尔班杰 4. 黙哈讷迪 5. 森伯尔布尔 6. 白塔尼 7. 南奥里萨 8. 莱姆鲁 9. 巴达尔科尔—塔摩平加拉

东部地区：10. 东部保护区

梅加拉亚地区：11. 梅加拉亚保护区

布拉马吉尔—尼尔吉里—东高止山地区：12. 迈索尔 13. 瓦亚纳德 14. 尼尔吉里 15. 雷亚拉 16. 尼伦布尔 17. 哥印拜陀

阿奈马莱—尼利安帕蒂—高山脉地区：18. 阿奈马莱 19. 阿纳穆蒂

贝里亚尔—阿加斯山莱地区：20. 贝里亚尔 21. 斯里纬利布杜尔

西北部地区：22. 希瓦里克 23. 北方邦

古代印度横跨广大区域的 8 个大象森林，如何变成如今这些大象保护区的呢？找到这两个时期的中间节点很有必要，也就是说，需要考察《政事论》成书之后到印度共和国建立之前的这一时期，这有助于我们理解大象退却的速率。莫卧儿帝国时期给我们提供了这样一种可能性。因为莫卧儿帝国的历史较长，有大量文献，其君主又喜爱大象。阿克巴（Akbar）就是喜爱大象的最佳例证，阿布勒·法兹（Abu'l Fazl）在《阿克巴则例》（*Institutes of Akbar*, 1598）[19] 中描述了皇帝和整个帝国，其中就有大量关于大象的内容，既有野生大象的记录，也有驯化大象的描述。此外，莫卧儿帝国时期还有许多其他的资料和欧洲旅行者的描述，这些都可以为大象的生存范围提供详细记录。幸运的是，这些资料已经由研究莫卧儿帝国历史的学者伊尔凡·哈比卜（Irfan Habib ）仔细筛选，并绘制成地图收录于《莫卧儿帝国图册》（*An atlas of the Mughal Empire*, 1982）中。野生大象只是哈比卜这本图册中的一项内容，我从中选取并绘制了图 1.6。图 1.6 大致涵盖了 1600 年至 1800 年这一时期，也就是从《政事论》到《大象问题工作组报告》之间长达两千年时间跨度的后期。

我们将莫卧儿帝国时期野生大象的分布情况和《政事论》中记述的 8 个大象森林进行比较，可以看出大象已经从印度河流域和上德干地区（upper Deccan）退却，但是在中印度地区很好地留存了下来。虽然中印度的大森林区如今变得支离破碎且环境恶化，但这里一直是野生大象生活的区域，而且两边临海。另外，莫卧儿帝国时期的文献资料还记录了广袤的南印度地区和斯里兰卡野生大象的生存范围。回溯到《政事论》时代，不算印度河和上德干地区，野

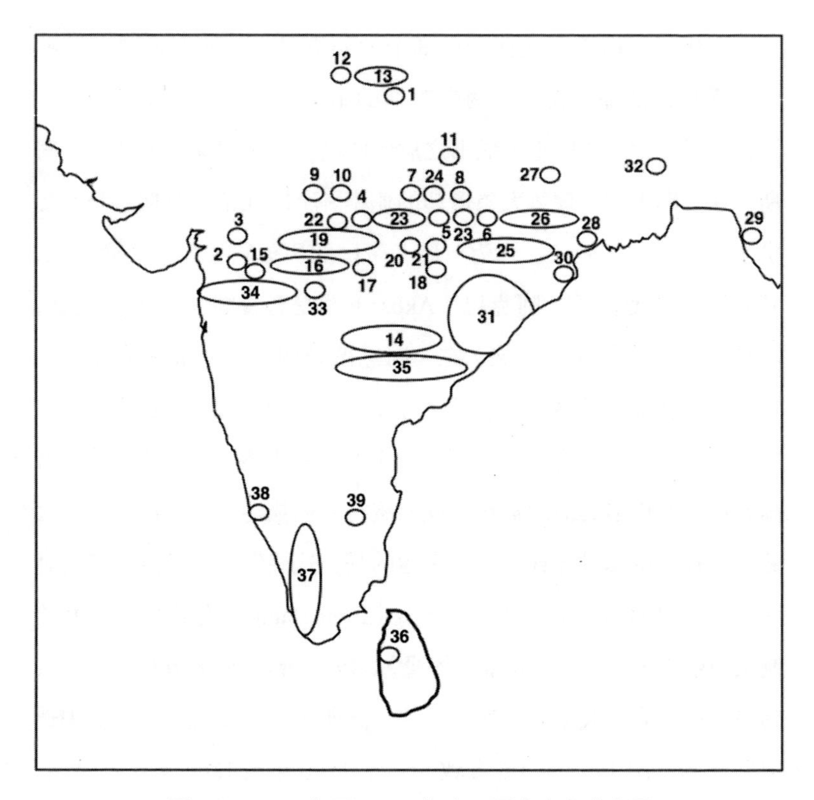

图 1.6　1600 年至 1800 年南亚野生大象分布图

旁遮普： 1. 赫里德瓦尔 & 库毛恩

古吉拉特： 2. 多赫德 3. 宾达查尔山脉

北方邦： 4. 钱德里 5. 宋 6. 罗塔斯 7. 加霍拉 8. 康提特 & 丘纳尔 9. 纳瓦尔 & 希沃布里 10. 帕扬万 11. 戈勒克布尔 12. 赫里德瓦尔 13. 尼赫陶尔

中印度： 14. 巴拉加尔 15. 比贾加尔 & 桑德瓦 16. 罕迪亚 & 霍申加巴德 17. 代奥格尔 18. 勒登布尔和 马丹普尔 19. 安恰德、萨特瓦斯 & 赖森 20. 加尔 21. 巴塔 & 苏古贾 22. 钱德里 & 卡林贾 23. 卡林贾 & 加霍拉 24. 加霍拉、康提特 & 丘纳尔

比哈尔： 25. 恰尔肯德 26. 南方山地 27. 穆隆

孟加拉： 28. 马哈茂达巴德 & 希拉法塔巴德 29. 阿拉干 30. 萨特冈

奥里萨： 31. 奥里萨 & 恰尔肯德

阿萨姆： 32. 阿萨姆

西德干： 33. 代奥格尔 34. 苏丹布尔 & 拉杰比布拉

东德干： 35. 巴斯塔

南印度和锡兰： 36. 锡兰 37. 马拉巴尔 38. 卡纳拉 39. 蒂鲁伯蒂

生大象的生存区域在一千年来实际上保持得很好。因此，回溯历史，我们看到的是，印度诸国王一千多年来为了战争捕捉大象，但它们的数量却不曾减少。然而，根据如今印度政府大象问题工作组的相关报告，我们可以很明显地看出，大象的栖息地在急剧缩小（此外，有可能是栖息地数目在骤降），而这一情况发生在印度历史上的殖民时代和民族国家形成时期。这就告诉我们，大象数量的降低并不是发生在战象时代，而是发生在晚近时期，即自 1800 年始。大象的减少速率在很长一段时期内都比较低，有可能和同一时期人类相对缓慢的人口增长速度保持同步，而在最近两个世纪里，人类的人口数量则在急剧增长。

哈比卜这本图册还绘制了牧马场的分布，主要放牧的是骑兵用马，但也有被称为“古特”（Gunt）和“坦罕”（Tangan）的“本土品种”。

该信息极有价值，因为从迪格比所展示的德里苏丹国时期战马与大象的关系来看，这些动物都是印度军队的主要役畜。另外，运输车队也需要大量的役牛，有时还需要骆驼和驴。被捕捉和使役的大象是军队广泛使用的一部分役畜，了解其供应地的地理情况也很有帮助。我们将哈比卜这本图册中有关马的信息标注出来（见图

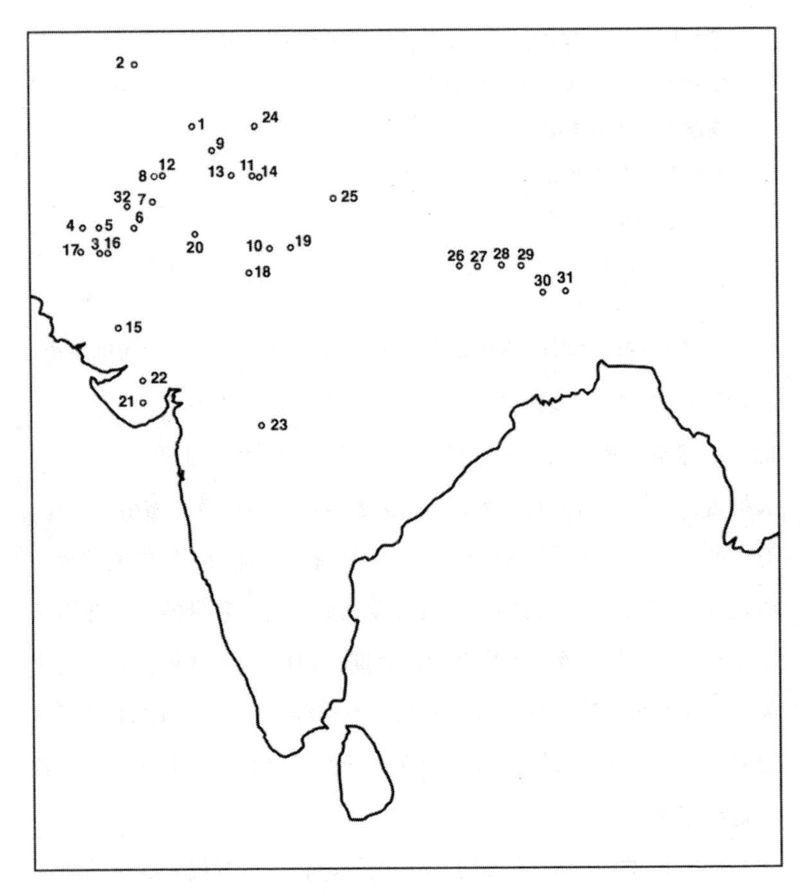

图 1.7　1600 年至 1800 年南亚的牧马场

骑兵用马

北阿富汗：1. 加卡尔 2. 巴达克珊

南阿富汗：3. 基尔塔尔山脉 4. 卡拉特伊・尼查拉 5. 西维 6. 巴尔坎 7. 杜克 8. 德拉伊斯梅尔汗

瓦吉拉巴德：9. 瓦吉拉巴德

旁遮普：10. 巴赫尼凯拉 11. 菲罗兹布尔 12. 达伊拉伊斯梅尔汗 13. 伯蒂・海巴特普尔 14. 巴伊瓦拉

信德： 15. 索兹 16. 基尔塔尔山脉 17. 科希纳兹

拉贾斯坦： 18. 苏巴·阿杰梅尔 19. 梅瓦特

古吉拉特： 20. 朱纳格尔 21. 帕德尔河 22. 纳瓦加尔 23. 卡奇

中印度： 24. 比罕甘

本土品种

汗布尔： 25. 汗布尔

北方邦： 26. 库毛恩

比哈尔： 27. 莫瑞斯丘陵

孟加拉： 28. 库奇 & 戈拉加特 29. 布坦特山脉 30. 穆隆丘陵

阿萨姆： 31. 达夫拉丘陵

进口阿拉伯马的商业点

32. 木尔坦

1.7），就能看到这种动物大多来自印度河流域及其以西地区，即今天的阿富汗地区，部分则来自喜马拉雅山麓。前者是战马的牧场，后者则是成色不高的本土品种的产地。尤其对阿拉伯人而言，木尔坦（Multan）是外国马匹，尤其是阿拉伯马，以及中亚和伊朗马匹的主要交易中心。而在半岛地区，马匹通常从海外进口。

这些牧马场（生活在其中的不是野马，而是原产自中亚的马）与莫卧儿帝国时期（实际上是两千年前）的野象森林，在地域范围上完全不重合。大象和马生活范围的互补现象，与森林、草地两种自然景观的分野及干湿有别的气候相关。这种现象对人类生活产生了至关重要的影响，在国王和军队的政权统治下，人们需要依靠大量役畜。一方面，这意味着在地图上的某个王国，如果拥有马和大象其中任意一种战争关键力量，便会处于有利地位；反之则处于不利地位。这些由直接分配而来的资源，让供给问题、战场战术考量都变得复杂起来。另一方面，这还意味着，由于马和大象栖息地的边界线贯穿印度，印度的军队便可以同时获得马和大象。但是其他国家则只能获得一种动物，或者两种均不能获得。在印度，马和野象生活在各自的区域内，这一结构在印度历史上长期存在。马和大象的栖息地彼此隔离但又大致毗邻，而印度则横跨这两大区域。这意味着，印度的国王们可以同时将两种动物部署在自己的骑兵部队中。印度以西的地区有马但是没有大象，包括阿富汗、波斯和中东；东南亚则有大象却没有马。只有印度的统治者两者兼有。

亚洲象

根据林奈分类（Linnaean classification）体系，亚洲象属于：

哺乳动物纲（纲）
长鼻目（目）
象科（科）
象属（属）
亚洲象种（种）

大象及其近亲曾经遍布在非洲、亚欧大陆和北美洲，而如今只有亚洲的部分地区和非洲还有野生大象。亚洲象和非洲象有许多差异。最容易辨识的就是非洲象拥有更大的三角形耳朵，而亚洲象的头上有两个包，梵文称作“*kumbha*”，字面意思就是“罐子”。两者

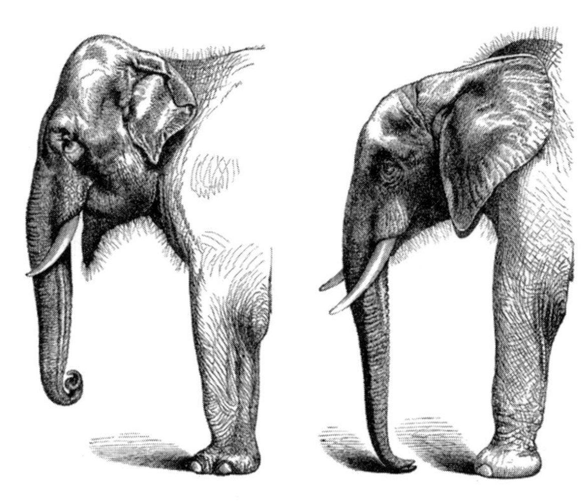

图 1.8　亚洲象头部侧视图（左）、非洲象头部侧视图（右）

头部的体态和形状（见图 1.8）以及背部的倾斜度都有所不同：亚洲象的头可以昂得更高一些，非洲象的背部向下凹陷，而亚洲象则向上凸起。

非洲象属于非洲象属，它们的拉丁文名称 *Loxodonta* 意为“菱形牙齿”，指的是其臼齿上隆起的纹路。非洲象有两个主要的变种。人们曾经将其视为同一个非洲物种的两个不同变体，但是动物学家现在认为它们是两个不同的物种，分别是非洲森林象（*L.cyclotis*）和热带草原象（*L.africana*）。这两个物种之间的差异与我们想要追溯的历史有关。热带草原象明显比亚洲象更庞大且沉重，但是非洲森林象的体形却比亚洲象要小。这样我们就能理解，希腊化时代的埃及统治者向印度学习了捕捉训练野生大象的技术，运用到它们的近亲物种，也就是体形更小的非洲森林象身上。当非洲森林象在战场上遇到体形更大的亚洲象时，它们会处于不利地位。[20]

大象属于长鼻目，在几百万年前便从它们最近的亲族中分化出来了。这些近亲物种包括儒艮（dugongs）和海牛（manatees），也包括蹄兔（hyraxe）（一种小型的挖穴动物）。在恐龙灭绝后，长鼻目动物的大分化发生了，其中已经有300个种类得到确认。[21] 大象取代了曾经的大型蜥脚类食草恐龙，成为陆地上最大的动物。

恐龙时代处于白垩纪时期，大约开始于6 500万年前，随后是第三纪。这两个时期极为不同，因为动植物物种大量灭绝，其中最著名的灭绝物种就是恐龙；而这场灭绝还蔓延到了其他陆海物种。研究物种灭绝的科学家们一致认为，这次大灭绝是由一颗巨大的小行星和地球相撞引发的。[22] 灰尘形成的浓厚云层，使得天空长年黑暗；到达地球的有效阳光大量减少；植物死亡，温度骤降；包括食草和食肉动物在内的大型动物在地质时期内迅速灭绝。爬行动物中幸存下来的很少，仅有鳄鱼、乌龟、海龟、蜥蜴、蛇等；而作为可飞翔恐龙的后代，鸟类不仅幸存下来了，而且还衍化出许多不同的种类。随着恐龙时代永远结束，哺乳动物的时代即将开始。下一个时代的大型动物，不论是食草类还是食肉类，都是哺乳动物。恐龙大灭绝是一场灾难，但却给哺乳动物提供了一个延续6 500万年的机遇。其中就包括本书的两个主角：人类和大象。

在物种大灭绝以后，长鼻目哺乳动物的谱系中出现了大量新物种。其中的象科在600万年前进化产生了3个显著的种类：亚洲象、非洲象和猛犸象（*Mammuthus*）；其近亲乳齿象（*Mastodon*）在稍早的时候就开始分化出来了。虽然猛犸象和乳齿象现已灭绝，但这四类物种延续到晚近的时代。[23]

亚洲象的生理机能在其进化过程中形成了非常明显的特化结构。

大象生理结构中最突出的器官就是长鼻子（trunk）；实际上，该器官由鼻子和上嘴唇衍化而来，可以用来往嘴里送食物、喝水、交流、呼吸（在水下时可以潜水）等。象鼻的边缘处像手指一样，可以用来抓住较小的东西；非洲象有两个这样的“手指”，鼻尖末端上下各一个。正是因为象鼻，大象在梵文中有着一个早期的名字即“有手的动物”（*mṛga hastin*），在印地语中为“*hāthi*”。大象牙齿的特化也同样明显。两颗门齿延长成长牙，雄象的长牙庞大且非常沉重，可以用来辅助饮食，也可以用来战斗。雌象只有短的长牙，可能短小到看不见。与雌象相比，许多雄象的长牙也很短小，甚至不易看到；这样的大象在印度被称为“*makhna*”。更早期的大象及其近亲的下颌还长有两颗短长牙，但是现在下颌长牙和其他奇特的门牙都已消失了，仅见于化石中。臼齿（molar）是大象牙齿中另一个极为复杂且重要的组成部分。大象只有四颗臼齿，口腔上颌两边各一个，下颌两边各一个。这些巨大的臼齿整天整夜都在磨碎大量植物。臼齿会因为过度使用而磨损。幸运的是，一副新的牙齿会像传送带那样从现有的臼齿后面向前顶出，替换磨损的臼齿。大象一生中有 6 副臼齿。亚洲象到 60 岁时，就只剩最后一副牙齿了；它们一般活不过 70 岁，因此最后这副臼齿足够其使用。特别年迈的大象则可能会因为饥饿而逐渐死去。[24]

大象最明显的特征是庞大的体形，并且还有特殊的咀嚼器官——长牙和臼齿。体形庞大是一种优势，可以让成年大象不惧怕食肉动物。梵语诗歌中经常会描写狮子和大象之间的决斗，最终让狮子赢得胜利；因此，诗人们经常把他们的贡主比作狮子，而把敌人的国王比作大象。但实际上，许多只雄狮才能把一头成年大象杀死。人们在非洲可以拍摄到一群狮子捕获一头大象的场景，不过现实中健康的成年大象几乎不怕任何食肉动物。然而，另一方面，虽然幼象一生下来很快就能行走，但它们还是会被狮子和老虎当成猎物，所以必须有体形巨大的母亲、养母或“保姆”来保护。这些大象负责看护幼象，会张开耳朵，吼叫着冲向靠得太近的捕食者以吓退它们。

除了长牙和臼齿外，大象还一个特殊的生理结构，那就是由喉咙、胃和超过 30 米（约 110 英尺）长的肠道组成的消化系统。大象的消化系统的效率不是很高，吃掉的食物中大约有 44% 会经过肠道排出体外。《大象问题工作组报告》指出：大象平均每天留下 16.3 个粪堆。该数据有助于估算森林中野生大象的数量。[25] 不同于鹿、羚羊和牛，大象没有第二个胃来帮助它们从食物中摄取更多能量。大象的饮食结构主要由叶子（树和灌木，还有竹子的叶子及细枝）和草构成，能量不是很高。苏库马尔已经确定，在野生亚洲象的食物中，70% 为嫩枝叶，30% 为草。这也是亚洲象喜欢森林而不喜欢开阔草原的原因之一。[26] 由于它们体形庞大，需要消耗能量，而消化道又很特殊，所以野生大象必须花费大部分醒着的时间来不断觅食、进食，每天要花费 12 到 16 小时。

我们需要停下来思考大象与人类消化模式的差异，因为当人类开始捕捉并负责给它们提供食物时，彼此之间消化模式的差异就变得非常重要。正如我们从理查德·兰厄姆（Richard Wrangham）的经典著作《生火：烹饪食物如何塑造人类》（*Catching fire*：*how cooking made us human*，2009）中看到的那样，人类进化形成了形态巨大、精力充沛且十分耗能的大脑，同样也提出了前所未有的、更高程度的食品加工要求：食物在被摄入体内前需要切割、磨碎、捣碎；还要育化植物，筛选出具有高能量特性的品种；最重要的是要用火进行烹制。人类的身体也随着这些饮食文化的发展而变化。这些特征让人类与近亲黑猩猩渐行渐远：人类的下颌和牙齿变得更小，腭肌变得更弱，肠道变得更短，极大地缩短了进食和消化所需要的时间，人类因此可以有充裕的时间从事多样的活动。有些动物喜欢食用人类种植的作物和加工过的食物，包括熟食，因为这样的食物可以提供更高的能量。兰厄姆没有讨论家养动物的情况，但我们能看到，种植粮食作物和加工食品对于控制驯化大象至关重要，缩短了大象觅食所消耗的时间，还增加了大象为人类工作的时间。[27]

然而，大象每天有巨大且急迫的食物需求，其体积是自身新陈代谢水平所能维持的最大值。它们还需要大量饮水，还需要河流和湖泊供其洗澡。大象在炎热时需要保持凉爽，主要的解决方法是用耳朵散热。大象的耳朵大而薄，而且充满血管。大象全身上下没有汗腺辅助散热，只有脚上有少数汗腺。因此，亚洲象无法忍受热带草原充足的日光，天气炎热时需要树荫供其休息。这就是亚洲象与森林产生联系的第二个原因。[28]

跟非洲象一样，亚洲象的活动也以母系群体为单位。母系群体由雌象、雌性幼象、雄性幼象以及其他亲属构成；群体中包括成年雌象，而成年雄象则要独自生活，或生活在年轻雄性大象群中。成年雄象为了交配会暂时加入雌象所在的象群。当雌象想要交配时，就会允许雄象加入象群，通过气味、行为等可感知的身体信号来暗示其性冲动。随后，温柔的求爱行为就会发生。它们主要使用长牙、身体和头，并发出隆隆的声音。最后，雄象从雌象的背后靠近，蹲下后腿，将前腿抬放到雌象的背部，让身体几乎垂直，然后进行交配。这样的交配行为要反复发生数次，有时会持续数天。但是，双方最终会分开，回到各自原先的群居环境中。大象的孕期会持续 18 至 22 个月，几乎都是独胎。偶尔会出现双胞胎，但是很少见。

通常，雄象每年都会有一段“狂暴期”（musth），可能会持续几天或数周，有时还会持续几个月。睾丸素的激增和其他复杂的激素变化会导致大象的太阳穴肿胀，接着从其耳孔前端的颞腺流出黏浊、刺鼻、苦涩的液体。这种液体会在大象身上留下垂直的黑色痕迹，这是其处于狂暴期的标志。大象具有攻击性，好战且易激怒；每当这时，它的阴茎就会滴下尿液，这种情况会持续一段时期。狂暴期伴随着交配行为，但并不只是这样。英语通常将印度语言中的“狂暴期”译为“发情期”（rut），其意思大概接近，但又不完全准确。鹿和其他有蹄类动物也有发情期。在发情期，激素刺激会同时影响雄象和雌象，导致雄象之间互相争斗，异性之间发生交配行为。但是，对于大象而言，狂暴期在雄象中并不同时发生，其他雄象一般会避让那些处于狂暴期的雄象，让后者至少在短期内处于统治地位。雌象发情不是季节性的，也不与雄象的狂暴期相协调，而是一年内大约发情 3 次，每次会持续数日（对那些未怀孕或没有哺育幼象的雌象而言）。总而言之，雄象的狂暴期在时间上并不总是和雌象的交配准备期相一致；狂暴期只是激发了雄象间的竞争以建立统治地位，并让雄象产生强烈的交配欲望。[29] 因此，大象并不存在所谓的发情期或交配季。狂暴期是雄象身体强壮和建立统治地位的标志。人们十分重视印度战象的狂暴期，认为没有进入狂暴期的雄象并不占据统治地位，或是健康状况不好。

在阐述了亚洲象的演变和生理后，我需要论述史前的人象关系问题。如果我们清楚地了解王权兴起前发生了什么，就可以进一步理解大象与王权之间的关系。对比前王权时期和王权时期之间的差异，有助于我们评价王权对人象关系的影响。这种差异也是“王象关系”产生的背景。不幸的是，这个问题引发了激烈的讨论。

大象及其近亲物种构成了若干种系，其中一些在人类出现前很久就已经灭绝了，个中原因很难查明。其他物种灭绝于晚近的地质时期，也就是现代人类走出非洲向全球扩散的时期，猛犸象和乳齿象就是其中的典型。一些猛犸象和乳齿象的残骸上还有刻痕，似乎表明它们是被人类用石器工具杀死的；用某种楔子强行切断关节的迹象也暗示着杀戮的存在。这是某些人类食用猛犸象和乳齿象的证据。相比于死于人类的狩猎活动，找到证据证明这些动物是死后才被捡拾食用，是更为困难的事。

有趣的间接证据来自北美洲。猛犸象和乳齿象在大约 1.3 万年前，随着人类到达北美洲，与各种大型哺乳动物一起几乎同时灭绝；该观点的主要支持者是保罗·马丁（Paul Martin）。更大范围的大型动物灭绝事件发生在晚近的地质时期，被称作“第四纪晚期大型动物灭绝（Late Quaternary megafaunal extinctions）”。这场灭绝发生的同时，现代人类到达世界各地，包括北美洲、南美洲、欧洲、澳大利亚、新西兰。根据马丁的观点，人类迁徙正是“过度捕杀”的原因。人类扩散到全球各地与大型动物灭绝，两件事同时发生，这是人类狩猎导致大型动物灭绝的很好的间接证据，虽然二者的发生时间很难确定于一个精确的范围内，并且人类到达美洲的时间也一直存在争议。如果我们用极端案例来比较，即澳大利亚和新西兰，就会发现验证人类扩散和大型动物灭绝同时发生这一理论并不困难。虽然两地相邻，但人类到达澳大利亚的时间早在5万年前，而到达新西兰的时间不足1 000年。两地的大型动物（澳大利亚的巨型袋鼠，新西兰不会飞的恐鸟）都是在人类到达后灭绝的，这一点符合“过度捕杀假说”。[30]一项针对世界范围内大象及其近亲物种的研究显示，在过去180万年里，人类捕猎或食用长鼻目动物的地点与人类（人属）生活边界的扩张有着紧密的关系，但该研究使用的样本非常小，仅有41个案例。[31]

第四纪晚期大型动物灭绝的理论模型已经建立起来了，另一方面，专家们对马丁提出的过度捕杀导致物种灭绝的理论仍存在分歧。与马丁理论相关的假设还认为，过度捕杀如同闪电战一样快速发生，这也加深了人们的怀疑。要知道，引起物种灭绝的非人为因素同样存在，其中就包括气候变化。气候变化被当作众多物种灭绝的动力，因此可以预料，这一因素将最早得到研究。在这一领域，丹尼尔·费希尔和同事们已经研究了猛犸象和乳齿象的长牙。大象的长牙一生都在生长。长牙的横截面上会显示逐年增长的纹路，这些纹路可以细分为半月纹和日纹，可以提供大象的营养状况和死亡时间等信息。费希尔已经能够根据乳齿象的遗骸确定三点信息：第一，这些动物通常都是巨大的成年雄象（因此可能独居）；第二，它们死亡的季节可能在晚秋；第三，它们的长牙显示其营养状况良好。以上所有信息都可以证明，这些动物是被有意猎杀后贮藏其肉，以便冬天取出食用。在那些没有捕猎屠杀迹象的遗迹中，动物的性别比例会更加平衡，死亡季节也集中在冬春交替之时，因为冬季缺少食物，动物所处的环境最差，有可能因自然原因死亡。总体来说，这些发现都更加支持捕猎假说，不支持气候原因说；一切都表明，除了冬季以外，动物栖息地的环境良好、营养丰富。而对大象长牙的分析则否定了马丁提出的迅速灭绝论（blitzkrieg），部分原因在于，大湖地区捕猎导致灭绝的证据，时间跨度为两千至三千年不等。[32]

这场争论目前尚无定论，尽管似乎可以证明，人类捕猎对大象及其近亲物种在世界范围内的退却产生了重大影响。就我们的研究方向而言，虽然不能衡量人类作用的大小，但是至少可以得出这样的结论：在某种程度上，大象的退却并非开始于几千年前早期文明产生之时，而是开始于包括猛犸象和乳齿象在内的大型物种灭绝之时。这一情况有其自身的历史，只不过刚开始被揭示。另有证据可证实，在王权产生前，不存在捕捉和训练大象的情况，更不必说在战争中使用大象了。

现在第四纪晚期大型动物灭绝的情况已经充分得到证实，专家们也正在努力研究原因。但是，这场争论的有用结论之一是揭示出一种相反的情况，即大象和其他大型动物在非洲、南亚和东南亚生存了下来（见图 1.9），这与动物大灭绝的总体趋势有所不同。从第四纪至今，在这些人类早期触及的地区有大型动物留存下来，意味着当地有相当不同的环境条件。如果猛犸象和乳齿象的灭绝在一定程度上归因于史前时代的人类活动，那么非洲象、亚洲象以及其他大型动物在非洲、印度和东南亚留存下来，就成了一个有待解释的问题。

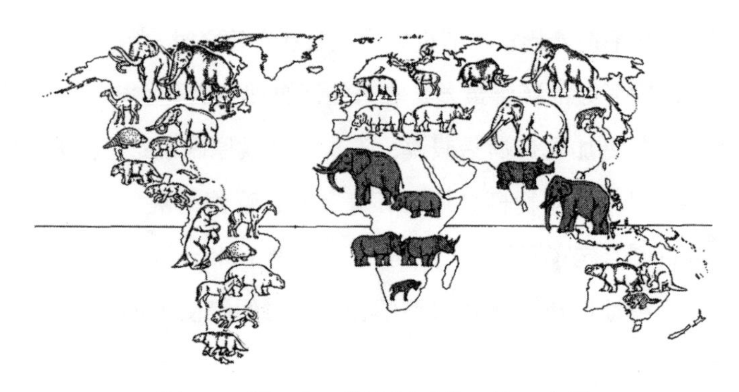

图 1.9 第四纪晚期大型动物灭绝示意图

马丁的“过度捕杀假说”要求他将大型动物灭绝解释成迅速的“闪电战”。马丁认为这些动物太“天真”，早先它们没有遇到人类，因此遇到后不懂得避开。他还需要解释生活在非洲、亚洲的大象与其他大型动物为何存活下来。马丁依据同样的理论，将原因归结为当地大型动物和人类长期保持关联。也就是说，马丁认为这是一个缓慢的共同演化过程，在这个过程中，大象和其他动物在人类起源和早期扩散的地区，已经逐渐对人类捕猎有所警惕，因而得以存活。

但这种解释并不是很有说服力。快速捕杀假说要求闪电战般的灭绝速度，但对猛犸象和乳齿象长牙的分析显示，它们在北美的灭绝持续了两千或三千年，因此这一假说站不住脚。在如此长的时间里，动物可以很好地学会避开人类。苏洛维尔（Surovell）等人也分析了同样的问题，提出了下述观点：热带雨林成为大象的避难场所，因为这里人口密度小。[33] 这只是推测，并不精确，没有与非洲、南亚和东南亚人类捕食大象的证据相对照。“过度捕杀假说”相比之下证据更为充分，不过总的来说，对大象为什么能在如此漫长的捕杀过程中得以留存，还没有令人信服的解释。

史前时期的非洲象和亚洲象为什么能够存活下来？解答这个问题需要有能力对当前证据加以分析。我们的问题聚焦在史前时期亚洲象的留存。因此，现在必须研究森林的情况。

在夏季，季风是一种湿润的海风，空气受到喜马拉雅山脉一带的低气压吸引，从西南吹向陆地，在陆地受热上升，然后降下大雨；在冬季，大陆上的空气（通常十分干燥）从东北方向吹向海洋。

西南季风在印度次大陆、中南半岛和中国南方零星地区形成独特的雨季，这些区域共同构成了“亚洲热带季风区”。[34] 降雨集中在一个季节，全年的其余时间则相对干燥，一年之中气温冷热交替变化，以上因素构成了亚洲热带季风气候显著的季节特性。亚洲热带季风区主要有 3 个季节：雨季、冷季、热季。古代印度的文献记载了这一结构：印度的季节要么是 3 个周期，每个周期 4 个月，要么是 6 个周期，每个周期 2 个月。也就是分为亮季（春季，*vasanta*）、热季（*grīṣma*）；雨季（*varṣāḥ*）、秋季（*śarad*）；森林季（*hemanta*）、凉季（*śiśira*）。因此，印度的一年分为 3 或 6 个季节；在某些情况下甚至分为 2 个季节，也就是太阳向北和向南两个时期。温带地区的欧洲和美洲会将一年分为 4 个季节，每个季节 3 个月，印度则完全不同。

这种季节构成决定了一年的宗教仪式周期。例如，吠陀教要求遵守 4 个月长的、被称为“吒图摩西耶”（*cāturmāsya*）的仪轨，标志着 3 个季节的开端。[35] 季节题材的诗歌也有类似的标志：在诗歌中，每个季节都有各自的特征、典型的爱情场景和主题。[36]

在热带季风森林，伴随着西南季风到来，从 6 月或 7 月开始便会出现明显的雨季；从 9 月或 10 月开始会有一段干燥寒冷的时期；

从2月开始，干燥炎热的时期逐渐到来，在4月或5月时逐渐达到顶峰。然后雨季回归，导致温度骤降而湿度剧增。在热季，树木承受着最大的压力，阔叶类的树木会脱落绝大多数的叶子并逐渐长出新叶；森林变得更加突兀敞亮，落叶堆积起来，补充土壤。热带季风森林是落叶林，因为在雨季前会出现热季，但这与温带阔叶林因季节寒冷而落叶的原因不同。研究发现，该区域内的一些森林，尤其是近海地区的森林，全年气候湿润，没有明显的旱季；其叶子为常绿阔叶，全年都在一点点地更替叶子。这些树全年枝叶茂盛，像封闭的篷盖一样，因此能够照射到地面的阳光极少，灌木也无法生长；它们将大部分养分锁定在自己身上，使得土地变得相对贫瘠。[37]在这两种类型的森林中，热带季风落叶林更有利于动物觅食和啃草，其中就包括大象，因为在这类森林的开阔处和边缘地带，长着更多草丛和灌木；而热带常绿雨林区则很少有食草动物。

亚洲象特别适合生活在热带季风森林中。在小块土地上的食物被耗尽时，它们需要寻找新鲜的草叶；此外，季风的季节性也影响大象的迁移模式。因此，苏库马尔在研究印度西高止地区比利吉里兰甘丘陵（当地有两次雨季）的象群情况时发现，长得较高的草叶在旱季时蛋白质含量会降低，而降雨后新长出的草叶中蛋白质含量最多。诸如此类的问题会导致象群在矮草环境、高草环境和啃草环境之间移动。它们还改变了进食方式，要么吃新草的顶部，要么挑出旧草后去除根部的污土，然后吃掉下半部分，丢掉味道不好且含有更多硅酸的上半部分。[38]

以下这张降水量及对应植被类型的列表（表1.2）过于简单，毕竟季风和植被类型有许多变数。首先，回撤的东北季风在冬季从亚洲大陆吹向海洋，尽管总体上十分干燥，但是也会给沿海某些地区带来二次降雨。其次，季风无法到达干旱区域。最后，从沿海地区到喜马拉雅山脉地区，植被会随着海拔变化呈现出不同类型。

印度森林的种类繁多，分类也相对复杂。但是，撇开较高海拔和沿海地区需要详细说明的森林后，斯贝特（Spate）和利尔蒙思（Learmonth）认为，印度的植被根据年降水量可以分为 4 大类，见表 1.2。

表 1.2　降水量及对应植被类型

降水量	植被类型
超过 80 英寸（约 2 000 毫米）	常绿林（热带雨林）
40—80 英寸（约 1 000—2 000 毫米）	落叶森林（热带季风森林）
20—40 英寸（约 500—1 000 毫米）	干旱落叶林与开阔灌木丛之间的过渡地带
20 英寸以下（约 500 毫米以下）	多刺高灌木丛和低矮灌木丛混杂的半沙漠地区

表格呈现了降水（代表某一类气候）和植被之间的对应关系。然而，如果我们分析这种假定的对应关系，就会发现这种对应是建立在一种自然的状态之上。

我们可以尝试一下，严格按照斯贝特和利尔蒙思列出的表格绘制 4 类植被的分布图。于是，我们可以得到植被类型分布的猜想图（见图 1.10）。可以看出，除俾路支斯坦与拉贾斯坦和信德一带的塔尔沙漠以外，森林覆盖了印度次大陆的绝大部分地区。而现今的情况已远非如此。猜想图和实际情况之间差异悬殊，已经无须展示出来。导致差异的原因是什么呢？在某种意义上，我们必须将这幅猜想图看成是一种理想状态，它展示了历史上的植被情况。因此我们

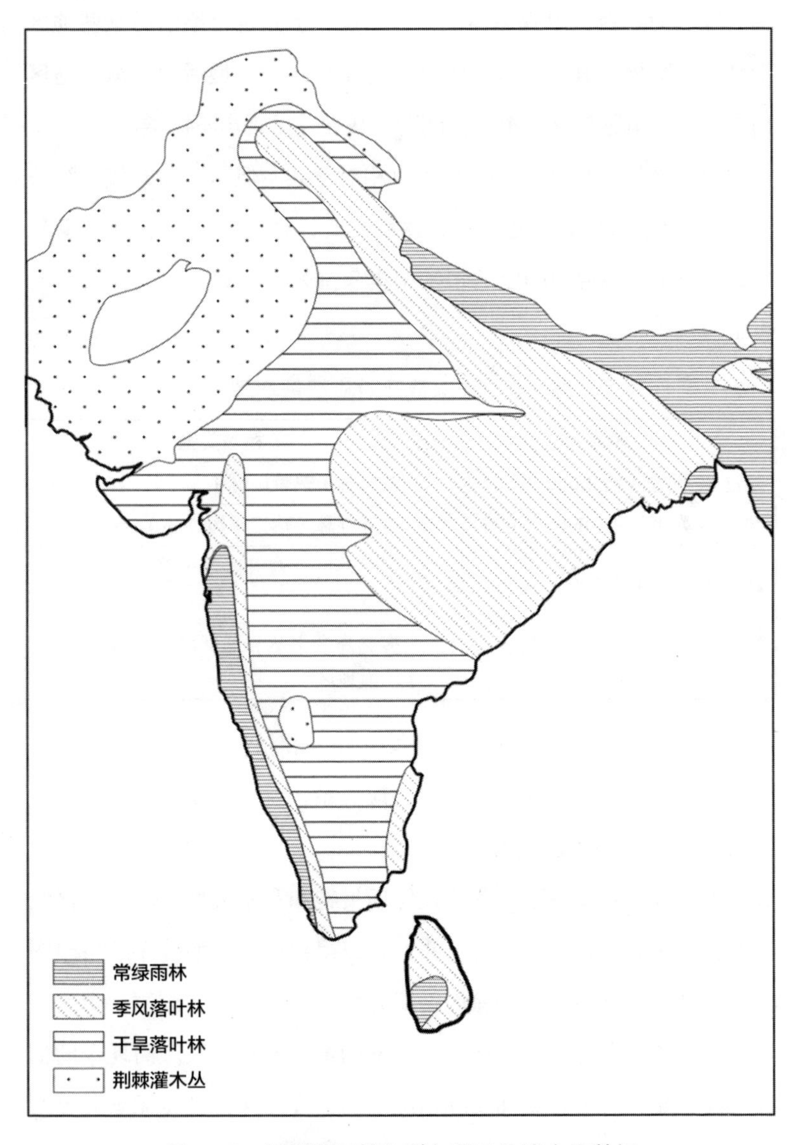

图 1.10 根据斯贝特和利尔蒙思的降水量数据绘制的印度次大陆植被类型假想图

有理由怀疑，降水和植被之间这种假定的对应关系呈现的是一种自然状态，没有受到人类及其活动的影响。

斯贝特和利尔蒙思的观点建立在对印度森林科学经典学术文献的总结之上，对森林和森林历史有成熟的见解。[39]该观点总体上认为，印度的自然植被是森林，但是由于开垦、农业生产和过度放牧等人为因素（专业术语为“人类活动”），森林植被随着时间流逝已经大量退化。斯贝特和利尔蒙思很好地表达了这些文献的中心观点，因此有必要详细引用：

除了较高的山地地区、较为贫瘠的俾路支斯坦部分地区以及塔尔沙漠外，印度次大陆的自然植被基本上都是树林。然而，这些树林已被大规模砍伐、开发并出现退化，因此这一判断与今天的实际情况完全不符。印度有 1/5 的地区被正式认定为林地，但在理想状态下这个比例是 1/3。而在这些被正式认定的林地中，仍有部分为“未分级”，其中一些区域只能勉强称为森林，许多名义上“已获得保护”的森林也是同样的情况。“原始森林”不到总数的一半，并且这些森林比那些本应用于放牧的地区更易受到影响，尤其是位于较为干燥地区的森林，甚至有人在权利模糊的掩护下从事非法开发，以获取森林副产品。无论如何，保存最好、退化最少的森林都位于人迹罕至的喜马拉雅山脉地区。印度河 - 恒河平原几乎没有任何类型的森林；半岛上的大多数森林实际上仅仅是灌木丛林，而这些灌木丛林要么非常开阔，要么生长不足。巴基斯坦的情况更糟，森林面积仅有 1.35 万平方英里（约 3.5 万平方千米）。然而，有非常充分的史料可以证明，亚历山大大帝时期的旁遮普中部和加兹尼王朝马哈茂德统治时期（11 世纪）的亚穆纳河一带存在着大面积的森林。恒河平原最初可能广泛覆盖着森林，绝大多数都是婆罗双树。正如勒格里斯（Legris）指出的那样，如今很少有人能够遇到 186 英里（约 300 千米）宽的森林，即使是看起来像森林的再生林也没有那么大的面积，而且远离主干道，哪怕在中央邦或奥里萨邦的边陲地带也是如此。[40]

我们可以看出，图 1.10 没有展示印度植被的实际情况，而是在抛开人类活动所导致的退化后，对印度曾经拥有的自然植被进行推论。过度放牧是导致退化的主要因素。在一篇被大量引用的文章中，慕克吉谈到了恒河平原的现状，论述了由家畜导致的过度放牧情况：

平原上，在干旱草地或灌木丛林，植被与人类的平衡关系相当微妙。在现有的开发模式下，印度河－恒河平原上的绝大部分土地可以支撑所有人类和牛类的生活。开发强度增加后，自然植被会进一步被破坏，植被的数量和性质会限制动物的生存数量。一旦外界压力消失，植被的数量马上就会恢复到峰值。但是，在现有条件下，外界压力不可能消退。干旱草地和灌木丛林几乎处于稳定状态。[41]

因此，从这个角度看，人类和家畜是源自外部的干扰源；受此影响的干旱草原，其平衡状态是一种非自然的状态，是过度放牧家畜的结果。

但是，推测人类定居之前自然状态的森林，得到的结果是否正确？推论毕竟不是事实，而是基于一种理论——它认为植物生命的自然演替可以达到一种被称为“极峰”的平衡状态。[42]“极峰”概念有可能存在两个致命的缺陷。该理论从自然状态的概念中排除了野生动物（生物）和人类（人为）的影响，将这种状态的主要影响因素归结为气候和土壤；因此依据该理论，动物的行为活动必须要被认定为非自然行为，这听起来非常奇怪。这个概念传达的稳定状态也与历史不符，毕竟历史就是在不断变化。在印度次大陆的绝大部分地区，森林是自然的植被形式，这种观点十分可疑。造成这种观点的是下面这个理论：植物演替趋向于自然的平衡状态。这种自然平衡思想是时间上的反向推论。[43]该理论与任何一段历史都不相符；因此，这种分析方法如今已被生态科学所抛弃。[44]我们必须重新开始，使用其他类型的证据。这样才能提升森林历史这门学科的前景，使其成为生物学家、考古学家、历史学家互相合作的领域。

这种怀疑可以帮助我们从印度森林科学领域的古老文献所推论出的“极峰”观点中解脱出来，讨论该区域是否存在热带稀树草原。说印度没有真正的草原便是无知；因为这个国家有数量和种类众多的野生食草动物。鹿就有 9 种，包括水鹿、沼泽鹿、麂、豹纹鹿（斑点鹿）、豚鹿、鼷鹿等，大小各不相同，栖息地也各异；羚羊有 6 种，包括蓝牛羚、黑羚羊（印度羚）以及印度瞪羚等；牛有三四种，包括野生水牛和印度野牛等。[45]乔治·沙勒（George Schaller）研究了印度中部甘哈公园的动物群，这一经典研究展示了若干食草动物之间的互补性和生态位特化*的情况，它们紧密关联于同一地方。[46]今

---

* 在食物资源丰富的环境中，捕食者选食最习惯摄食的猎物或被食者的现象。当食物丰富时，取食种类可能缩小，食性趋向特化，生态位变窄。——译注

天家养的绵羊、山羊和牛都是在南亚发现的野生物种的后代，它们与中东地区的家畜之间存在着连续性，家畜在中东首先完成驯化。[47] 因此，很长一段时间内，食草动物都在用它们的牙齿雕刻着印度的地貌景观，维持着开阔的草地和牧场的规模，阻止树木侵蚀草地、扩张领地。这种观点并不是要否认过度放牧家畜会导致巨大的环境破坏。我们只是要记住一个事实，牧畜在我们所见的历史中一直存在，将其假定为破坏自然平衡的外部因素与历史真实互相矛盾。自全新世的气候变化发生以来，人类也成为印度环境的一部分；有一种观点认为人类与畜牧是同时出现的。而野生食草动物则一直都存在。

让我们暂时搁置排除食草动物和人类活动影响的天然植被情况，重新开始讨论，我将重新分析聚落考古及其证据基础，以及其与最近引入的花粉分析证据之间的关系。

下面我将从恒河平原的考古研究和定居史开始论述。想要考察定居和印度所谓“第二次城市化”对环境的影响，需要进行相关的考古研究。“第二次城市化”这个说法是相对于此前数百年印度文明的城市而言。这一考古研究将关注森林砍伐和环境变化。历史学家 D.D. 高善必（D.D. Kosambi）和考古学家 D.P. 阿格拉沃尔（D.P. Agrawal）曾提出这样一种观点：恒河流域曾经森林密布，而第二次城市化是在比哈尔邦（Bihar）的铁矿得到开采后才完成的。人们将铁制成清除森林的工具，于是农田取代了森林。[48] 在马克汗·拉尔（Makkhan Lal）和乔治·埃尔德希（George Erdosy）的研究中，这一版本的森林史做了很大修正。[49]

马克汗·拉尔重点关注恒河平原上游地区的多阿布地区（Doab），即“河间冲积地”，也就是恒河和亚穆纳河之间的区域。这两条河在普瑞阿亚格（Prayaga，字面意思就是“河流交汇处”）汇合，而普瑞阿亚格的故名为阿拉哈巴德（Allahabad）。多阿布以及整个恒河流域都由厚达 4 000 米到 6 000 米的冲积层平原构成。[50] 有文献可以证明，这里曾经遍布森林。《百道书》（*Śatapatha Brāhmaṇa*）证实了从萨拉斯瓦蒂河（Sarasvatī）到萨德拉河（Sadāṇīra）——也就是现在的根德格河（Gandak）——曾经存在着茂密的森林，人们只能用火将森林清除后才能定居于此。[51] 根据《摩诃婆罗多》记载，俱卢族（Kurus）的都城象城（*Hastināpura*）就位于森林之中；他们的流亡亲族——般度族只能在清除茂密的森林后，建立都城天帝城（Indraprastha），即今天的德里；俱卢族的盟友般阇罗族则在多阿布上游的森林中建立国家。（虽然我们今天看到的《摩诃婆罗多》是在它讲述的吠陀时代之后很久才编纂出来的，但其中关于森林的信息很可能是承袭下来的知识，而不是后来编造的。）后来的文献《往世书》（*Purāṇas*）中谈到了一些神圣森林，包括位于多阿布的 3 个森林，即俱卢林、飘忽林（*Naimiśāraṇya*）和净修林（*Utpālāraṇya*）。[52] 净修林在《罗摩衍那》中被确认为圣人蚁垤（*Valmīki*）的居处，也是悉多生下俱舍（*Kuśa*）和罗婆（*Lava*）之处。[53] 在较为古老的冲积层中，人们发现了古代大象的化石，同时还发现了马、犀牛、河马的化石。从信史记载的时代以来，我们所掌握的文献资料可以证明大象、狮子、老虎、犀牛、野驴、黑羚羊的存在。最晚到 16 和 17 世纪，阿布勒·法兹就已经记录了人们在多阿布地区捕猎狮子、老虎、大象的情况。[54] 孢粉记录显示这里曾有松树、印度黄檀、柚木、喜马拉雅雪杉、假阿拉伯胶树、喜马拉雅柏树以及竹子和刺槐。在铁路被引入的 19 世纪，森林生长得非常茂盛充足，既可以充当燃料，又可以做铁轨的枕木，尤其是娑罗双树。[55]

为了能够重构多阿布地区的定居史，拉尔详细调查了整个坎普尔地区的古代定居点作为样本。他使用了一种被称为“陶瓷断代”的方法，把各个定居点按时间进行划分。陶瓷断代法利用陶器类型相继出现的特点，包括黑红陶（BR）、彩绘灰陶（PGW）和北方黑精陶（NBPW）。在此后的历史早期阶段，我们则通过硬币和其他物品进行断代。定居点的数量在4个时期中呈现出连续增长的趋势，依次为9、46、99、141。但是，绝大多数定居点都位于河流和内陆湖的岸边，因为这里不需要清除森林。并且，村庄之间的平均距离为9千米，但是为了维持村庄生存而需要清除的森林区域，据推算半径大约为1千米。拉尔依据证据得出结论，直到19世纪，村庄之间仍然保留着大量未被清除的森林；多阿布地区的森林彻底被清除发生在最近的两个世纪。埃尔德希在回顾这项研究时认为，定居史的总体影响就是森林不可逆转的逐步消退；但是他也承认，莫卧儿帝国时代捕猎森林野生动物的文献资料可以表明，毁林情况直到近代都远未完成。[56]拉尔使用埃尔德希的研究成果证明，早期考古理论认为恒河流域的定居是大规模清除森林后实现的，依靠比哈尔邦的富铁矿制成新型铁制工具，这一观点并不正确。拉尔的研究认为：“人类因定居和农业用地而大规模地使用铁制工具并清除森林，不过是无稽之谈。”[57]

至于旁遮普（意为“五河之地”），埃尔德希评估花粉分析（孢粉学）和考古证据后得出结论，否定了人们广泛接受的观点：古代气候曾经非常湿润，是人类定居导致了大规模的毁林。[58]地表水或许曾经很丰富，但过去的气候同现在没有区别；很多植物在当地依然可以找到，包括那些以往被用来证明气候曾经更湿润的物种。然而，印度河流域是否曾被森林覆盖，依旧是一个谜，尽管这里许多地方可能曾经就是草地。该地区人们的定居方式类似于恒河流域，也是沿着河岸边。根据波塞尔（Possehl）的观点，洪水定期泛滥会将树木幼苗淹没，维持一条100米宽的草地带。因此，虽然该地区总体上都被森林覆盖，人们却没有必要砍伐树木。波塞尔认为，定居对环境的影响并不大。

回到恒河地区，我们已经看到，该地区在有史记载的早期便被森林覆盖，这已经为那个时期的文献资料所证实。同时，S.夏尔马（S. Sharma）和他的团队通过研究恒河平原中部（萨奈湖，Sanai）过去1.5万年的湖泊沉积物，提出了另外一类证据，也就是花粉分析的研究成果。[59]文章的第二部分粗略介绍了考古文献："花粉图表显示了草叶在整个湖泊沉积史中的重要性。树和灌木的比例很低，这就意味着在该湖泊过去1.5万年的历史中，恒河平原的地貌基本上是长着灌木丛的稀树草原。这一证据反驳了现有的推测，即恒河平原一直到全新世晚期都覆盖着茂密的森林，使得人类无法定居于此。"[60]莫里森甚至更加坚决地表示：她相信该项研究确凿无疑地表明，恒河平原的许多地区从未有过茂密的森林。[61]

因此，从较为古老的森林科学文献到新近有关恒河平原的孢粉学研究，我们的结论已经从茂密的森林转向为稀树草原。应该接受新观点吗？问题就是，恒河地区覆盖着森林的证据，部分记录在拉尔引用的梵文和巴利文文献中；这些文献资料一直都存在，但是夏尔马等学者却没有提及这些。花粉分析的证据会胜过文献佐证吗？也许可以，但是我们希望将这两种证据放在一起进行讨论，看看应该如何理解其中的矛盾。到目前为止，我们无法确定第二次城市化开始时，恒河流域的森林状态如何。现在，无论是文献资料还是孢粉分析，我们都有很好的证据证明恒河流域曾经有过森林，但问题是密集程度如何，森林发生变化的时间模式又是怎样的。8个大象森林的名单似乎显示了，至少在恒河流域的下游平原（东部森林），曾经拥有特别丰富的森林和大象资源。

* * *

印度有众多野生食草动物，每一种都有其偏好的生态位，其中与北印度早期历史的雅利安人关系最为密切的是黑羚羊（印度羚）。与其他的鹿和羚羊相比，黑羚羊的独特之处在于，即使最热的季节，它们也能冒着强烈的阳光觅食草叶，并且与森林相比，它们更喜欢开阔之地。[62] 黑羚羊在草原上繁衍生息。古代北印度的居民将他们的土地视为黑羚羊之地。《摩奴法典》指出，黑羚羊的自然分布区域是“适宜祭祀”之地，而该范围以外则属于化外之地。[63]

黑羚羊生活的地貌类型被称为“疆嘎拉”（*jāṅgala*），这个词也可以指代适合人类的居住地。英语单词 jungle 意为热带湿润丛林，这个词就源自梵语“疆嘎拉”（其形容词形式是“*jāṅgala*”），但“疆嘎拉”的词意与 jungle 相反，指的是干燥、开阔、多草、多荆棘的地貌类型。在古代医学文献中，“阿奴帕”（*anūpa*）指的是适合大象生活的湿润且有沼泽、森林的地貌，与“疆嘎拉”词义不同。[64] 吠陀时期，旁遮普的地貌类型更像是“疆嘎拉”，而雅利安人随后迁入的多阿布地区，至少在起初有较多的森林，也更加湿润。这里也有较多的大象。该地区的历史就是从马的国度向象的国度演变的历程。

问题

阿尔曼迪观察到，在印度和东南亚的各王国中，国王拥有大象的数量是衡量其财富和权力的标准。他进而讲到，只有国王可以一次捕获数十甚至数百头野生大象，这一点很重要。根据欧洲旅行者的记述，这正是阿尔曼迪所处时代的情况。正如麦加斯梯尼所述，公元前 4 世纪的孔雀王朝亦是如此。这种捕猎团队有时能达到数千人，只有国王才能调集如此庞大数量的人群。[65] 因此，捕获、训练并部署大象投入战争，正是属于王权时代的产物。

要了解大象的留存和退却，就必须了解王权和大象之间的关系，尤其是印度的王权模式；在这种模式中，捕获和使用大象也是必不可少的要素。该模式传播到东南亚王国的过程被称为“印度化”（Indianized）。这一模式甚至影响到了古代西方各民族的军事实践，其中包括波斯、希腊、迦太基、努米底亚（Numidian）、罗马，以及希腊化王国叙利亚和埃及。从公元前 1000 年到公元 19 世纪的数千年中，印度的战象观念远播至西班牙和爪哇。同样值得一提的是，中国人并没有接受这种捕获并使用大象的观念，他们对这一模式的充分了解至少不会晚于与东南亚进行印度化的王国发生交流的时期。但是，中国人没有采用这一模式。

这种复杂的文化传播主要借助国王之间的关系，无论是通过外交、礼物交换的和平方式，还是通过战争、收取贡赋的武力方式，或者通过模仿的间接方式；这种模式传播于盟邦之间与敌国之间，还有可能通过声名和效仿，发生远距离传播。因此，我们需要注意国王在观念、财富、知识和实践方面的交流，因为大象的使用逐渐扩散，成为印度王权的普遍标准，并影响到异域王国。同时，我打算考察包括王权在内的各种政治模式，从而区分王国、共和国、部落政体与大象的不同关系。

要探寻“王象关系”，就要研究军事史，像阿尔曼迪的经典著作那样。以下有关印度军事史方面的研究可以帮助我们开展研究：首先是霍普金斯（Hopkins，1889），他对印度史诗中的武士阶层做了经典研究；接着是萨尔瓦·达曼·辛格（Sarva Daman Singh），他撰写了有关吠陀时代相关内容的优秀著作；西蒙·迪格比，讲述了德里苏丹国的相关内容；戈曼斯（Gommans），写作了关于莫卧儿帝国的著作；等等。[66] 另外，“王象关系”还可以作为一种思路，用来比较王权和其他政体形式，以助于政治史研究。

在这本书中，我将以这一关系作为线索，不仅将国王与大象联系起来，还将国王与森林、森林民族联系起来。我的目标是沿着这条线索更深入地了解印度环境史。简言之，国王被大象吸引的原因在于它们的体形，这是王权至高无上的象征，因此对国王来说具有重要意义。如前所述，大象身躯庞大，每天必须消耗大量饲料。大象只有到 20 岁时才适合工作，[67] 所以长期将不事生产的幼象圈养于象厩之中，还要为它们收集食物，就显得很不划算了。因此，捕捉成年野生大象便成为唯一可行的方式。大象确实可以在圈养中繁衍，但繁衍的速度并不快，因此仍需要继续捕捉野象。无论如何，任何情况下依赖圈养繁殖大象都很不划算。因此，保护森林中的野象对国王来说有直接的利益关系。为了达到这个目的，也为了随后能够捕获并训练大象，国王们需要森林民族的帮助。国王与大象的关系实际上是国王、大象、森林和森林民族之间的四角关系——这是一个丰富且复杂的关系网。研究此关系网，可以将森林及其居民的相关情况纳入王国历史，而不是将森林看作王国的对立面、农民与农业的对立面，以及村庄与城市的对立面。简言之，所有这一切构成了我们所谓的文明。这一关系在世界各地的情况也不尽相同，特别是在中国，情况就跟印度大不相同，因而本书也会阐明二者在环境方面的差异。

要澄清一点，我不认为古代王权在本质上普遍具有“环保意识”，也不认为印度王权特别具有“环保意识”。实际上，就像我们从珍珠、珊瑚、皮毛的奢侈品贸易和药用动物组织的贸易中看到的那样，王权在动员人力和调配资源时给环境增加了压力。[68] 我的看法很简单：国王对战象有特定需求，因此需要保护野象及其栖息地。我的问题是，这种需要是否还不足以有效解释印度和中国之间的差异。

人们如果去参观新德里的国家博物馆，就会为众多精美的大象雕刻所折服。那些无名的石雕匠在精心创作这些雕刻时，肯定近距离观察过或许为人工驯养的活象，也观察过莫卧儿时期细密画中的大象。大象在印度的艺术、民俗、神话、宗教中占有重要的地位，其形象存在于艺术与宗教中，得益于森林中的野生大象持续存在，人类聚居区也在不断驯化大象。大象时时刻刻都充斥在印度人的生活和想象中。

战象是众多大象主题艺术的核心，也是野生大象和驯化大象众多社会功能的核心，不论过去还是现在。因此，我将重点论述战象及其作用，而不考虑大象在印度人类历史中的许多其他功能。因为战象是“王象关系”的核心，正是这一功能赋予其他所有功能存在的意义。在野战和攻城战中，战象很少使用，并且只有在极端情况下才会出现。但是，在两场战役之间较长的休战期，大象则会派上用场，它们被列阵骑行，充当外交礼物，作为缴纳的贡赋，等等。大象的身躯庞大，是军事潜力的显著标志，是国王麾下强大军事力量的象征。因此，国王之间冠冕堂皇地运送、交易大象带有一种社交意义，这也是战象所体现的功能。与之相对，优质战象的特性决定了野象的捕捉标准。优质战象的特性还影响了人们对大象身体特征的认识，例如将某些特征当成吉凶的标志等；这些特征为人工驯化大象建构了一个不断扩大的分类体系，应用于包括战争在内的所有用途。大象是一个引人入胜的话题，每个研究方向都极具诱惑力。但是，就本书的研究方向而言，最好是将注意力集中在战象上。正是战象带我们来到问题的核心。

依据这种观点的逻辑，我不认为国王将大象的用途分为工具性和仪式性两种，那是一种错误的二分法。毕竟，王室游行中展示大象也是在展示战争资源。展示战象这种行为也影响到了其他的国王，那些国王需要时时评估邻邦掌握的各种资源实力。从《政事论》中可以看到，国王总是在相互比较各自王国所拥有的资源。《政事论》还向国王提出建议，如何利用自身的相对优势、克服相对劣势；而大象就是国王最重要的资源之一。

一些学术观点认为，印度国王过分迷恋大象的态度对自身不利；也就是说，印度国王在大象这一问题上十分不理智。这种观点来自西方，源于欧洲的帝国时代，也就是重型火炮出现并终结战象时代以后。我并不赞成这种观点，因为它无法解释为什么战象制度可以长期留存并广泛传播。即便如此，我们也有必要从一开始就达成共识，战象只是“王象关系”的一种形式。因此在下一章，首先我将详细说明“王象关系”在早期文明中的全部内涵，因为印度王权发明战象正是基于这种关系。

在印度，古代文献主要由宗教大师撰写，包括王国史在内。因此，印度地区的古代史以及我们对印度王权的理解，都有被纳入宗教史叙述的趋势。关注国王之间信息、商品、制度的交流，会发现这些文献资料在某种程度上与其来源的写作意图相左，能够以作者未曾料到的方式加以阐释。“王象关系”研究与宗教文献写作意图之间的矛盾可以带来一些益处。比如，某种图像形式显然是从王权领域进入宗教领域的；例如，某位神、某件圣物或某本新出版的书负于象背之上，如同国王一样。这也表明，国王在某些方面，其身份和关系要高于宗教和宗教大师，也有自己的行为逻辑，比如在互相竞争的多个宗教之间充当仲裁者。当然，王权与宗教关系紧密，宗教大师对王权的表述也有自身的侧重点。他们的侧重点可能与我期待的王权视角并不一致。我希望通过这些文献资料，寻找与宗教不同的王权本身的视角。

第二章
战　象

在史诗《罗摩衍那》中，主人公罗摩王子被放逐到中印度的大森林之中。起因是他的父亲、阿逾陀城的十车王对罗摩的继母吉迦伊（*Kaikeyī*）王后承诺要驱逐罗摩。十车王死后，吉迦伊王后的儿子，即罗摩同父异母的弟弟婆罗多，不愿在罗摩流放森林的期限结束前成为摄政王统治阿逾陀城。在罗摩流放之初，婆罗多曾拜访过罗摩，询问了许多关于王国福祉的论题。这些论题从整体上呈现了圣王的理念。有些论题很崇高："亲爱的兄弟，我信任你，你已经让勇敢的人辅佐你。那些是你视之如己的人，他们有学问、自律、出身高贵，能从面容读懂人的内心。"[1] 而有些论题则很现实："我信任你，你会在规定的期限内向军队提供足够的军饷和口粮，绝不拖延。"这些圣王理念很容易就能传播到其他王国中，这不足为奇。但是有一种理念却是印度特有的：

我信任你，你正在保护大象的森林，重视大象的需求。[2]

印度的国王需要大象，因此也就需要森林；森林需要得到保护，大象的需求也要得到顾及。就此而言，森林不是王国的对立面——

比如将森林视为流放之地，抑或不仅如此——森林是王国的重要组成部分。这种关于圣王职责的表述，将戒备森严的王城和大象森林联系在一起。这样，我们就获得了一种方法，将森林、森林民族和野生大象纳入印度王权时代的历史长河之中。

因为涉及大象的用途，本书第一部分的任务是介绍印度王权模式的逻辑和历史。然而，这种王室用象模式不仅在印度境内的各王国具有普遍性和规范性，同时也极大地影响了印度以外的地区。以印度为起源地，在战斗中使用大象的技术既向西方传播——如波斯、希腊、迦太基、罗马、伽色尼（Ghazna），以及希腊化的叙利亚和埃及，同时也向东方传播——如位于中南半岛上进行印度化的诸王国，包括柬埔寨、老挝、越南、泰国、缅甸、马来西亚，以及爪哇岛和印度尼西亚的其他地区。在本书的第二部分，我将把上述传播演变过程作为一个相互联系的整体加以展现。实际上，我会将印度王权及其用象模式放在全面的比较视野中考察。

理想的战象

大象在印度诸王国中发挥着许多作用，如君王的交通工具、为修建纪念性建筑物运送重型材料的搬运工、狩猎活动的同行者、神庙游行队伍的引导者、神话中的住所保护神，甚至是神明伽内什（*Gaṇeśa*，象头神）。但是，战争是它们的最主要用途。大象首先被用于战场上，这在逻辑上具有优先性，而不是在时间顺序上优先。我们很快就能看到，在战象被发明和应用的很长时间以前，大象就已经是古代印度诸王的资源了；然而，战象一经被发明和应用，就成为评判国王权势的标准，所有其他功能都成为次要或衍生的。出于此种原因，我们需要考察作为原型的战象，这一原型决定了大象所有的其他用途和表现形式。

对于本书的研究来说，这是一个重要的方法准则。我们有必要记住，战象在几个世纪以前就已经消失了。捕捉、训练和照料大象的这些古老习俗一直留存到现在。到了现代，大象的用途主要在采运木材及其他领域；最近，这些使用方式受到动物权益保护运动的相关人士批评。所有这些用象习俗都让人类的用象文化拥有不同的内核和意义。这些情况可能会让我们在理解古代史实的时候发生误读——这是我们需要注意的问题。

为了理解古代人理想中的战象，我们使用了大量保存于文献中的梵文诗歌，这些有关王权和战争的梵文诗歌让我们获益良多。这些梵语文献包括史诗《罗摩衍那》《摩诃婆罗多》以及以铭文形式记载的赞颂国王的诗歌。这些文献不能给我们提供有关王权的具体细节——关于这部分内容，我们必须参考关于王权的研究性著作《政事论》。但是，这些梵文诗歌文献给出了有关王权典范的理想类型和模式，可以帮助我们理解王权的运行逻辑。

下面，让我们看看战象如何出现在描绘王权的诗歌中。这段取自《摩诃婆罗多》的诗歌是一个非常好的案例，倒不是因为其中的见解有多深刻，而是因为这段文字完美地表现了印度王权诗歌中的战象形象。这段诗歌在描绘战象的理想形象时，使用的关键词在不计其数的描述中反复出现（只有 1 处例外）。

处在发情期的大象令人感到恐惧，

两鬓皴裂，獠牙锋利，已经60岁，身体像浮动的云，
训练有素的骑象人在象背上熟练地战斗着，
跟随在国王身后，像移动的大山。[3]

因此，理想的战象是雄象，有巨大的长牙，外表恐怖，年龄正好60岁，力量达到顶峰，并且处于性欲高涨且好斗的狂暴期。最重要的是它庞大又庄严，就像云团或是可以移动的大山。它由熟练的士兵骑乘。接下来，让我们逐个详细分析一下这些关键词。

首先是大象的年龄。令人惊讶的是，60岁被认为是一头战象的理想年龄；当然，某些年龄段的读者或许会感到欣慰。60岁是战象的理想年龄，这在古代文献中并不常被提及，但有另外一篇文献证实了这一点，此文将两个摔跤手比喻为正在战斗的大象：

他们耐力非凡，
有冷酷无情的力量，
即便站立不动，
身材也如两头处在发情期的60岁大象一样庞大。[4]

在另一篇文章中，一头60岁的大象被王室的宾客当作厚礼，以祝贺坚战王（Yudhiṣṭhira）加冕。由此可以推断出，在加冕仪式这样重要的场合上，如果将大象作为献礼，60岁是最为理想的年龄。[5]我们在查阅有关“象学”的梵语文献时，经常会发现有关大象不同年龄的讨论，例如：以10岁为单位，最高可到120岁，分为力量增加的60年和力量衰退的60年。[6]我们已经知道，60岁的大象已经

长出最后一套臼齿，活不了多久了。《摩诃婆罗多》中推断 60 岁是大象的理想年龄，可能是观察了大象在前 60 年来力量不断增加而得出的结论，而后 60 年的衰退期只能是在理论上给出的研究。[7]

理想的战象是一头完全成熟的雄象。正如前一章所指出的，象牙在大象的一生中都在生长；因此，大象的理想年龄为 60 岁，可能就与此时大象已经长出很长的象牙有关。但是，大象在 60 岁时也快到生命的尽头了。《政事论》中认为战象在 40 岁时处于鼎盛期，似乎更符合实际情况。[8]

虽然雌象也确实因为另有用处而被捕捉和训练，比如诱捕雄性野象，但是人们对长牙的评判标准会将雌象排除在外。人们偏向捕捉象牙生长良好（*sudanta*）的大象；这种偏好可能成了一种选择性压力，使得野生大象中无牙雄象（*makhnas*）的比例在过去两千年甚至更长时间内有所增长。[9]

大象的大多数特性都与其身躯庞大这一独特品质有关，因此大象常被比喻为云团或大山。作为陆地上最大的动物，大象令人心生敬畏（*bhīma*），这也是它们对国王有用的一方面。大象的身体巨大，令人感到恐惧，这一重要特性使得各个王国都对战象有巨大的需求。然而，大象的维护成本高昂，需要国王投入大量资源来获取并喂养。由此可以想见，在评判大象的价值时，国王需要权衡相应的成本和收益。

在养护大象的成本中，首要的开支就是每天超过 150 千克食物。如前文所述，野生的大象每次醒来后都要进食。[10] 但被捕获、驯化且投入工作后，大象的作息时间被极大改变了：它们需要从用于觅食和进食的时间中挤出时间投入工作。大象在被捕获后不仅需要喂养，而且还需要高能量的食物，以便从事较为繁重的工作。

20 世纪初，G. H. 埃旺（G. H. Evans）曾担任缅甸殖民地民事兽医局的主管。他撰写了一部关于大象及其疾病的专著。这本书简要说明了一个原理："在自然条件下，动物所需的能量水平很低，仍需要一整天和晚上的大部分时间去进食，才能获取足够的能量来维持生命。而在被驯养的状态下，动物需要消耗更多的能量，却减少了获得能量所需的时间，因此必须为它们提供高能量的食物。"[11]这段话背后的原理是能量收支概念，即使没有用卡路里进行量化。大象被圈养后要从事劳动，这就极大破坏了它们的能量平衡，因此必须用高热量的食物来恢复平衡。也就是说，大象需要人类提供专门的谷物来补充它们的能量需求；而且，大象需要喂食加工后的食物以获得更多能量，例如煮熟的谷物。

古代的印度人充分认识到，给圈养的大象提供加工过的精饲料不符合其自然饮食习惯；因此，它们的饮食变化要循序渐进，以免伤害到消化系统。根据有关象学的梵语文献《象猎》记载，[12]刚捕获的大象只能给 1 库都巴*（*kuḍuba*）的生糙米，并混入草料，之后每天增加 1 库都巴，直到 1 阿达卡（*āḍhaka*）；熟米（*odana*）也要以同样的方式逐日增加。另外，还要配制其他食物，这里指的可能是煮熟的食物。

在圈养环境下，大象的饮食发生了变化，这也是大象与人类在各自进化路径上的交会之处，但二者在某种程度上存在矛盾。如上一章所述，大象的进化追求体形庞大和低能量饮食上的优势，而代

* 印度谷物计量单位。1 库都巴为 160 克。16 库都巴等于 1 阿达卡，也就是 2.56 千克。——译注

价则是它们的消化系统庞大且低效。另一方面，人类则进化出需要消耗大量能量的大脑和较短且快速运转的消化肠道。这种消化肠道需要食物在进入身体前就得到充分的外部加工以实现预消化。这种外部加工过程包括捣、碾、切和最重要的煮，以及种植特别适合人类口味和能量需求的作物。[13]这类食物吸引了包括大象在内的许多动物。大象发现自己无法抵御甘蔗的诱惑，于是田间的甘蔗林就成了大象的“食堂”。其他作物也是同样的情况。因此，大象和农民注定无法友好共处。大象对农作物的掠夺与农业本身一样古老，并且可能一直延续至今。每年，印度有约400人被大象杀死，也有约100头大象被人类杀死；其中许多是报复行为，还有一些是意外事故。[14]实际上，当代面临的矛盾之处就在于，保护野生大象的措施越成功，大象的数量就越多，它们与人类冲突的可能性就越大。当然，人类的增长速度比大象更快。[15]

大象和人类因耕种而产生并延续至今的冲突可以追溯到很久以前。如果野象受到保护，那么此种冲突在未来出现的频率会更高。由于王权依赖农业生产及剩余产品的分配，于是人象冲突对于王权来说就显得利益攸关。国王需要保护农民；但是，国王也需要战象，而且还不得不顾及大象的饮食，因此他们又得同时保护大象免受情绪激动的农民的伤害。

人类一旦开始捕获并使用大象，为了维持大象的健康，就需要医疗护理和专业的兽医知识。象医很早就是圈养大象方面的专家。一套治疗大象体内疾病的方案很早就制定出来了：通过控制饮食、提供专门的食物和药物来对抗疾病。

人们认为，虽然战象在40或60岁时才达到力量的顶峰，但是它们在20岁时就已经可以做工了。[16]这项基本事实产生了重要的影响：为避免将幼象饲养到20岁耗费大量食物，幼象会被留在野外，等它们长到可以工作的年龄时再捕获。有一种圈养大象的方法就是，在晚上将它们释放，任其在森林中自由觅食。但是，如上一章所述，源自缅甸有关运木象的众多记载显示，在这样一种管理模式下，大象的出生率不足以维持整个象群的规模。因此，出于所有的现实因素考量，人们必须从野外捕捉成年大象作为战象，而后对其训练。战象制度的这一特性将印度国王与森林结合在一起——为了现实利益，国王必须保护森林和森林中的野象。

捕获一头符合预期的优质成年雄象并不是一件容易的事，需要动用大量人力和资源。因此，只有在王权背景下，才能产生捕捉和训练大象的技术；王权政体是古代唯一有能力从事如此庞大工程的政权形式。另外，由于野象会极力反抗，因此捕象、驯象这类工作会格外困难。新捕获的大象一开始不会同驯养师合作，直到它们因饥饿变得虚弱，不得不接受管束，然后驯象师会用食物和平和的话语安抚大象。这是一个艰难的过程。在此过程中，大象可能死去或受重伤，人也处在丧命的危险中。

在古代印度，人们普遍认为捕捉大象并将其从森林转移至村庄是非常困难的工作，而且也确实要面临生命危险。被捕获的大象总是怀着渴望与悲伤，回忆它曾经的自由：

在此快乐生活的大象，被命运的力量捆绑至村庄中，承受严厉的粗暴之语，饱受悲伤、恐惧、迷茫与束缚之苦，被折磨得身心俱疲。一旦离开群落，为人类所控制，大象就命不久矣。

在山脊上，在山间急流的水中，在莲花池里，在河流里，雄象永远记得它曾经与雌象在森林中自由嬉戏。这头大象因众多烦恼困扰而感到沮丧，即使有甘蔗等食物轮番放在面前，它也不愿吃一口。

想到以前在森林里度过的快乐时光，它不断沉思，不再拍动耳朵，不再摇尾巴，村庄的痛苦生活使它变得非常憔悴。几天后，这头新捕获的大象就死去了。[17]

我们肯定立刻就能看出，这段文字描绘了在大象从野生到圈养的过程中，森林（*vana*）和村庄（*grāma*）对它们的意义。

大象保留了昔日自由生活的记忆，也渴望着自由。这一观点在柬埔寨这个进行印度化的王国体现为众多梵语铭文中既经典又常见的修辞：

帕陀摩婆伐罗伽那（Padmavairocana）向女神波罗杰纳帕罗弥多（Prajñāpāramitā）敬献一男一女两个奴隶、土地和其他贡品，之后便如一头挣脱枷锁的大象，去森林中寻找平静。[18]

上述诗歌记述一个人摆脱了日常生活束缚，成为森林中的隐修僧（*āraṇyakabhikṣu*），就像一头被释放后返回原先森林栖息地的大象。这是一个美妙的修辞。不过，我觉得诗歌的第一行破坏了修辞效果。这一句表明，在东南亚国家，将人类奴隶与稻田、黄牛、水牛——甚至偶尔也有大象——当作贡品送给寺庙等宗教机构是很正常的现象。诗人没有建立起奴隶和重获自由的大象之间的联系；这表明与奴隶相比，诗人更理解大象的内心，即使人在沦为奴隶后也可能存有对自由的回忆。

由于成年后才被捕获和驯化，因此大象不能被完全驯服。古代梵语文献已经认识到，野性是大象的天性。在《摩诃婆罗多》中，下述看法被视为吠陀经典的教义：世上有 14 种动物，其中 7 种生活在森林中（*āraṇyavāsin*）或者说“属于森林”（*āraṇya*），即狮子、老虎、猪、水牛、大象、熊和猴子；另外 7 种生活在村庄中（*grāmav-āsin*）或者说“属于村庄”（*grāmya*），即黄牛、山羊、绵羊、人、马、骡和驴。[19] 医学文献《阿育吠陀》（*Āyurveda*）详细记载了森林和村庄在动物物种方面的对比。[20] 英国人同样认为大象天然具有野性，但视角却完全不同——他们基于自己对野生动物和家畜的经验建立起一套习惯法原则，以此得出了类似的认识。同时，他们在英属印度和英属缅甸将习惯法原则应用到处理遗失动物所有权的纠纷上。在其中一起诉讼里，一名地主（zamindar）拥有一头雌象长达 6 年，但这只动物逃到森林后找不到了。一年后，这头雌象被政府捕获，地主上诉要求将其归还。此案被提交至最高法院，最高法院依据事实进行裁定，认为这类动物是“天然的野兽”（*ferae naturae*），只有当其为人饲养时才属于人类；当其恢复天然的自由状态时，就不再属于人类。这一裁决适用于那些有回归自然意图的动物，即那些公认有回归自然习惯的动物。[21]

然而，大象不是家畜，与黄牛、绵羊、山羊和马极为不同。即使被捕获训练，它们也保留着野性。从某种意义上说，它们还保留了先前自由的记忆。一旦逃脱，它们就会返回森林。大象在其他方面也与家畜不同。它们可以在人工饲养下繁殖，到了近现代，运木象会在夜间被释放回森林觅食，在炎热的季节它们就会在森林里休息以便于交配；工作的雌象也常常在工作时将一头幼象带在身边。但是，我们必须知道，[22]在这种状态下，工作压力进一步迟滞了大象在正常状况下本就缓慢的繁殖速度，所以从事工作的大象无法通过繁殖完成种群更替。因此，人们不得不经常通过从森林中捕获野生大象来补充圈养大象种群的数量。这表明，人类的选择性行为对大象的改变程度相对较小，而其他家畜已经被人类大幅度改造——以伦敦东区的鸽子爱好者为例，他们的工作就是对鸽子进行人工选择。达尔文曾对伦敦东区的人工选择案例有过深入的研究，对发展自然选择学说具有重要意义。[23]

同时，如果我们根据人类对大象种群进行基因或行为改造的生物学标准来确定大象是否为家畜，或遵循古代梵语文献的观点认为"大象属于森林而不属于村庄"，那么我们可能会错失一个重要的历史节点。捕获并驯化野生大象的现象发生在动物大驯化时期，而漫长的动物驯化史是驯化大象的一项重要先决条件。三千年来人类持续使用驯化的牲畜，即使驯化的过程是逐个动物单独进行的，但为了进行历史分析，我们有必要将它们视为一类特定的驯化动物。描述局部的、零散的驯化行为并没有一个确定的术语，一些人喜欢使用"圈养"（captive）一词，而另一些人则喜欢使用"驯化"（tamed）一词，但是争论这些定义没有什么意义。重要的是，在其他大型哺乳动物首次得以驯化后的某个时间点，人类想出了组织捕获成年野象并训练它们作战的方法；而王国就这样同森林联系在一起，作为大象这种最有价值的财富的哺育之地。

现在，我们来讨论之前那篇诗歌中描绘的理想战象的另一个特征——处于发情期或所谓"狂暴期"。这一特征最有趣且违背直觉。

如上一章所述，狂暴期开始时，雄象的睾丸素会激增，随后耳朵前的颞腺会分泌液体，使得太阳穴周围出现深黑色的垂直条纹。此时大象处于异常好斗的状态，易怒且难于控制。这就给动物园、马戏团和木材运输行业的大象管理人员带来了麻烦。因此，现在论述大象狂暴期的著作都认为这是一个需要管控的危险问题。与这种看法不同，《摩诃婆罗多》的诗段明确显示，在古代，人们将狂暴期视作战象非常重要的理想特性。持这种观点的文献并不少见。大象的狂暴期一般一年一次，而将大象描述为正处于狂暴期是诗歌的一种修辞；每次战斗中大象都能处于狂暴期明显不符合事实，因此这只是一种文学惯例。此外在战争中，处于狂暴期的大象，其不可或缺的程度也被过分地夸大了。《罗摩衍那》中有一段文字描述了完美都城阿逾陀，称这里到处都是高大如山并处于狂暴期的大象。[24]

至于其他家畜，源自性冲动的雄性攻击行为对饲主来说显然十分不便，但人们已经提出了解决这一问题的办法。就体形而言，一头处于狂暴期的大象无疑会带来很大的不便。但与家畜不同，战象身躯巨大，对手很容易想象自己被其刺伤、踩踏、抛掷所带来的后果，因此而被吓退。因此，作战时处于狂暴期是战象的理想状态。

但实际上，大象并不是每次战斗时都处于狂暴期，所以人们可能会人为诱导大象产生类似狂暴期的好斗行为。根据《阿克巴则例》记载，“驭象人有一种可以人为提高大象体温的药物；但这种药经常会危害到大象的性命。战场上的喧嚣声会使优秀的大象恰如发情期一样凶猛；此外，一个突然的惊吓也可能会产生这样的效果。因此，皇帝陛下的大象伽杰牟卡多（*Gajmuktah*）一听到帝国的鼓声就会活跃起来，还会从太阳穴（颞腺）分泌液体。”[25] 因此，通过战前的声音刺激，大象可能会达到如同处于狂暴期的兴奋状态，还会出现从颞腺流出液体这些真正处于狂暴期时才会有的现象。有时还会让大象在战前喝酒，通过人为手段刺激其产生狂暴期时的战斗欲望。根据《马加比书》（*Maccabees*）的说法，希腊化的叙利亚统治者会在战前给己方的大象喝酒（一种用葡萄和桑葚酿造的饮料）；毫无疑问这延续了印度人的做法。[26] 伊利安（Aelian）也这样说，[27] 但是据他的记述，酒是用米或甘蔗酿成的，而不是用葡萄。[28] 前往印度取经的中国僧人玄奘，记述了自己在印度的游历。他曾说道，马哈拉施特拉（Maharashtra）的国王补罗稽舍（*Pulakeśin*）拥有数百名特种战士，还有数百头凶猛的大象，这些大象会在战斗前饮用带有致幻作用的酒，可以更疯狂地进攻。[29]《政事论》记载了一种含有酒精和糖的强化饮料，提供给从事劳动的大象、马和牛；但这种情况中，饮料的目的似乎只是帮助牲畜在过度劳动后恢复体力，而非激发其好斗性。[30]

正如我们所知，大象在与敌人战斗时会在拥挤的战场上以头相撞。如果这时一头大象成功让对方转身并从侧翼刺伤对方，战斗就结束了。波里比阿（Polybius）准确地描述了这种战争模式在拉法（Raphia）战役上的使用情况。[31] 而这种模式令人惊叹的地方在于，这正是雄性野象在狂暴期的战场行为。

我们已经讨论了史诗《摩诃婆罗多》中的两个术语——狂暴期（*matta*）以及狂暴期时太阳穴附近分泌的液体（prabhinnakaraṭa）。这些术语经常用于诗歌的修辞手法。这些存在理想化倾向，或者说缺乏现实性的诗歌告诉我们，虽然控制一头暴怒的大象很困难，但是狂暴期对于战象来说极为重要。

狂暴期（musth）源自波斯语“酒醉的”（mast）一词，该词可能在莫卧儿帝国时代开始使用。实际上，“*musth*”是《摩诃婆罗多》中梵语词“*matta*”的对应翻译。“*matta*”是形容词，其名词形式为“*mada*”，意为“中毒”“高兴”“疯狂”，隐含有“性欲”之意。在情色诗歌中，处于狂暴期的大象，其太阳穴处会分泌液体，而蜜蜂则为之吸引。蜜蜂、发情的大象以及鲜花、春天等因素结合在一起，成为表达人类爱情的情感意象。以下诗句取自迦梨陀娑（Kalidāsa）所作诗歌，描绘了爱神射出花箭的情景：

他精选的箭镞，
是美丽的芒果花丛。
他的弓，
是最好的火焰树。
他的弓弦，
围绕着一群蜜蜂。
他的白色阳伞，
是无瑕的白色的月亮。
他那发情狂躁的大象，
是马来亚的微风。
他的传令官是布谷鸟。
愿世界的征服者，
无形的爱之神，
因春天而降临。
赐予你无穷的好运！[32]

总而言之，古人把狂暴期当作雄象健康与活力的标志，伴随而来的异常好斗也对战斗非常有价值；更重要的是，这是战象的本质。很明显，有关大象的梵语文献非常喜欢描述大象的狂暴期。如果大象没有狂暴期，就会被认为是不正常的，需要得到医疗护理。

最后，我们必须仔细分析《摩诃婆罗多》文本中提到的依靠理想战象而生活的两类人：一类是我们已经提到过的骑象人（the elephant riders），另一类是尚未提到的驭象人（the driver）。

骑象人就是战士。在印度史诗中，骑术和格斗术被视为善战的优点，并且被视为两种不同的技能。史诗中没有提到是否要给骑乘者提供一个象轿，以便他们可以有一个安全的平台进行战斗。这一点有必要澄清，因为许多研究印度战象的学者错误地认为象轿从一开始就存在。早期的雕塑和史诗描绘的战斗情况清楚地表明，最初战士们基本都是无鞍骑手，就像骑兵一样，用膝盖紧紧夹住象背，也可能用一只手抓住背带——一种系腹带或肚带。对于骑兵和战象士兵而言，骑行本身就是必须要掌握的技能，与使用武器的技能又大为不同。正如在桑吉（Sanchi）的雕刻中清晰看到的那样，[33]国王也以此方式骑行，而希腊人铸造的硬币上也刻着亚历山大骑马追逐骑于象背之上的印度国王波鲁斯（Porus）。[34]我们会在后面讨论象轿是在何时并在什么机缘下产生的；这里我们知道，希腊化王国中有“象塔”，而12世纪柬埔寨的吴哥窟的浮雕中恰好有象轿，就已经足够了。

驭象人使用驭钩（*aṅkuśa*）或铁钩（如图2.1）来控制战象。在我们讨论过的诗歌中，理应出现但却没有提及这种驭钩。但是在其他文章中，我们可以很明确地看到对驭钩的描述，也经常能在雕刻

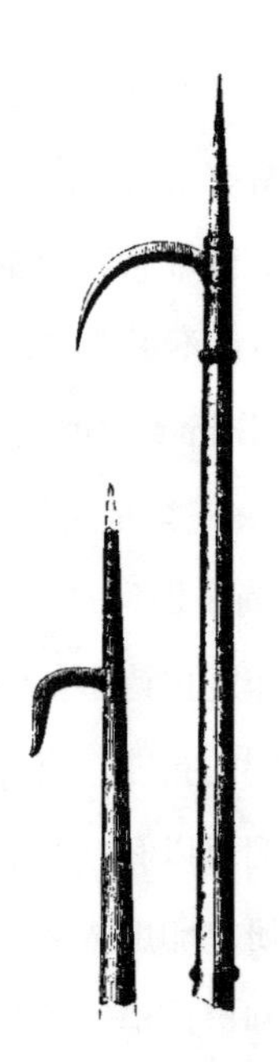

图 2.1　出土于呾叉始罗的驭钩

中看到它。驭钩有两个锋利的尖头，这种凶悍的器物可以用来控制那种具有巨大攻击性的动物，强劲的攻击性是人类最需要的特性，而钩子的作用就是限制这种攻击性。可以肯定的是，战象不仅被控制住了，而且“还被钩子驱使”。[35] 虽然驭钩可以当作一种刺激工具强迫大象前进，但是人们通常用驭钩控制处于狂暴期的战象，这一点与诗歌中的隐喻是一致的。

下面这段诗歌展现了驭钩的作用：

由于勇猛的战士王子阿周那*的召唤，

* 阿周那，《摩诃婆罗多》里般度五子中的第三子。——译注

持国的儿子现在加入战斗，

他被阿周那的话语控制着，

如同发狂的大象被驭象人钩住。[36]

形容词“*niraṅkuśa*”指不守规则、无拘无束的人或者放荡不羁的人，驭钩（*aṅkuśa*）的驭控意义可以由此看出。诗人尤其被认为是规则破坏者（kavayaḥ niraṅkuśāḥ）；还有一部讲述诗人放荡不羁作风的著作《诗人的驭钩》（*An elephant-curb for poets*，Kavi-gajāṅkuśa）。[37]

驭钩是铁制的；有两个尖头，一个尖头在长柄末端，另一个在钩子的末端。这既是古代雕刻中战象的标志，也是印度式王权的诗歌意象。印度战象技术传播到的地区均受印度式王权的影响，这些技术一方面传到了北非和南欧，另一方面则到达了东南亚。[38] 驭钩不是驭象人使用的唯一工具：我们还知道一些不那么可怕的工具，如驭刺（*tottra*，经常和驭钩配套使用）和驭棒（*kaṅkaṭa*，可能是一种刺棒）。但是，驭钩是这些工具中最常出现的，也是古代雕刻中唯一被描绘的器物。然而，雕塑中驭钩居于首要地位，并不意味着其被广泛使用。如果我们参考现代的习俗，就可以得出上述结论（鉴于到了当代，这种习俗的背景已经极为不同，因此要审慎地看待这个结论）。在英属缅甸和现在的南印度，有一种更加简便、廉价且不那么令人恐惧的铁钩，钩子附着在长柄上，木柄前端是圆的而不是尖的（如图 2.2）；有时人们还会用简单的棍子代替这种工具。[39] 当然，这个话题已经与战象无关了。但我认为，驭钩在古代雕刻中出现得如此频繁和独一无二，不是因为它总被使用，

图 2.2　单尖驭钩

而是因为需要借助驭钩来表明，驭象人指挥的是一头战象。在雕塑和诗歌中，驭钩是一种标志，说明其描绘的驯化大象正在最危险的时刻发挥着最重要的作用。

从现实的视角看，《政事论》部分证实了人们对战象诗歌的此种解读，并根据大象的工作将其划分为四类：处在训练中的大象（*damya*）、战象（*sāṃnāhya*）、骑乘大象（*aupavāhya*）和凶猛的大象（*vyāla*，极为危险）。《政事论》没有提到驭钩和战象的关系，但在涉及骑象问题时却提到有的人拿着木棍（*yaṣṭi*）骑行，还有人拿着刺棒（驭刺）骑行，这就表明驭钩并不用于简单的骑行活动。[40]

因此，驭钩是战象和王权的标志。在和平的游行中，驭钩则被用于宣示。它表现的是战象正充分处于战斗状态，并且拥有强大的攻击性。

国王与大象

实际上，自王权诞生开始，大象作为王权事业的重要资源就吸引着各国国王。对于他们而言，如果可以在本地获得大象，确实是一件相当诱人的事。之所以如此，部分原因是大象庞大的身躯令人敬畏且难于控制。这反而有助于国王建立等级制度，并确保自身处于最高位置。借助场面宏大的猎象活动、在兽园展览被捕获的大象以及收取贡赋等方式，王室对大象的所有权标榜着自身至高无上的地位：只有王国才能承担得起如此庞大复杂的工程，古代印度其他可替代的主要政体，不论是“共和制”还是“森林民族的部落体制”，都无法完成这项任务。

战象并不是王室用象的首要用途；王室用象还有着漫长的前史。战象发明于公元前1000年左右，其产生的前提条件包括王权的创立、大型驯养动物（牛、马、绵羊、山羊）的出现，以及早期文明的诸位君王对大象采用的其他使用方式。我认为，战象发明于印度。也就是说，捕获野生成年雄象并训练其从事战争的技术也产生于印度。在吠陀时代晚期的某个时间，上述技术很有可能在王室的支持下得以发明，随后在印度境内传播，以至于战象很快成为印度诸王国的常规资产。我们无法得知这一技术的确切发明时间，但是有证据显示，在吠陀时代初期（约公元前1400年）它们还未产生。而在吠陀时代晚期，这些技术已经出现，并在北印度诸王国成为社会规范并普遍使用。即使实际情况可能并非如此，但这至少也是一种合理推论；这一技术可能最早出现于公元前 1000 年，最迟至公元前 500 年已经在北印度地区成为社会规范。

为了追溯这段前史，我们需要研究最早有文字记载的文明如何记录国王与大象的关系；这些文明包括埃及、亚述和美索不达米亚、中国以及印度河流域的诸文明。印度河文明（公元前 2500—前 1800）是印度发明战象的吠陀时代的最重要前身，但问题是印度河文明的文献至今未被破译。因此，我们没有文字资料来研究这一文明的“王象关系”，也不是很清楚其政治组织形式。埃及、亚述、美索不达米亚和中国，这些早期文明，既可以帮助人们更加具体地了解大象在这些王国中如何被使用，也有助于解决人们在解读印度河文明的大象使用情况时遇到的困难。接下来，我们会研究吠陀时代晚期的战象情况。

在有关早期文明的主流学术文献中，与本书主题有关的部分数量有限，只有极少量的证据可以推断驯化大象存在的可能性。由考古学家撰写的发掘报告以及由历史学家记录的北非、近东、中国、印度（印度河文明）的情况，为早期文明时代大象可能被驯化的观点提供了相应的证据。一些人持保留态度；另一些人极其肯定，公元前 500 年之前，一些古代民族就已经驯化了大象。萨尔瓦·达曼·辛格在研究吠陀时代战争的杰出著作中给出了强有力的表述：“一旦大象意识到自己被捕获，其温顺、聪明和易服从的性格一定会使其快速得到驯化。”[41] 萨尔瓦认为，大象很容易就能驯化；早期的驯化现象可能发生在许多地方；雅利安人进入印度时，已经看到其他民族驯化的大象，这也启发他们效仿这种驯象习俗。

然而，如前所述，驯化动物一般的方法是让它们自出生起就被圈养在人工环境中，但大象却非如此。因此，我们需要确凿的证据，证明大象是在野外被捕获后接受训练的。前文已分析了公元前500年以前驯化大象的证据，我的结论是，这些证据表明了大象作为一种资源对国王有着巨大的吸引力，也显示了国王有多种用象方式，包括捕捉、展览等，但没有证据能证明当时战象已经出现，也没有证据能证明印度以外的地区出现了驯象技术。甚至，连在公元前500年以前的骑乘大象也仅有一个模棱两可的案例作为证据。下面就让我们检视一下这些证据，来了解早期文明时代国王与大象之间的互动范围和性质。

埃及

非洲象在埃及的史前时期和前王朝时期便已存在，人们发现的象骨可以证明这一点，在化妆用的调色板、象牙雕刻、彩绘陶器和岩石壁画上都能找到大象的形象。[42] 最引人注目的发现是埃及前王朝时期之初的两具年轻大象骸骨，埋葬于上埃及埃德富（Edfu）附近希拉孔波利斯（Hierakonpolis）的墓穴中。

蕾妮·弗里德曼（Reneé Friedman）是其中一具大象骸骨的发掘者。她告诉我们，这头动物被完整地埋葬，没有被肢解，墓穴中还陪葬有遮布、陶器和贝壳项链。[43] 这头大象的年龄据判断在10到11岁之间，发现于一座高级墓葬群的第24号墓，该墓穴曾经被盗。墓中还保留有一块盆骨、大量的其他骨头和一大块儿兽皮。弗里德曼推断，这头大象是被活捉的，进口自沙漠地区或更远的南方，被关了一段时间之后用来献祭；胃中的残留物表明人们给它喂食过沼泽草。另一头大象据判断为 6 到 10 岁，埋于同一个墓葬群的第 14 号墓。蕾妮·弗里德曼将此处的埋葬解读为献祭，认为这对人们了解“埃及文明诞生之初早期王权的雏形”非常重要。[44] 她还认为，捕捉并进口活象可能意味着当地对资源地区的控制，而这种献祭暗示了各位国王“与大象有极为紧密的关系”。在早期文献中，献祭是“国王与强大的野兽相结合”的一部分。[45] 因此，我们似乎有确凿的根据证明捕捉幼象的现象已经存在，并且大象与古埃及王权的起源存在联系。

但是，在王朝时期，由于干旱加剧，野生大象从尼罗河谷消失了。[46] 农耕和畜牧在整个尼罗河流域扩张，使得野生大象迅速向南撤退。虽然埃及的宗教、王权和晚期的艺术展现出对动物生活的浓厚兴趣，但是大象只是偶尔出现。它们出现在埃及的王室狩猎和异兽展览中，但除此之外没有其他的用处，尽管它们就生活在埃及疆域之外的中部苏丹热带草原。[47] 直到更晚的时候，即在亚历山大之后统治埃及的希腊化王国托勒密王朝时期，埃及人才开始使用印度的技术捕获和驯化大象。[48]

埃及法老视象牙为珍宝，会不远万里地寻求。这种材料已经成为奢侈品交易的货物，是财富和地位的象征，并在呈献给君王之前由技艺精湛的工匠制作成华丽的工艺品。埃及的国王拥有完成复杂工程的组织力量，可以从遥远的地方获取象牙。但是，由于运输非常便捷，所以象牙并不能证明埃及存在捕象和驯象的情况。另外，埃及的许多“象牙”其实取自河马。

埃及法老与大象最具戏剧性的邂逅没有发生在埃及本土，而是在新王朝时期发生于叙利亚境内。当时叙利亚生活着一群野生亚洲象。法老图特摩斯一世（Thutmose I）和图特摩斯三世（Thutmose III）都曾在北叙利亚奥伦特河（Orontes）一带的尼亚（Niya）猎取过大象。图特摩斯三世的狩猎活动得到了格外详细的记录，关于此事的铭文不少于三处。在苏丹博尔戈尔山（Gebel Barka）一块石碑的铭文上，他谦逊地将自己史无前例的功绩归功于神明。[49]

如今胜利再次眷顾，
拉神统率我等，
令我在尼亚的河水中勇武倍增。
他引导我围住了（?）大象；
我的部队同 120 头大象的兽群战斗。
自从诸神获得了白王冠以来，从未有国王如此神勇。
我曾言说，此事绝无夸张，亦无半句虚言。[50]

猎象和王权之间存在着关联，这在铭文中已经得到证实。无须解释，大象在埃及王权史上有着空前的重要性。

在艾尔曼特（Armant）也发现了有关图特摩斯三世的石碑铭文，这块石碑再次佐证了这次猎象活动。国王的官员阿蒙阿姆哈布（Amenamhab）在其生平铭文中写道，猎取大象是为了获得象牙。他声称自己在这次狩猎活动中拯救了国王的性命，并获得了丰厚的奖赏：

当法老要为获得象牙而追猎 120 头大象时，
我再次见证这位两地之主在尼亚取得的伟大功绩。

图 2.3 埃及：雷克米尔墓中的大象

然后，象群中一头壮硕的大象在法老的附近怒吼。

正是我站在水中的两块岩石之间，

当着国王及众人的面，

砍断了它的象鼻。

然后我的国王赏赐我以黄金，

（数量为？，）

还有衣服五件。[51]

同时期第 4 处涉及大象的文献资料是雷克米尔（Rekhmire）墓中的一幅画（见图 2.3）。该墓穴的墓主人为猎象的法老图特摩斯三世的大臣。这幅画描绘了被征服的叙利亚人向埃及朝贡，贡品包括一头拴有绳索的大象、象牙、某个品种的野猫、两匹马（根据雷克米尔墓中的记录）。与人物、野猫和马相比，画面中大象的体形仅仅相当于一条大狗，即使不是从它很小的牙上去考虑，人们也倾向于将其解释为幼象。埃及绘画的比例很少有写实的，构图通常会受到空间的限制。但是，当我们对比大象身旁搬运工肩上的巨大象牙，就能看出那头大象的牙有多小，也就知道它十分年幼。这与早期在希拉孔波利斯捕获并埋葬的非洲幼象的年龄是相符的；我们很快就会在亚述看到更为晚近的证据。

亚述

数个世纪后，亚述王国的文献也出现了类似的用象模式，如王室狩猎、捕捉和展览，涉及叙利亚的大象。[52]在已出版的亚述楔形文字参考文献中，涉及大象的共计12篇，辑录在《亚述词典》（*Assyrian dictionary*，s.v.*pīru*）中，主要记录了下述统治者：

亚述帝国早期君主

君主称号	统治时间
提革拉毗列色一世（Tiglath-pileser I）	公元前1114—前1076
亚述贝卡拉（Aššur-bēl-kala）	公元前1073—前1056
亚述丹二世（Aššur-dān II）	公元前934—前912
阿达德纳雷二世（Adad-nārārī II）	公元前911—前891
亚述纳西尔帕二世（Ashurnasirpal II）	公元前883—前859
沙尔马那塞尔三世（Shalmaneser III）	公元前859—前824

这些记载大多数都以固定模式开始，按照国王顺序依次重复。这种固定模式从乞灵于尼努塔（Ninurta）和奈格尔（Nergal）开始，进而给出王室狩猎和展览活捉的动物的结果：

尼努塔和奈格尔，他们喜爱我的祭祀，

赐予我以野兽，（并）命令我去狩猎。[53]

在有关图特摩斯三世及其大臣的记载中，王室狩猎和展览圈养动物是两件不同的事情。与此不同，在亚述人的一些案例中，狩猎和展览属于同一种活动。

前文的名单始于提革拉毗列色一世。一个滚筒上的铭文记载了他的征战和狩猎信息。就狩猎而言，铭文记载了他在米坦尼国（Mitanni）杀死了4头野牛；在哈兰国（Harran）的哈布尔河（Habur）地区，即幼发拉底河在叙利亚的支流杀死10头强壮的雄象，活捉4头大象，还猎获了象皮和象牙，活捉了其他动物，这些猎物一并被带到首都阿舒尔（Aššur）；他徒步猎杀了120头狮子，用战车猎取了800头狮子；而且他自称，“无论我在何时射出弓箭，都能射中野兽和天上带翅的鸟儿”。[54]很显然，我们在此可以清晰地看出其中的关系：对王权来说，大象既是一种实质性资源，也是一种象征性资源。在盛大的狩猎活动中，大象同野牛、狮子一样，都是重要的猎取目标。毫无疑问，这是因为它们体形巨大且难以被杀死，于是捕杀大象成为国王拥有无上勇气和技艺的标志。这些颂词随后成为国王功绩的一部分，然后通过文字记录公之于众；在此过程中，这些功绩被夸大了。我们还可以看到，捕获的大象是狩猎的副产品。它们随同象皮和象牙一起被带到首都。毫无疑问，这是为了在王室兽园中公开展览。我们可以合理地推断，被捕获的大象是因狩猎而成为孤儿的幼象。最后我们还能看出，大象与其他野生动物一起出现在早期国王举办的新兴展览活动中，包括一些野兽和天空中的飞鸟。异域奇兽似乎成为国王疆域和权势的标志，而它们的皮毛和牙齿则成了高档的消费品。

我在前文列出了提革拉毗列色一世的5位继任者，他们留下了与大象相关的楔形文字记录，证实并补充了上述王权与大象的关系模式。这些记录让我们进一步了解了印度发明战象的时间范围。亚述贝卡拉用弓箭杀死大象，并捕获其他大象带回阿舒尔。亚述丹二世杀死了 56 头大象，还有一些狮子和野牛。阿达德纳雷二世杀死了 6 头大象；沙尔马那塞尔三世杀死了 23 或 29 头大象。[55]

亚述纳西尔帕二世的铭文特别清楚地记载了大象如何通过朝贡、征收、展览和狩猎等途径得以流通。亚述纳西尔帕二世对地中海地区进行过一次军事征服，并对生活在那里的民族征收贡赋。这些贡赋包括银子、黄金、锡、铜、亚麻衣服和海兽的长牙以及大小不一的猴子；亚述纳西尔帕二世还把猴子带回都城卡拉赫（Calah），并“展示给生活在我土地上的所有人”。凭借自身的勇气和力量，亚述纳西尔帕二世捕获了 15 头狮子和 50 头狮崽，并将它们关在笼子里，置于自己的宫殿中；他还捕获了成群的野牛、大象、狮子、鸵鸟、猴子、野驴、鹿、熊、黑豹和其他动物，并说道：“山川和平原上的野兽，全部都在我的卡拉赫城，展示给生活在我土地上的所有人。”在另一次狩猎中，他杀死了 30 头大象、257 头野牛和 370 头狮子，之后也说出同样的话。[56] 当时，异域而来的动物，包括大象在内，已成为边远从属国的国王和地方长官需要缴纳的贡赋。例如，对沙尔马那塞尔三世的记载：“我从埃及收取贡赋：双峰骆驼数只、水牛 1 头、犀牛 1 头、羚羊 1 只、雌象数头和雌猴数只”。[57] 这一记录刻在了著名的黑色方尖碑上，收藏于大英博物馆，碑上还有他向被征服民族征缴贡赋的浮雕。浮雕中有一个画面描绘了上文所说的大象，还有一种猴子或是猿类。另一个关于沙尔马那塞尔三世的记载则提到，他从苏赫（Suhi，叙利亚）和鲁巴达（Lubda）的

图 2.4　亚述：沙尔马那塞尔三世黑色方尖碑上的大象和狮子

地方长官那里获得了 5 头活象作为贡赋。[58] 整体情况是相同的。韦斯曼（Wiseman）认为，“与前任君王自我夸耀一样，国王沙尔马那塞尔三世也非常重视他在狩猎中的英勇表现，还在自己王宫大殿的墙壁上描绘了这些情景。除了 450 头狮子和 390 头野牛外，这位国王还收集了成群的活野牛、狮子、鸵鸟和猿猴以及至少 5 头大象，置于兽园进行繁殖”。[59]

除了这几位国王以外，我们再也没有从现存记载中找到有关狩猎大象的情况了，而且叙利亚的大象很快就灭绝了。我们确实在之后的楔形文字记载中看到了对战象的描述，但这些记载源自希腊化的塞琉古（Seleucids）王朝统治时期。塞琉古王朝从印度获得了大象及使用大象的技术。[60] 因此，我们才在塞琉古—巴比伦王国的楔形文字天文簿籍中发现公元前 273 年“巴克特里亚（Bactria）总督向国王敬献 20 头大象”的记载；还看到了公元前 149 年德米特里（Demetrius）国王的一支军队中有 25 头大象的情况。[61]

在亚述的一些占卜文献中，大象也出现了，而且是以罕见且可怕的占卜预言出现的，类似彗星突然出现。如果一头大象出现在城门前，这预示着什么？如果一条狗在我居住城市的圣殿前吠叫，而大象对此作出回应，这意味着什么？[62] 这些属于占卜诠释学中更高级、更理论化的领域，它假想了一些不太可能发生的事件，并对此进行解读。[63] 预兆往往与那些不寻常的事件有关；因此，大象在占卜文献中出现意味着它极其罕见，而且鲜为人知。亚述人对大象怀有憧憬，认为它们是野性、有趣、带有异域风情的动物，平常是看不到的。

大象体形庞大，捕捉并进行展览的过程复杂且浩大，这些都让大象成为无须解释就能让观者理解的王室象征；这种动物实际上是王权的天然象征。记载亚述纳西尔帕二世的文献清楚无误地表明，大象命中注定要供公众参观。亚述纳西尔帕二世在他的都城展览大象和其他动物，以彰显自己的威严。大象吸引着国王，如同磁石吸引铁一般。

美索不达米亚

临近亚述的美索不达米亚，有一块大象形象的陶像发现于乌尔城。伦纳德·伍尔利（Leonard Wooley）和马克斯·马洛温（Max Mallowan）在考古报告中将这块陶象命名为“骑象人”。[64] 如果这种解读是正确的，那么无论它属于哪一个早期文明，都将成为公元前2000 年存在骑乘大象的唯一直接证据。此陶像如图 2.5 所示。图 2.6 展示了相似的场景，那是一个人骑在一头瘤牛身上，可以与图 2.5 相对照来看。那么，这个解读站得住脚吗？

图 2.5 美索不达米亚（乌尔）：大象和骑乘者（？）

图 2.6 美索不达米亚（伊沙利）：瘤牛和骑乘者

该报告引用了宾夕法尼亚大学博物馆（University of Pennsylvania Museum）的莱昂·勒格雷恩（Leon Legrain）的注释——此陶像目前收藏于该博物馆：

这件罕见且奇特的陶像，见证了印度的贸易和模式在拉尔萨（Larsa）时期的影响。该动物被刻画为正在行走的姿态，其直背、小耳、粗腿的形象表明它属于印度品种（Komooria Dhndia，v. E. J. H Mackay，《摩亨佐－达罗废墟的进一步发掘》，德里，1938：329）。如印度河文明的徽章那样，陶像上的大象没有长牙，因此可能是一头雌象。陶像雕刻有略长的尾巴和卷曲的长鼻，仿佛在采集食物；脖子上的痕迹可能是褶皱的皮肤或是项链。骑乘的方式更为独特。一条宽大的编织的带子系在这个动物的身上，印度现在也使用这种宽带子固定象轿。雕刻上的驭象人既没有坐在大象头部，也没有坐在大象背部，而是以一种不自然的姿态坐在大象腹部一侧，并且驭象人的右膝卡在宽带子上。这恰恰与伊沙利（Ischali）的一块浮雕类似，那块浮雕上雕刻的男子以同样的姿势骑在印度瘤牛的背上（H. 法兰克福［H. Frankfort］，东方研究所通讯 20，芝加哥，图 73c）。在两块雕刻中，人物的上半身和双臂都被表现出来了，左手放在动物的脊瘤或肩上，右手握着稍微弯曲的驭棒；除了轻巧的缠腰布和腰带外，两位骑者都是裸身的。[65]

首先必须指出，如我们所见，象轿在较晚近的时期才被发明出来，这一点毫无疑问。本书很快就会考察上文提到的印度品种的大象陶像。

在另一部著作中，勒格雷恩写道，该陶像“明显是由不熟悉大象或不知道如何正确驾驭大象的工匠制作的”。[66] 他认为，大象的形象与上文提到的印度品种相吻合。但是，驭象人，即印度象夫，“在雕像上的姿势很不自然——既没有坐在大象的头部，也没有坐在大象的颈部，而是悬在大象的腹侧中央，左手放在大象的肩膀上，右手持短弯棍，骑于象上静止不动”。[67] 总体上，人们在解读该形象时都在指责工匠，但从未怀疑当时的印度人就是这样骑乘大象的。我希望能证实这一点，而不仅仅停留在假设阶段。

解读一个独特的陶像本就困难，更何况用其表现的骑乘方式控制如此庞大的动物既不可能也不现实。勒格雷恩认为，这位当地工匠的创作受到了印度的影响，因为陶象上有着与印度那块浮雕类似的骑乘方式，这个推测很有可能，尽管我们也应该考虑到，叙利亚的工匠与当地大象的距离更近一些。虽然骑瘤牛之人的姿势看起来像是跨坐式骑乘，但是除非能在象背上找到同牛一样的U形凹陷，否则我们无法解释骑象人的骑乘姿势，毕竟自然条件下我们无法在大象身上找到这样的生理结构。我赞同勒格雷恩的说法：这个人的骑象姿势不可能存在。我们不知道如何分析这个案例，也不知道该案例意味着什么。或许，这是对印度河文明骑象方式的遥远共鸣，证明印度河文明在这一时期与美索不达米亚有贸易往来；但如果真是这样，我们需要从印度河文明的遗迹中找到相应的证据。但是，正如我们即将看到的，印度河文明的遗迹中并没有证据能支持这种说法。

中国

自有文字开始，中国就出现了“象”字，甲骨文和金文中都出现了“象”字（如图 2.7）。[68] 甲骨为牛肩胛骨和龟甲，占卜者用拨火棍将其加热至出现裂纹，就可以根据裂纹图案回答求卜者提出的问题。这些解读不管是否会成为事实，都会被记录在该甲骨上。商朝都城殷（今河南安阳）的出现可追溯至公元前 1400 年。人们在此发现了大象的下颌、鲸鱼的肩胛骨和众多野生动物的骨头，还有刻着字的甲骨和青铜武器。[69] 安阳现在是河南省北部一座拥有 500 多万人口的城市。正如我们已经看到的，这些大象的残骸最初被认为是从南方引进的，但是后来有证据显示，野象曾遍布中国北方。很明显，自中华文明开端起，大象就在权力象征方面发挥着重要的作用。

在中国神话中，有一则关于舜帝的美妙故事。舜为人简朴、谦逊，自幼在家中田间辛勤劳作，因而远近闻名。后来，元朝郭居业编纂的《二十四孝》，将舜树立为孩童的榜样，其事迹也在《二十四孝》中位列第一。虽然舜的父母和弟弟虐待他，但是出于孝道，舜的态度依然如以前一样，还更加孝顺父母，友爱弟弟。舜的美德高洁，以至于大象都替他耕地，鸟儿都为他除草；也就是说，舜的美德使农民的敌人变成了朋友。

在之前的章节中，我介绍了文焕然对中国历史中大象存在的证据进行了调查。在这里，我将探讨文焕然在研究中涉及的公元前 500 年的文献。这些文献历史久远，数量很少，有一定的可信度，显示了当时的人捕捉并驯养活象的可能性。[70]

图 2.7 中国：早期大象形象

第一行：古代“象”字的书写符号。

第二行：发现于商代贝壳上的“象”字，约公元前 1500 年。

第三行：周代青铜器铭文上的“象”字符号。

第四行：左为周代青铜杯上的“象”字；右为商代青铜器上的“象”字，此形象后来被用于印章。

第五行：摩梭象形文字中的象头。

图 2.8 商朝晚期的象形铜制礼器

除了已提到的涉及大象的早期文献外，商朝（公元前 1600 至前 1046）还有华丽精美的青铜礼器，如图 2.8 所示。虽然这些青铜器表面的刻画纷繁复杂，但是整体形象栩栩如生。在此时期，有两份文献佐证了“人象关系”。不过，这些文献的成书时间比其所述事件的发生时间要晚很多。

第一份文献来自《吕氏春秋》。在秦即将成为帝国之前，宰相吕不韦召集学者编纂了这部关于善治国家的哲学著作纲要。其中，《古乐》一章曾这样描述大象：“成王立，殷民反，王命周公践伐之。商人服象，为虐于东夷。周公遂以师逐之，至于江南，乃为《三象》，以嘉其德。”[71]

当时大象可能被用于军事行动中，但文献没有记载它们的使用方式，而且可能只使用了 3 头大象。它们隶属于前政权的残余势力，并且被驱赶到了江南——这里更适合大象生存。这些文献著成于该事件发生的数百年之后，我们有理由怀疑其可靠程度。即使这是商朝真实的传统，我们也不得不说，中国在军事行动中使用大象的记录始于周公战胜大象的赞歌，也终于此。因为在中国（如汉族）的军队中没有使用训练有素的大象的惯例。

另一份文献来自著名思想家孟子的著作，也表达了类似的观点。孟子说，周公辅佐武王出力甚多，曾经“驱虎豹犀象而远之，天下大悦”。[72] 此文献的成书时间同样是其所述事件的数百年之后。在这个例子中，周公将野兽驱逐出森林，使土地可以居住耕作。很明显，与舜帝的故事相比，一个不同的“仁政”观念出现了，并且显示出更强的影响力。

还有另一份证据，记载了公元前 506 年楚国被吴国军队击败的历史。楚国的都城被包围，于是楚军把燃烧着的火把系在大象的尾巴上，控制并驱使大象冲向敌军，但是没有成功。[73] 显然，这是一种孤注一掷的做法，并非常规操作。当时孙武就在吴国的进攻部队中，而这一情况并没有引起他的注意，因为在其经典著作《孙子兵法》中并没有提及大象。但是，这暗示着，楚国与中原文明存在文化差异，其都城中饲养着驯化的大象，不过原因不详。[74]

因此，我们找到了两个疑似的案例，记录了人们捕捉大象并将其应用到战争之中；但是，即使这两个案例记录了真实的历史，那也只是一种尝试，并没有产生持久的影响。总体而言，中国的君主似乎已经将大象用于展览并获取象牙。而且，他们还因可以驱逐森林中的野兽使得人们能够安全耕种而获得赞誉。中国的君王并没有将战象发展为一种制度，在后世也没有接受印度东传的战象制度。[75]

印度河文明

最后，我们考察印度河文明（公元前 2500—前 1900）。这一早期文明对于理解吠陀时代晚期出现的战象最为重要，因为它是紧邻吠陀时代的更早的文明阶段。

据说，印度河文明的民族最先驯化了大象。在学术文献中，这已经成为主流观点；甚至还有一种观点认为，在印度河文明之前，驯化就已经开始了。但这种观点只是对那些模棱两可的文字资料较为乐观的解读。我认为，重要的是先将上述学术观点搁置不论，重新审视这些资料，检视在印度河文明时期大象是否被捕获并训练；如果确实如此，则可以继续研究驯养大象的用途是什么。

虽然印度河文明是我们研究的最重要的早期文明，但它也是最神秘的，因此在解读上存在着一些困难。与其他文明一样，印度河文明也有其书写系统；我们现在已发掘出许多简短的印章铭文，但与其他文明的文字不同，人们至今都未能成功破解该文字。因此，我们不能像研究埃及、亚述、美索不达米亚和中国时那样利用他们的文献记载；我们拥有的信息仅限于刻画大象形象的资料。另外，虽然在其大型城市的遗址上发现了集权统治迹象，但是我们仍然不知道印度河文明的人们采用何种政治制度，是王权政体还是其他政体形式。除了一些防御性的城墙和纯铜或青铜制的武器外，我们对其军事特征也一无所知；无论如何，印度河文明都与吠陀时代不同，不是以“马拉战车”的军事文化为基础。总之，在印度河文明被发现一个世纪以后，我们已经知道该文明的城市遗迹属于吠陀文献成书以前的青铜时代，但依旧不能明确了解它向之后的文明留传了什么样的文化和制度。假如印度河文明的延续性足够强势，毫无疑问，我们就能使用吠陀时代的梵语文献来解读印度河文明的物质遗迹；但在目前的条件下，我们没有自信能这样做。就用象问题而言，最好的办法是研究其他早期文明的相关证据，将其与印度河文明的材料进行比较分析。

从视觉表现上看，毫无疑问，印度河文明的民族熟悉大象；并且，大象在他们的思想观念中发挥着重要作用。我们可以使用马哈德万（Mahadevan）编写的索引来获得相关材料的整体概述。在一份拥有超过 4 000 个雕刻在印章和铜牌上的图片资料库中，我们发现了 57 个大象图案。大多数（44 个）刻在滑石印章上（其中有 1 个是印戳，即钤好印章图案的黏土），另外 13 个刻在铜牌上，被认为是护身符。在一块铜牌上还有一头长着角和长牙的大象，另有几个长着象鼻的组合型神话动物。最后，我们还发现了几个用黏土做成的大象玩具。所有这些物品都很小：印章不大于 2.5 平方厘米，而铜牌稍大一些。大象的遗骨留存几乎没有，只有一处遗迹发现了一些骨头、若干被做成珠子的象牙和一根完整的象牙。研究印度河文明如何捕获和训练大象，主要依据是这些印章、护身符和玩具大象，但存在着很多不确定性。尽管这些大象的图案很小，但却做得非常好，特别逼真，它们一定是由亲眼见过大象的工匠制作的。

在印章和铜牌形象中，数量最多的是一种所谓的独角兽，即长着一只角的类似牛的动物；另一种动物就是牛（全是公牛），形态各异，有的有背峰，有的没有。目前为止，牛的形象是最常见的。而大象的形象有 57 个，数量也很多。

此外，数量相当可观的还有犀牛（40 个）和老虎（21 个）的精

图 2.9 印度河文明：野生动物簇拥的“原始湿婆神”印章

美形象。[76] 更重要的是，还有 2 块印章上出现了大象、犀牛、老虎的组合形象。其中 1 块上，众多动物簇拥一个人类，他看起来正在做瑜伽（如图 2.9）。马歇尔（Marshall）称其为原始湿婆神（Proto-Śiva），这使得人们联想到湿婆的头衔“百兽之主”（*Paśupati*）和“瑜伽之主”（*Yogeśvara*）。但是，梵语中的“*Paśu*”一词一般是指驯化的动物，或特别指代牛；相反，“*mṛga*”一词通常是指野生动物，尤其指代鹿。在这块印章中，这些作为整体出现的动物肯定是野生动物，如大象、犀牛、老虎、鹿。同时，我们还在一块铜板上发现一头大象站在一排动物中间，有犀牛、野牛、一条嘴里叼着鱼的鳄鱼和一只鸟。[77] 现在，在印度东北的加济兰加（Kaziranga）国家公园，沿布拉马普特拉河的草地和森林，人们仍然可以发现野生的大象、犀牛和老虎，而周公在中国北方森林中清除的野生动物也正是这 3 种。这些动物已经在印度河文明地区消失了很长时间；实际上，现在整个印度河文明遗址区都没有野生大象了。不过，正如某些考古学家认为的那样，当时印度河文明的地貌状况为更加茂密的森林，正是因此，当地才更适合这些物种生存。不过，这一发现仅仅表明印度河文明将大象视为一种野生动物，正如几千年后印度古典时期的人们认为大象属于森林而不属于村庄。没有证据表明印度河文明对大象进行了驯化，但同样也不能排除印度河文明的民族存在捕获和训练大象的可能性。

因此我们可以认为，生活在印度河文明的城市和聚落中的居民，周围就存在野生大象。此处出土的印章和护身符上的大象形象非常精美，因为这些都是由见过大象的工匠制作而成的。印度河文明遗址的一位发掘者麦凯（Mackay）曾说："其中有 4 枚印章非常值得关注，上边刻画的大象形象，身体和头部轮廓周围存在着鬃毛，该形象描绘的可能是幼象，因为成年大象一般不长这种鬃毛。"我们已经看到了埃及和亚述捕捉活体幼象的证据。麦凯没有在其中 3 枚印章上发现长牙的痕迹，因此认为这些印章上刻画的大象为雌性。另一方面，令人困惑的是，一些印章上描绘的象鼻末端明显有 2 个凸尖，与非洲象一样，而不像典型的亚洲象那样只有 1 个凸尖。[78]

麦凯在此话题上有一些观点是不准确的，因为他以自身所处时代（"运木象时代"）的思维方式来推断印度河文明的情况：

根据当地的知识，从背部的倾斜度和腿的长度来判断，这 648 枚印章上的大象应该是劣等品种。印度拥有两种大象，一种是"君王型"（Komooria Dhundia），它们背部扁平，腿部粗壮，头部方形，更适合用来工作。另一种是劣等的"鹿型"（Meergha），它们背斜腿长，头不够方且不壮实。在古代印度河流域，人们驯养大象可能只是用于国家目的，并不是用于拖运东西，因此它们的体形也无关紧要。[79]

自战象时代起，人们将大象划分为长腿的“鹿型”（*mṛga*）和优等的“君王型”（*kumāra*）；后者是理想的战象。但是，该分类在伐木业中有不同的应用，其中较为强壮的君王型大象更加适合用于拖运；此一观点支持了麦凯的解读。他认为，在印度河文明中，“鹿型”大象“只要用于国家目的”就不会被嫌弃。我的理解是，他认为“鹿型”大象用于骑乘，而不用于拖运工作。但这种观点是犯了双重错误的。对后世的印度国王而言，骑乘大象的身体特征非常重要，并且是以战象为原型的。麦凯使用英属印度运木象时代的思维方式来解读古代史料，导致了这种混乱的观点。

接下来，我们要讨论一个重大的问题——驯养和驯化。印度河文明的民族拥有各种各样的牲畜，它们都是从当地的野生动物中驯化而来的，其中包括带有背峰的印度牛（瘤牛）、无背峰的牛、水牛、山羊和绵羊，但没有马。[80] 因此，他们善于饲养动物，其周围还生活着野生大象。有观点认为，人们之所以支持印度河文明存在某种程度的大象驯化现象，是由于有些视觉形象的特征与驯养有关：（1）一些印章上刻画着大象面前有一个“食槽”的形象；（2）肩上描绘有垂直的褶痕或是线条，人们将其解读为驭具，或是毯子这类覆盖物的边缘；（3）陶土大象玩具身上有装饰性涂饰。我们需要仔细地考量上述每一个证据。

关于“食槽”的问题，马歇尔看到了它与野生动物之间的联系，可能这是一些被捕获的野生动物：

> 印章上与“食槽”有关的动物共7种，其中3种总是在一种看着像食槽的器物旁进食。它们是印度野牛（印章310至326）、犀牛（印章341至347）和老虎（印章350至351）；另外，大象（印章369）和水牛（印章304至306）这两种动物有时用食槽进食，有时则未用；而瘤牛（印章328至340）和短角无峰牛（印章487至542）似乎没有用食槽，不过在其头部下方的地面上有一个小物体，只是不够清晰，无法辨认。这些食槽存在的意义是什么呢，还是说只是偶然现象？很明显，食槽与驯化没有必然关系，原因有二：一方面只有两种动物——瘤牛和短角无峰牛——确定被驯化了，但它们没有使用食槽；另一方面，从未被驯化但有可能被圈养的老虎、犀牛和野牛有使用食槽的情况。而水牛和大象要么是被驯养的，要么就是野生的，它们有时使用食槽，有时却不用。[81]

他认为，食槽代表着食物供给，使用食槽的这些动物都被人视为崇拜对象，无论是被捕获圈养的动物还是野生的动物。这种猜想可能是对的；但是，也有可能同亚述文明一样，这些放在野生动物面前的食槽可能代表着捕获和展览。麦凯推断至少有一些形象描绘的是幼象。这与我们在埃及和亚述看到的圈养幼象的情况相符，至少我们推测是这样。如果将埃及、亚述和印度河文明的证据放在一起看，就会发现王室兽园的产生似乎要早于战象，其中很可能喂养着捕获来的幼象以及其他异域动物。

因此，食槽这个证据支持了捕获和展览的可能性。现在我们来看看被认为是毯子或骑具的证据（如图 2.10）。它不仅仅暗示着捕捉和展览，还代表着骑乘。在一些印章上，我们看到大象肩部有一条垂直的线条，从背部一直延伸到前腿后边，这可能是一种骑具。而在其他印章上，可以看到一个毯子似的覆盖物；还有一枚印章上，围绕着大象颈部有一条垂直的线条；另一枚出现了独角大象的神话动物形象，该动物的尾巴下好像有一条束腹皮带，将骑具和毯子连接在一起。有一个玩具象，身体涂绘了几何图案，让人再次联想到了毯子。[82] 这些观点是否正确很难证实；即使正确，能否找到足够多的旁证证明骑乘的事实也很难说。这种推理方式的困难之处在于，在已知的印度河文明遗址中，尚未发现人类骑乘大象的形象。

最后，考古学家马克·凯诺耶（Mark Kenoyer）作为研究印度河文明手工制品的无与伦比的专家，[83] 将注意力集中到了一块象头陶俑上。象的耳朵张得大大的，形成一个头冠，上面绘有红白色装饰（如图 2.11）。印度从古至今都存在给驯化大象涂画装饰的习俗，凯诺耶将这一习俗与象头陶俑联系在一起。如果这个陶俑的形象真的是写实的，那么驯化的观点就很有说服力了。因为如果大象没有在一定程度上被驯化，就不可能温顺地让人在自己身上绘画。这块陶俑不是唯一的证据，我们可以将它与麦凯提到的玩具大象联系在一起，二者都涂绘了颜色。它们是否能证明，当时的人们已经可以为真实的大象涂画装饰了呢？如果这只是儿童的玩具或是用于祭拜的神话动物塑像，那这种假设的真实性就无法确定了。

总结来看，以上这些证据可以支持，各个早期文明都存在驯养

图 2.10　印度河文明：带有大象的印章

图 2.11　印度河文明：涂色象头陶俑

大象的现象。在埃及和亚述文明中，捕获和展览大象的证据确凿无疑；对于印度河文明而言，这一点似乎也可以得到证明。但是，一旦说到骑乘，相关证据就不足了。同时，我们还要权衡反面证据的重要性，即驭象人和驭钩，这两种在随后时代经常出现的形象在此阶段却从未出现。如苏库马尔（Sukumar）所述，“没有一头大象的图案上出现了骑乘者；如果大象已被驯化并且可以为人所用，这就相当奇怪了”。[84] 大约公元前500年以前，在亚洲古代诸王国中，如埃及、亚述、美索不达米亚、印度和中国，驭象人和驭钩在描述大象的文献记载和形象刻画中普遍存在。唯一的例外是一块陶俑，它刻画了一个人位于一头来自美索不达米亚的大象的身上。勒格雷恩认为，这块陶像由当地一位技艺不娴熟的工匠制作而成，受到来自印度的某种影响。这就意味着，早期文明是否存在骑乘大象还是一个有待证明的问题。

鉴于这么多大象形象，我们可以合理认为：大象的形象中没有出现脖子上有骑乘者的情况，这一点很重要。而且，我们也可以合理地认为：印度河文明的民族可能已经捕获并展览野生大象了；但是，我们没有明确证据可以证明，印度河文明或同时代的其他民族可以骑乘大象，最多只有一个模棱两可的陶像可以佐证。同时，虽然大象在古代亚洲君王的功绩和公共形象中起到举足轻重的作用，并且这种作用似乎横跨了一片非常广大的区域，但是印度河文明或其同时代的任何文明都没有捕捉和训练成年野生大象用于战争的习俗。

战象的发明

现存最早的梵语文献《梨俱吠陀》（*Ṛg Veda*，公元前 1400 年）记载的是雅利安人的文化，而雅利安人的战争文化以武士阶层为基础。武士阶层被称为“刹帝利”，他们驾驭着由两匹马牵引的战车。相比之下，其他作战形式的武士地位较低，他们骑马或步行，随同在身份高贵的战车武士身边。这种文化观念贯穿于整部文献之中，尽管这部文献主要由赞美诸神的诗歌构成。这些神祇的形象与人类相似，但外形高贵，因此能够出现在供奉仪式和宴会之上。如诗歌中所描述的那样，所有神祇都驾驶着战车；赞神诗歌要求国王把战车和牵引战车的马以及其他东西作为祭品献给祭司；这些祭品也会赏赐给诗人，以表彰他们创作的这些诗歌特别灵验，甚至可以邀请诸神驾驶战车降临于宴会。

这种战争文化源自何处，又与更早时期的印度河文明有着怎样的关系？一些学者认为，《梨俱吠陀》里的雅利安人与印度河文明的民族是同一个族群。但是，该观点最大的问题在于，虽然印度河文明的物质遗迹表明他们已经使用着由牛牵拉的实轮车，但这并不意味着他们会使用真正意义上的辐轮战车，甚至不能说明他们会使用马匹，因为辐轮和马都不是印度本土的产物。因此，大多数学者认为，雅利安人大约是在公元前 1400 年，同其语言上的亲族——同属战车武士的伊朗人——分道扬镳，从西北地区进入印度。近几十年来，考古学家在乌拉尔山东南的南俄草原发现了已经开始使用战车的民族。该民族的遗迹似乎在地点、时间及出土物上都跟语言学者推断的印度—伊朗语族的祖源文化相一致，也就是辛塔什塔（Sintashti）文化。这一语族也就是梵语和伊朗诸语言的源头。[85]

在遥远的土耳其博加兹克渭（Boghazkeui），人们从用楔形文字书写的赫梯人档案中发现了一份文献；该文献记载了驾驭战车及其马匹所需的知识，这些知识非常复杂且具有专业性。赫梯人的帝国依赖战车技术。这个帝国还统治着邻国米坦尼，米坦尼的上层使用他们统治者的语言赫梯语，但最初他们使用的是一种接近于梵语的印度—雅利安语。米坦尼保留了原初语言的一些词语，主要是一些神祇的名字和关于战车作战、战车比赛的专业技术词语。这些词语与《梨俱吠陀》中的梵语非常相似。米坦尼的武士阶层并非来自印度，而是来自南俄草原。他们分裂出两支，一支向地中海迁徙，另一支则进入印度。上面所提到的这份文献是来自米坦尼的一位驯马师基库利（Kikkuli）所写的手册，该手册大约在公元前 1300 年用赫梯语和楔形文字撰写而成，其中介绍了牵引战车的马匹需要接受严格的耐力训练，该训练要持续 7 个月。虽然由赫梯语书写而成，但该文献保留了印度—雅利安语中与管理牵引战车的马匹有关的几个专业技术词语。[86]

简言之，这一证据表明，雅利安人是从一个有马匹和战车的草原进入印度北方的。草原不在大象生活的范围之内。而印度是一个拥有大象和森林的国度，马匹只能依靠进口。随着雅利安人在印度次大陆进一步向东和向南移动，他们需要付出巨大的努力和代价才能维持以马为基础的武士文化。

《梨俱吠陀》有一段值得注意的描写，将大象称为“有一只手的野兽”，梵文为“*mṛga hastin*”。这只手就是象鼻——让人想起了埃及的阿蒙阿姆哈布铭文中也将象鼻称为“一只手”。这表明，对吠陀时代的雅利安人来说，大象是一种新奇的生物；在他们的语言中没有对应的词汇，所以就创造出了一个描述性的词语“*hastin*”。正如本书所指出，“*hastin*”一词保留在了现今的印地语中，即“*hāthi*”。“*Mṛga*”为“野生动物”之意，与“驯化动物”之意的“*paśu*”一词相对。[87] 当然，与更早时期印度河文明的印章和铜板以及晚些时期的古典梵语文献一样，这只能说明大象本质上是一种野生动物，属于森林而不属于村庄。这里不是要否认驯化的存在；并不能说大象从未在野外被捕获和驯化。那么，有没有证据能证明，大象在早期吠陀时代是未驯化的野生动物呢？

认为早期吠陀时代不存在捕获训练大象，证据就是在《梨俱吠陀》时代，人们及其信仰的神祇都没有使用大象甚至骑大象的现象；这一点我们可以从有关战争的描述中看到。军队由战车和步兵构成，可能还有一些骑兵，但是没有大象。战象是在吠陀时代晚期出现的。

印度的战争史文献也认为战象是吠陀时代晚期产生的。学界一致认为，梨俱吠陀时期的雅利安人没有使用战象；而萨尔瓦・达曼・辛格则是唯一一位持不同观点的学者，其看法可见于他关于吠陀时期战争方面的知名作品。他非常坚定地认为，有证据表明，在吠陀时代之前的印度河文明时期已经存在驯化大象。萨尔瓦・达曼・辛格提供了《梨俱吠陀》的部分段落；其中可以解读出在没有战争的情况下大象被捕获和训练的相关线索，但是连他也不得不承认，战车依然是最重要的，并且对战象采取了谨慎的态度：“我们认为在梨俱吠陀时期，（在战争中）使用大象并非不可能。”[88] 不过，即使“并非不可能”，也很难得到证据支持，因为如果战象为人所知，那么吠陀文献的作者在描绘战争场面时就不可能不谈及战象。

证明战象出现于吠陀时代晚期而不是早期的证据有两个方面。第一，《梨俱吠陀》中所有神祇都驾驶着战车。只有到了稍晚时期，印度教诸神才有各自特定的动物坐骑。这一现象的典型案例为“天帝”因陀罗（Indra），在最早的文献中他驾驶着战车出现，但是在后来的文献中则骑着白象伊罗婆陀（Airāvata）。第二，《梨俱吠陀》中大象从未成为王室赠礼，而在晚期吠陀文献中，大象则在王室赠礼中占据一席之地——事实上，它们成为最重要的赠礼。整体来看，大象在吠陀时代的王室祭祀中仅仅扮演了边缘且晚近的角色。

关于第一点，《梨俱吠陀》的赞诗旨在邀请神祇作为贵宾降临祭祀活动。简单地说，祭祀就是一场宴会，诸神是客人，祭品是食物，祭祀者是主人。神祇接受了祭品，就有义务回报主人。因为他们力量强大，所以可以慷慨地回报。诗人的能力就在于确保诸神受到邀请后一定前来赴宴。以下是献给因陀罗的一首赞诗，全文很短，非常清晰地显示了上述情况：

因陀罗，你爱惜人民，是诸部落的雄牛，各部族的王，众人呼唤你：让我们赞美你、让我们满怀爱意地赞美你，牵引着你那对强壮的栗色马，来到我们这里！

因陀罗啊，你那强壮的雄马由祈祷者牵引着，你那强大的战车由迅捷的马牵引着，请登上战车，驾着战马来到这里；我们为你准备了苏摩酒，请你前来赴宴。

登上你那强大的战车；醇厚的苏摩酒已为你准备好，甜美佳肴遍布周围。牵着你那强壮的红棕色的马，人族中的雄牛，请来到我这里。

这是送予神的祭品；这是祭祀用的牺牲；因陀罗，这里有祈祷者，有苏摩酒，有草地铺成的坐垫。帝释天，来吧，坐下喝吧；放开你那两头红棕色的马。

啊，因陀罗，来这里，让我们好好赞美你，请你来到祈祷歌手曼纳（Māna）这里。我们歌唱颂诗，愿我们在你的帮助下，能早日找到营养丰富的食物。[89]

就这样，诗人呼唤因陀罗套上他的马，驾驶神车降临祭祀场所。那里准备了苏摩酒作为饮品，还准备了一只动物作为祭品。因陀罗被邀请卸下马轭，坐在撒着软草叶的座位上，享受宴会的食物。

这类邀神诗歌构成了赞诗文献的主体。我们发现，《梨俱吠陀》中的诸神都乘坐战车。他们既不骑大象，也不骑其他动物，但后来印度教诸神都有相应的坐骑。[90]可以肯定的是，随着诸神力量增强，战车的威力也在增强：他们能够在天空飞行。但是，吠陀赞诗通常会邀请诸神登上这些战车，驾驭着牵引战车的两匹马前往祭祀地点，到那里接受款待。

在接下来的时代，印度教的诸神都有各自对应的坐骑，而这一变化成为印度教与其前身吠陀教之间极其重要的区别。尤其是因陀罗，作为“天帝”和诸神的军事统帅，他在《梨俱吠陀》中永远驾着战车出现，就像上述诗歌表现的那样。[91]但是，从之后的吠陀文献开始，因陀罗与坐骑白象伊罗婆陀开始同时出现。这一变化出现的确切原因还远未明确，但贡达（Gonda）认为，总体而言，在古代西亚和南欧地区的战车文明中，骑马行为的地位不断上升，因此二者一定存在联系。[92] 这里需要说明的一点是，骑马行为在吠陀时代的印度已经非常普及，并不是在之后的时代才被引入印度。一个明显的事实是，吠陀时代的武士文化中骑马行为的地位较低，而驾驶战车的地位最高；相对于战车而言，战象的发明可能有助于提高骑乘动物这一行为的地位。

第二点与王室赠礼和王室祭祀有关：虽然神祇是吠陀诗歌赞美的对象，但是有些诗句是写给国王的，以赞扬他们的慷慨和对诗人的奖励。这部分内容被称为“布施诗歌”（*dānastuti*）；诗句中指明了所赠予的东西，往往是牛，通常也会有黄金、奴隶、马匹和带有马匹的战车，但是没有大象，至少在最早的吠陀文献《梨俱吠陀》的“布施诗歌”中没有出现大象。[93] 但是，在随后的吠陀文献中，大象很快就成为国王赠予诗人的礼物，也会作为祭祀活动和其他为国王主持祭祀的人员的酬劳。后来的一部吠陀文献《爱达雷耶森林书》（*Aitareya Brāhmaṇa*）中曾记载，祭司为鸯伽（*Aṅga*）国王主持加冕礼（*Aindramahābhiṣeka*），获得国王赠予的丰厚礼物：有 200 万头牛，8.8 万匹马，1 万个女奴，1 万头大象。[94] 鸯伽是印度东部的一个国家，这里有大量的野生大象。在本书下文，我们会看到鸯伽的一位国王，他与记录大象知识的《象经》（*gajaśāstra*）有关。《爱达雷耶森林书》还记载了国王婆罗多・道尚提（Bharata Dauḥṣanti）的丰厚赠礼，包括 10.7 万头“长着长牙的黑兽”，这显然是对大象的诗意化指代，而且这批赠礼的数量超过了前后所有国王赠礼数量的总和。[95] 从一开始，“布施诗歌”就或多或少带有夸张的语气；起初我们在文献中看到有人赠予过 100 头（*śata-da*）牛，然后又看到有人赠予过 1 000

头（*sahasra-da*）牛。[96]但是，如果抛开这些夸张的数字，将重点集中在赠予之物上，就会发现大象确实未出现在早期的“布施诗歌”之中。而到了吠陀时代晚期的文献和史诗中，大象则成了最为贵重的一种礼物。柬埔寨的梵语铭文显示，大象一直在礼物的等级序列中处于最高地位。战象制度出现以后，进入到当时以战车为主的战争文化中，于是大象成为规格最高的赏赐礼物。这种情况发生在吠陀时代晚期，约公元前1000年至前500年。直到吠陀时代结束，这种新的战争文化才在北印度普及。

值得注意的是，在吠陀教中，战车是王室祭祀的关键，大象在仪式中仅仅作为祭品或给祭司的赏赐等，而且处于边缘位置，不是仪式的主要内容。因此，在被称为瓦贾佩亚（*Vājapeya*，力量饮料）的祭祀中，会举行战车比赛；在即位礼祭（*Rājasūya*）、马祭（*Aśvamedha*）和太阳祭（*Gavām ayana*，一种每年庆祝太阳改变运动方向的集体祭祀）中，也会出现某种形式的战车出行。[97]大象深深根植于印度王权之中，但这是后来的情况；而战车和战马从一开始就存在。

我们无从知晓捕捉和训练大象等技术的发明者是谁，就好像我们也不知道其他某种动物的第一个驯化者是谁一样。不过正如我们所见，后世有关象学的梵语文献将大象的驯化归功于鸯伽国王毛足（*Romapāda*），他在神话传说中极具魅力。战象的出现不是偶然的，是在其他大型动物，比如牛、山羊、绵羊，尤其是马被驯化很久后才出现的，是由一个已经驯化了上述动物并且非常擅长管理马匹的民族驯化而来的。使用畜力从事战争的想法，以马拉战车的形式已经出现一千年之久了，之后被应用到大象身上；先前捕获并展览大象的做法也已经体现出大象对王权的价值。因此，对于大象的驯化技术在何种环境下被发明出来，我想重申一个观点：战象很有可能是王权的发明——王权既拥有先进的战争模式，可以充分发挥大象的优势，又拥有庞大的资源，可以从森林中捕捉、训练、保护大象并将其部署在战争中；在印度，王权还拥有大象可以栖息的森林。

查阅《政事论》，我们可找出积极使用战象的 3 种基本政体模式：王权制（*rāja*）、共和制（*saṅgha*，有些地方称作 *gaṇa*）和“森林民族制”（*aṭavi*）。战象与王权政权和国王之间存在着关联。有证据表明，一些共和国拥有相当数量的战象，但我认为，必须承认战象制度是从王国扩散到共和国的。森林民族肯定会捕获野象，而且会出现驭象人和骑象人，但他们并非处于自治状态，而是为国王服务。我们很快就会考察森林民族的生存条件。因此，在公元前 500 年以前的某个时候——也可能早于公元前 1000 年，使用战象已经成为一种常态。北印度就是王权、大象森林和森林民族产生交集的地带，于是该地产生了战象制度。

战象和森林民族

到目前为止，我已经设法展示，战象的出现是一个漫长的过程，是一个由自称为“雅利安人”的民族从马的国度进入大象的国度、从中亚草原来到恒河流域季风森林的旅程。

在《摩诃婆罗多》描述的战争中，大象经常由不知其名的战士骑乘，而那些声名显赫的战士全都是“摩诃剌陀”（*mahārathas*），也就是伟大的战车武士。但是有几处文字却给出了骑象战士的名字，或是给出了无名战士和驭象人的国家和籍贯。如果我们整理这些资料，就会发现一个模式：在战场上，战象的骑乘者通常是特定国家的国王；如果是不知其名的战士或驭象人，则会被描述成来自特定地区的人群——往往来自印度东北部、中部或南部。有些是部落民族，即森林民族，例如克拉塔人（*Kirātas*）或泥沙陀人（Nisādas）；有些仅被称为蛮族（*mleccha*，蔑嗅车）。我们可以列出这些“擅长使用大象作战”（*gajayuddheṣ-u kuśalāḥ*）的战士清单，在这份很长的清单中，出现了东部人（*Prācya*）、南部人（*Dākṣiṇātya*）、鸯伽人（*Aṅgas*）、伽人（*Vaṅgas*）、奔那人（*Puṇḍras*）、摩揭陀人（*Māgadhas*）、多摩梨人（*Tāmraliptakas*）、摩伽罗人（*Mekalas*）、乔萨罗人（*Kośalas*）、摩陀罗人（*Madras*）、达萨尔那人（*Daśārṇas*）、泥沙陀人（*Niṣādas*）和羯陵伽人（*Kaliṅgas*）。[98] 除了东部人和南部人之外，其他特定国家和部落沿着印度次大陆东边形成一个弧状地带。在这段文字所列的名单中，我们发现有 3 个国家也出现在 8 个大象森林的名单中：东部（*Prācya*）、达萨尔那（*Daśārṇa*）、羯陵伽（*Kaliṅga*）（见图 1.4）。在 8 个大象森林中，这 3 个的位置更靠近东部，据说盛产良象。[99]

《摩诃婆罗多》的其他段落证实并详细阐述了这种模式。印度东北的东光国（*Prāgjyotiṣa*）国王福授（Bhagadatta）在战争中支持俱卢族（Kaurava）一方。他是一位杰出的战士，但不像大多数国王和知名战士那样驾驶战车战斗，而是骑乘大象作战；有一次，他骑在象背上同达萨尔那国王作战（该国与一个大象森林同名）。[100] 而另一段文字则记述了数千名来自鸯伽的骑象能手（*śikṣitā* *hastisādinaḥ*），联合众多东部、南部和羯陵伽（该国也与一个大象森林同名）的国王，一起围攻般度族的一位王子。[101] 除此之外，还有记载描述了蔑唳车蛮族骑着数千头大象组成的军队，他们好斗且善战。[102] 鸯伽国王及其战斗时所骑乘的大象双双被杀。鸯伽国王被认为是蔑唳车蛮族，但精通大象知识（*hastiśikṣāviśārade*）。鸯伽的驭象人（*mahāmātras*）向无种 *（Nakula）进行报复；而摩伽罗人、波罗人（*Utkalas*）、羯陵伽人、泥沙陀人和多摩梨人也一同参与。[103] 当一支由 1 300 名俱卢族人组成的军队袭击阿周那（Arjuna）时，再次出现了蔑唳车蛮族的用象技能。[104] 最后，还有一个森林民族俱邻陀人（Kulindas，*Kuṇindras*），也出现在擅用大象作战的行列之中。[105]

这些段落结合在一起，呈现出一种关联：第一，有名可查的国家，来自印度次大陆由北向南的整个东部地区，即水源富足的大象栖息地。第二，蔑唳车蛮族，有时语焉不详，有时则被认为是这些国家当中的某些国王和战士。第三，部落民族，特别是克拉塔人和泥沙陀人——倘若他们被认为是森林民族——就跟他们在其他文献中出现时一样，同样来自出产大象的森林。在《摩诃婆罗多》中，这些留下姓名的国王和战士、有名或无名的蛮族人以及部落民族，都擅长使用大象。他们给战争增添了遥远的异域因素，让战争场面显得更加恢宏盛大，表现形式就是在战场上聚集起来自印度各地的军队。

如果再考虑马匹，我们就可以清楚地看到这种情况。与大象相反，马匹都与西部边远地区相关联；这和莫卧儿帝国时期哈比

---

* 无种，《罗摩衍那》里般度五子中的第四子。——译注

卜所绘制的骑兵用马产地的分布情况相一致（见图 1.7）。这证明了一个极为重要的事实，即在印度次大陆，马和野象的栖息地是互补分布的。这是一个影响广泛的事实，因此我们会反复提及。

《罗摩衍那》的赞诗描绘了王城阿逾陀（*Ayodhyā*）的雄伟壮丽。我们从中可以捕捉到（驯化）马和（野生）大象互补分布的情况。下面一段诗歌描写了战士、马匹和大象，也就是整支军队：

阿逾陀城像一个充满狮子的洞穴，遍布勇敢的战士，他们善战英勇，坚忍不拔，技艺斐然。城里到处都是从薄利伽（*Bāhlīka*）、婆那逾（*Vanāyu*）、剑浮沙（*Kāmboja*，别译“甘蒲阇”）和印度河地区培育的优良战马，和哈里（Hari）的战马不相上下。城里还到处都是充满力量、处于狂暴期的大象，它们来自温迪亚山和喜马拉雅，像山川一般庞大。这座城市到处都是雄象，如群山一般，它们总是处于发情状态；三个品种的大象（bhadramandra、bhadramṛga、mṛgamandra）属于巨象安阇那（Añjana，西方或西南方的象）和伐摩那（Vāmana，西方的大象）的后裔。[106]

在这段赞诗中，对大象的描述稍有重复（处于狂暴期，“像山川一般”）；此外，它们均来自北部（喜马拉雅）和南部（温迪亚）的山区。而马匹则来自印度河地区（Sindhu，“信度”）、中亚的巴克特里亚（Bactria，又译“大夏”；梵语为“*Bāhlīka*”，薄利伽）、伊朗（*Vanāyu*，婆那逾）和西北地区（剑浮沙）。因此，《罗摩衍那》描绘的都城之所以完美，是因为它同时拥有优良稀缺的马和大象；它们都来自遥远的地方，各自的产地位于相反的方向。

* * *

古代印度的王国通过战象制度与森林地区建立起联系。这些森林地区，要么是国王所拥有的大象森林——如本章开篇所引用的罗摩与其同父异母兄弟婆罗多对话时所讲的那样，要么是印度王权势力边缘的遥远地区——如上述史诗所述。森林里既生活着人类，也生活着野象。他们被印度王室文献称为森林民族（forest people）。就国王而言，他们拥有保护、捕获、训练并部署战象的重要技能。印度的诸位国王不得不与蔑戾车蛮族和森林民族建立起有益的关系，以便维持伴随战象的发明而出现的那种战争模式。

第三章

用途构成：四军、王室坐骑、作战阵形

四军

王室坐骑

作战阵形

一头战象的产生，需要有国王、森林、森林民族加上一头野象，还要对野象进行长期训练。一旦战象服务于人类的某种目的，它就成为王国的一部分，成为构成王国庞大结构的一个要素。在战象的各项用途中，最重要的就是军队的一个兵种。

在本章中，我将探讨战象的三种用途构成，这三种用途构成的名称出现在古代印度文献中，并得到大量论述。第一种涉及整个军队（*bala*）。军队被认为是一头猛兽，有四（*catur*）条腿（*aṅga*），因而被称作“*caturaṅgabala*”，意思是四军，也就是由四部分或四个兵种组成的军队；大象构成其中一个兵种，另外还有步兵、骑兵和战车。第二种用途构成是坐骑（*vāhana*），也就是交通工具。不同种类的坐骑在尊卑等级中处于不同的地位。最高级别是大象，是国王理想的坐骑（*raja-vāhana*）；其余每一种坐骑都依据重要性有着相应的位置。第三种用途构成最具技术含量，即战斗中的队列，亦称阵形（*vyūha*）。大象在部队中占据着一定的位置，涉及各种行军列阵方式，比如扎营、行进或迎敌。四军、王室坐骑、作战阵形，这三项是最显著的用途构成。战象一旦出现，就在这些用途构成中发挥其作用。理解这些有助于进一步阐述战象制度的逻辑。

四军

一支完整的军队就像一只有四条腿的猛兽，象征着整支部队由步兵、骑兵、战车、战象四部分构成，并且以某种形式组合协作。这样的军队被称为“*caturaṅgabala*”。其中“*caturaṅga*”是“四条腿”之意，这个词可以作为形容词修饰表示军队的“*bala*”，也可以只用“*caturaṅga*”当作名词指代军队。

上述概念只有在战象出现以后才可能出现。如我们所见，战象出现于吠陀时代晚期，可能最早出现于公元前1000年的某个时期，并于公元前500年左右在印度北方的王国中得到普及和规范化。在战象出现以前，也就是吠陀时代早期，军队的类型只有三种：步兵、骑兵以及最重要的战车。大象的加入极大地改变了军事制度，三重结构转变为四重。这一转变发生在吠陀雅利安人从印度河流域向恒河流域的东扩过程中；在吠陀时代早期（梨俱吠陀时期），人们的地理视野集中在旁遮普和印度河流域上游；而在史诗和吠陀时代晚期的文献中，地理环境转移到了恒河流域上游，着重描述俱卢—般阇罗族的统治者；这些统治者在记载王室祭祀仪式的吠陀文献中被认为是理想的圣王。四军概念的产生源于一个民族发起的东扩运动，他们长期以来都善于管理并使用战马，并从马匹生活的地区迁移至大象生活的地区。

在史诗中，我们可以看到最鼎盛时期的四军情况，因为史诗的背景都以恒河上游地区的王城为中心，也就是《摩诃婆罗多》中的象城、天帝城以及《罗摩衍那》中的阿逾陀城。可以肯定的是，《摩诃婆罗多》的某些段落出现了“三军”“六军”甚至是“八军”的另类概念。[1]但在《摩诃婆罗多》的战争场景中，四军概念明显占据主导地位；并且，“四军”这个词经常作为“军队”（*bala*，*sena*，*vāhinī*, *camū*）的修饰词反复出现，也会单独使用。不论出现在哪里，“四军”都指代一支建制齐全的军队，一支最高规格的正规军队。

我们还可以在有关行军队伍和城市的记述中看到四军概念。在《罗摩衍那》中，十车王命令驾驶战车的车夫们召集“一支装备有各种奢侈物的四军”（*ratnasusaṃpūrṇa caturvidhabalā camūḥ*），让他们陪同罗摩前往流放之地；而完美的城市阿逾陀（像所有的王城一样，也是一座戒备森严的城市）到处都是充满斗志的战士以及最好的战马和大象。从这些描写中我们可以窥见四军概念。[2]随后，维毗沙那（*Vibhīṣaṇa*）提供了一份关于敌城楞伽（*Laṅkā*）的报告，告知罗摩那里有1 000头大象、1万辆战车、2万匹马，还有1 000万以上的“魔鬼”（*rākṣasas*，即步兵）——这是一支规模大到无法想象的四军。[3]而在另一部史诗中，王子们接受理想的军事训练，从中可以推测出四军的模式：

然后，德罗纳向阿周那传授了兵法，从战车到战象，再从骑兵到步兵。[4]

史诗中随处可见关于四军的描述，场面十分丰富，包括战场上军队的形象、王城的气势、行军的场景以及王子接受军事训练的情形。

虽然四军的理念在《摩诃婆罗多》的许多战争场景中以直接且

明确的方式出现，但是在《罗摩衍那》中，其作用却大不相同。因为叙述的核心是罗摩被流放到中印度森林的故事，所以这个故事主要描述的是美好的理想被剥夺和丧失，以及后来的失而复得。罗摩在接受流放时，他抛下了一切，其中就有四军。有一支四军陪着他来到流放地，但到达后他离开了这支军队，换下王子的衣服，穿上树皮衣。他是一位英武的战车武士，却失去了战车，沦落成步兵。在故事的大部分情节中，他都持弓步行。

罗摩的盟友是妙项（*Sugrīva*，又译“须羯哩婆”）的猴军；它们也并非由四军构成。虽然拥有超乎人类的力量，但它们的武器很粗糙，是用一整块树干和硕大的圆形巨石做成的原始武器。与罗摩结盟的森林民族泥沙陀人的国王并没有被四军吓倒，尽管四军比他率领的普通步兵部队更为复杂。他对罗摩说：

> 我一生都在森林中漫游，我熟知这里发生的一切。
> 而且，我们已经准备好战斗，即使面对一支四军。[5]

在这种情况下，罗摩在中印度森林流放时与数个罗刹（*rākṣasas*，恶魔）进行战斗，没有四军，甚至没有战车；这些不利条件增加了罗摩取胜的难度，但也让他成就巨大。整个故事的高潮是罗摩与罗波那（Rāvaṇa）的战斗。罗波那是罗刹王，他绑架了罗摩的妻子悉多，并派四军围困罗摩和他的盟友猴子大军。这支四军有着强大的力量，令人望而生畏。但是，天神、乾达婆（*gandharvas*）和檀那婆（*dānavas*）等天界力量认为，这是一场不公平的战斗（*saman yuddham*）。[6]下面这首出自《摩诃婆罗多》的诗歌清楚地显示了一场公平战斗的要素：

战车对战车，步兵对步兵，
骑兵对骑兵，大象对大象。[7]

根据上述标准，《罗摩衍那》中罗摩与罗波那的最后一次决斗非常不公平，但是天帝因陀罗把自己的战车提供给罗摩，至少让双方首领的战斗更加公平一些，让罗摩能够发挥他伟大战车武士的实力。胜利后的罗摩回到阿逾陀，成为一位拥有四军的真正的国王。因此，四军的观念贯穿整部《罗摩衍那》，即使主人公有时并不能拥有齐备的四军。这些缺失的情况会与四军和公平战斗的概念相对照，得到明确的说明。

我们在史诗中看到的四军并非诗意的发明，而是古代印度军事框架的真实反映。《政事论》构想了一支齐备的四军，还记载了大量有关维护和使用四军的信息。佛教和耆那教（Jainism）的资料在这一点上和婆罗门教一致。他们的宗教文献中记载的王国都有完整的四军，尤其是那些位于恒河流域中下游摩揭陀一带（史诗中王城以东地区）的国家。在亚历山大大帝时期，希腊语和拉丁语历史学者在他们记载中证实，难陀王朝的摩揭陀国拥有一支包括 20 万名步兵、2 万匹战马、2 000 辆战车和 4 000 头战象的军队。[8] 此后不久，麦加斯梯尼出使孔雀王朝的摩揭陀国，来到旃陀罗·笈多（Candragupta）国王的宫廷，并在回忆录中描述了孔雀王朝的军队组织，包括四军构成的作战部队，以及两个负责军队补给的牛车部队和河舟部队。因此毫无疑问，四军制度真实存在于现实中的印度军队之中。

四军的观念有着明确的历史依据，我们可以大致勾勒出它的轮廓。在吠陀时代早期，伴随着战象的发明并加入由步兵、骑兵、战车构成的军队中，四军的概念诞生了。四军一直留存到战车从战场上被淘汰为止。随后，印度军队再次变为三军，但在兵种配置上与吠陀时代早期不同。因此，我们可以明确划分出古代印度标准军队的三个阶段，并粗略地确定它们的年代：

吠陀时代早期	步兵、骑兵、战车
吠陀时代晚期	步兵、骑兵、战车、战象（四军）
古典时代	步兵、骑兵、战象

我们已经把四军模式的形成时期确定为约公元前 1000 至前 500 年左右。四军模式一旦形成，人们仿佛觉得它在之前也一直存在着。例如，在《罗摩衍那》中，我们发现了一段文字，将四军概念投射到吠陀时代早期的军队上；那时战象尚未出现，但已经出现了四军结构。因此，在一次著名的战斗中，极欲仙人（*Vasiṣṭha*）摧毁众友仙人（*Viśvāmitra*）的军队，而众友仙人的军队就由步兵、象兵、骑兵、车兵构成；而这个故事的发生时间早于战象被发明出来的梨俱吠陀时期。[9]

随着战车这种作战方式的消亡，四军模式随后发生了怎样的转变呢？由于文献记载含糊不清，我们很难确定战车何时在战场上不再发挥重要作用。诗人波那（*Bāṇa*）曾为他的恩主、曲女城的戒日王（*Harṣa*，606–647）写作传记；蒂克湿塔（Dikshitar）注意到，在这部《戒日王传》中，波那对军队拔营做出了生动的文字描述[10]，但其中没有提到战车。当然，这只是一个无声的论据，也是最弱的证据。但是，波那对军队的组成部分做了极为详细的描述，成为上述观点强有力的证据。这段描述精妙绝伦，一个单句包含了一连串由复合句构成的从句，印刷出来长达 3 页之多。它描绘了一幅“喧嚣”的经典画面，这是梵语古典诗歌中的一种修辞；在这幅画面中，明快的形象、充满活力且混乱的行军、喧闹与扬尘相结合，传达出一支伟大军队正在行进的能量感。这段描述的长度和精确的细节让我们不得不特别注意到：战车并未出现，但马和大象反复出现。所以毫无疑问，这段描写并不是在简略地介绍四军。

然而，这个时间非常晚，远远晚于当时的文明停止在战场上使用战车的时间。印度人似乎是最后一批在战场上停止使用战车的民族。不过，他们也肯定在波那撰写《戒日王传》以前就放弃使用战车了。因为文字记载含糊不清，所以我们不知道他们是何时放弃使用战车的。例如，据阿拉哈巴德石刻铭文（Allahabad Stone Inscription）记载，笈多帝国早期统治者沙摩陀罗·笈多*（Samudra Gupta）被他的宫廷诗人称为“天下无敌”，使用了“无人可与之争锋的战车武士”这样的措辞。[11] 此处提到“战车”应该从字面上去理解，还是源自过去的一种修辞？另外，一些铭文的开头略写了君王的赞诗（*praśasti*），让我们不能准确理解其中有关军队的描述，无法确定军队中是否全部四个兵种都存在，包括战车在内。

---

* 沙摩陀罗·笈多（Samudra Gupta，335—380），别译“海护王”，是笈多王朝创建者旃陀罗·笈多一世之子，在位期间开始大规模向外扩张。沙摩陀罗·笈多文武全才，被称为“卡维罗阇”，即诗人国王。——编者注

军队兵种转变的准确时间难以确定，但有确凿证据显示，这一转变发生在公元1世纪左右。战车消亡的原因肯定是骑兵的崛起；而印度骑兵的崛起无疑与源自亚洲内陆游牧民族以骑兵为基础的军事制度有关。亚洲内陆是野马的栖息地，并且还有大量驯化的马匹。这些骑兵军队在印度建立了一些征服者国家。亚洲内陆的民族会周期性地建立起这种强大的军队，他们大多是骑在马背上的弓箭手，拿着短而有力的弯弓，掠夺他们周边的定居文明，从中国直到欧洲。印度历史存在一种周期性的模式，即大约每隔500年就会面临骑兵入侵：

从公元前1世纪至公元2世纪：斯基泰人（Scythians，梵文为Śaka）、帕提亚人（Parthians，梵文为Pahlava，又译“安息人”）和贵霜人（Kushans，梵文为Kuṣāṇas）：

从5世纪始：匈奴人或称嚈哒人*（*Hūṇas*）

从10世纪始：突厥人

从16世纪始：莫卧儿人

每次入侵都一再证明骑兵的价值。很可能早在第一次被入侵时，印度骑兵的崛起和战车的消亡就开始了。印度人将建立这些入侵国家的民族称为塞种人（*Śaka*，即斯基泰人）、波罗婆人（*Pahlava*，即帕提亚人）和贵霜人（*Kuṣāṇas*）。[12]

---

* 嚈哒人是活跃在亚欧大陆上、在公元5到6世纪期间一再入侵波斯萨珊王朝和印度笈多王朝的一支游牧民族。根据中国史书记载，他们原来居住在长城以北，称滑国，是中亚塞种人与大月氏人的后裔，被西方史学家称之为“白匈奴”（匈奴西迁中的变种）。——编者注

这些骑兵军队在印度建立新的邦国并定居下来后，没有继续保持原来的生存状态。在印度，他们开始使用大象，并利用这里源源不断的步兵，同时建立起庞大且行动缓慢的三军，这与他们最初带入印度时的那种规模较小、速度更快的军队不同。但是，相比于征服，三军更适合统治需要。因此，即便军队以骑兵为主，印度的国王——即便原先是中亚地区的马背民族——依旧保留了使用战象的惯例，直到距今几个世纪之前。

另一方面，在7世纪戒日王统治前的某个时期，战车就已经在战场上停止使用了。但是，它依旧以其他方式被保留下来，并且存在了很长时间，例如在希腊和罗马。即使在战场上已经有很长时间不再使用战车了，但罗马人依旧授予凯旋将领以特权，让他们在胜利后可以乘坐由马匹牵引的战车。在印度和其他接受王权文化的地区，《摩诃婆罗多》和《罗摩衍那》通过诗歌和视觉表现形式保留了有关战车和英勇的战车武士的鲜活记忆；另外，与罗马的凯旋将领一样，印度教的神祇在公共游行时，依旧使用被称为战车的庙辇（印地语为“*rath*”，泰米尔语成为“*ter*”）。

一旦战车不再出现在战场上，军队也不会再遵循四军的理念。不过，四军概念以许多艺术形式为载体，长期且持续地流传下来。每个阅读过本书的人都会知道，国际象棋是四军概念的直接衍化，尽管其形式在某种程度上已经发生了变化。

现代国际象棋源于印度的棋类游戏，这个游戏的名称正是“恰图兰卡”（*Caturaṅga*），也就是四军。下棋是一种战争游戏，完美实现了公平战争的理想，因为对抗双方的兵力和兵种完全相同，且战场地形平坦，对力量的考验变成了纯粹的智力较量。自从国际象棋开始在世界范围内广泛传播，四军的痕迹就以一种竞技游戏的方式被保留下来，并得到普及。即便我们不了解四军，但它在当今世界也仍然是一个鲜活的存在，可以说就隐藏在我们眼皮底下。重新回顾国际象棋的发展历史很有必要，而且这些丰富的国际象棋发展史料也有利于提升全世界对这项运动的兴趣。

有趣的是，波那的《戒日王传》不但向我们提供了战车消亡的最佳线索，而且还首次确切记载了一种以四军命名的象棋游戏，也就是“恰图兰卡”；这种象棋游戏使用一个 8 × 8 的棋盘（*aṣṭāpada*），与现在的棋盘类似。[13] 棋盘早在这种象棋诞生前就已经存在，证据可见于公元前 1 世纪巴丹阇梨（*Patañjali*）对波你尼 *（*Pāṇini*）语法著作的评述中。除恰图兰卡以外，这种棋盘还被用于多种棋类游戏中。我们在许多地方都能见到使用这种棋盘进行游戏的雕刻形象和其他艺术表现形式，如图 3.1 所示的来自巴赫特（Bharhut）的雕刻。另外，在毗奢耶那伽罗帝国（Vijayanagara）的公共场所和其他古代遗址中，也能看到这种棋盘的石刻；从米卡埃拉 · 索尔（Micaela Soar）所作的令人钦佩的调查中，我们也可以看到这种棋盘。我们曾在第一章谈及《心智之光》这部概述王权的梵语文献，其中便有对这种象棋的描述。安德烈亚 · 伯克 – 拉明（Andreas Bock-Raming）对此文献中有关恰图兰卡的描述作了注释和解读，成为国际象棋历史的一部重要的新著作，确定了这种印度原始象棋最初的走棋规则。但是，我们无法在波那生活的 7 世纪找到这种印度原始

---

* 波你尼，印度古代语法学家，著有《波你尼经》，因内容有八章又称《八章书》，对后世语言学的发展有巨大影响。——编者注

图 3.1　巴赫特的雕刻：使用棋盘的下棋者

象棋存在的明显线索。

一经发明，恰图兰卡就在印度产生了不同形式的变种。主要的变种就是四人制象棋，每一个棋手的军队规模都是两人制象棋的一半，棋子排列在棋盘四边靠棋手右手的前两排。玩这种象棋时，人们通过掷骰子来决定走棋顺序，也就为这个纯智力的游戏增添了一丝运气成分。后来，恰图兰卡成为四人制象棋的代称，而最初的两人制游戏则获得了一个新的名字“智战”（*buddhi-bala*），意味着想要获胜完全取决于智力而非运气。

这种游戏向西传播到了波斯，在阿拉伯帝国征服波斯以后很快又传到了阿拉伯世界，再从阿拉伯传播到西班牙和欧洲其他地区；向东则传播到了东南亚各国和中国。东方和西方的象棋发展模式截然不同。在东方，印度象棋在传入地继续衍化出新的变种。但是在西方，两人制的游戏技巧演变成了单一标准并普及开来，我们可以通过片段记述或推测了解这一系列的改进过程。[14]

巴格达的艾尔 – 阿德利（Al–Adli，约公元 840 年）是早期阿拉伯世界的一位象棋大师。他曾写过一篇关于象棋的文稿，虽然现在已经失传，但有些片段零散地保留在之后一些作家撰写的象棋著作中。此处引用他的话："人们普遍认为有三样东西发明于印度，即《卡里来和迪木乃》（*Kalila and Dimna*）这本书，可以记数至无穷的 9 个数字符号，此外就是象棋；没有人能预料到这一点，并且与之类似的情况在其他地方也不存在。"[15] 这三样东西，首先是记载着传授君王处世智慧的书籍《五卷书》（*Pañcatantra*），它在波斯语和阿拉伯语中被称为《卡里来和迪木乃》，该书的表现形式是两只豺狼卡里来与迪木乃的对话；其次是使用 9 个符号及零的记数方法；最后是象棋游戏。这三样都在印度以外乃至世界上大多数地区得到了广泛传播。可以这么说，由于这三样事物在宗教上是中立的，因此可以自由地跨越教派的界限；更重要的是，它们可以通过君王之间的往来而得到传播，战象制度就是通过这种交流途径得到传播的。波斯萨珊王朝的诸王是上述事物和制度向西传播的重要渠道。有可靠的证据表明，象棋经由一位印度国王的使者带到萨珊国王"不朽的灵魂"霍斯劳一世（Khosrau I Anushirvan，531–579 年）面前，而他还将《五卷书》（在中古波斯语中称作"*Čatrang nāmak*"）翻译成了巴列维语（Pahlavi）。依据印度的命名，波斯语称象棋为"*chatrang*"，阿拉伯人称其为"*shatranj*"。如我们所见，[16] 萨珊国王也会在战争中使用印度大象对付罗马人，还会用大象狩猎。这也是他们与印度国王保持良好外交关系的另一个原因。

由于伊斯兰力量的扩张，象棋很快便从伊朗传播到阿拉伯人中间。并且，在引入象棋后不久，阿拉伯人就创作出了论述象棋及相关问题的著作。艾尔－阿德利就是此类文献的早期作者之一。随后，象棋大概从阿拉伯地区传播到了西班牙和欧洲其他地区。在此传播过程中，开局时棋子的分布位置保持不变，但其名称和移动方式在不同地方发生了变化。追溯这些变化，可以看出四军概念如何成为这些棋类游戏的基础。从印度式转变为成型于西方的国际版，国际象棋的演变过程可以从它在起点和终点的差异来概括性地展现，如下所示：

四军	**国际象棋**
步兵	卒
战车	车
马	骑士
象	主教
王	王
相	后

战车和象特别容易发生改变。波斯人将战车命名为“*rukh*”，其动机和意义不得而知；而欧洲称其为车（rook）或塔（tower，德语称之为“*Turm*”）。象在波斯依旧称为象，即“*pīl*”，阿拉伯语中为“*al-fil*”，在西班牙语中也是如此。但在英语和其他语言中，“象”变成了“主教”，德语中为“使者”（*Laüfer*），法语中为“小丑”（*fou*）。“相”（梵文为 *mantrin* 或 *amātya*）在波斯语中被称为“*wazir*”，阿

图 3.2 刘易斯棋子

拉伯语为“*firzan*”，但是在欧洲则变为“后”。“相”曾是最弱的棋子之一，只能移动一步。15 世纪，欧洲改变了下棋规则，“后”成为棋盘上最强大的棋子。这些改变与当时发生的其他变化加在一起，几乎已经固定为现代国际象棋的形式。印度的四军成为棋类游戏的基础，但结构已经发生了如此大的变化，以至于人们已经意识不到了。甚至连棋的名称都变了：“*Chess*”（象棋）和“*Check*”（将军）都来源于波斯语的“*shāh*”（国王）一词。

大英博物馆收藏的刘易斯棋子，来自苏格兰沿岸的外赫布里底群岛的刘易斯岛。由此可见，国际象棋在 12 世纪已经传播到了北方。人们发现的 78 枚棋子来自多套象棋，均由海象牙制成。人们认为，这是一艘从挪威出发前往爱尔兰的商船上的货物。从图 3.2 中可以看出，棋子从“象”到“主教”的转变已经完成。

与此同时，战车在印度消失后，军队的三军结构成为固定制度，并体现在新的国际秩序下三足鼎立的权力头衔上：德里的突厥苏丹被称为“马王”（*aśva-pati*）；奥里萨的国王被称为“象王”（*gaja-pati*）；毗奢耶那伽罗的国王被称为“人王”（*nara-pati*）。他们甚至出现在莫卧儿帝国时代的纸牌游戏中。[17] 因此，在新的用途结构中，战象的地位持续了很长一段时间。

王室坐骑

“坐骑”一词是指一种出行工具，人们出行时可以骑在动物背上，也可以乘坐由动物牵引的车辆。出行工具在社会中高度可见且高度差异化，是社会身份的标志，公开展示了一个人在社会等级中的位置。大象位于出行工具等级的顶端，相应地成为君王的骑乘工具，因为王权社会必然将君王视为社会结构的顶端。

亚历山大远征印度时的同行者尼阿库斯写了一本书记录他们的远征经历，其中有些段落引人注目，记述了公元前 327 年至前 324 年亚历山大的大军短暂停留在印度河流域时，尼阿库斯见到的当地出行方式的等级情况。虽然原书已经佚失，但是部分内容在亚历山大以后的历史著作中曾被引述，因此保留了一些片段。以下是后来的历史学者阿里安（Arrian）引用的一段话：

> 他们通常骑骆驼、马和驴，更富有的人则骑乘大象。大象在印度属于王室坐骑，其次较为体面的出行工具是由 4 匹马牵引的战车，排在第三位的是骆驼，最低级的是骑单匹马。这里的女性非常庄重，

不会为任何其他礼物所诱惑，却会向赠予她们大象的人折服；并且，印度人认为折服于大象这样的礼物没什么可羞耻的，对于一个女人来说，她的美貌如果能用大象来衡量，反而是一种荣耀。[18]

对于亚历山大麾下的骑兵军官来说，印度河流域的出行等级有自己的逻辑，这和他们过去的习惯完全不同。这段文字中提到的坐骑等级，跟我们在梵语文献中读到的内容大体一致。大象明确位于最高等级，因为它体形巨大，被视为王室的标志；4 匹马拉的车，规格高于仅用 1 匹马拉的车；1 匹马拉的车，规格高于骑马（或骆驼，或驴）。虽然很难从印度的文献中得到证实，但是从给情人赠送大象这件事中，我们也能看到，大象在礼物规格中同样处于最高等级。尼阿库斯描绘了一个各种动物随处可见的社会，每个人都有自己的坐骑；当然，如果某个人徒步出行，那就不涉及坐骑问题了。

尼阿库斯精确捕捉了出行工具的等级观念。基于这种等级观念，我想着重谈一个非常重要的方面，即乘坐由马牵引的车，规格高于骑马。

回到前一章提出的问题，即骑马在印度出现的年代。曾经有人讨论，吠陀时代早期是否存在骑马现象，认为骑兵发展于战车出现之后。但现在我们已经很清楚，《梨俱吠陀》中已经出现了骑马的现象。[19] 发展论（developmentalism）是一个错误的架构；在吠陀经典以及史诗中，战车相对突出，因为它可以作为坐骑和战争手段，拥有更尊贵的地位。骑马则相对默默无闻。基于这种原因，至少在一开始，骑兵并未完全成为军队的一个作战单位。然而我们知道，从长远角度看，战车逐渐退出战场，而骑兵则获得了前所未有的地位。

然后，经过一个漫长的历史过程，骑马从相对较低的位置发展成了高贵、尊贵的标志。

正如我们所见，吠陀经典里的神祇都乘坐战车，从这一点不难看出战车拥有较高的地位。贡达指出，骑兵重要性的提升和骑马地位的提升，使得专属的动物坐骑开始出现。作为神祇的标志性骑乘工具，坐骑与印度教的每个神祇都有对应关系。这一观点很容易得到验证。湿婆的坐骑是公牛南迪（*Nandi*）；毗湿奴的坐骑是大鹏迦楼罗（*Garuḍa*）；因陀罗的坐骑是白象伊罗婆陀；只有日神苏利耶（*Sūrya*），就像希腊神话中对应的太阳神赫利俄斯（Helios）那样，依旧每天乘坐战车跨过天空。

贡达论述印度教诸神坐骑体系形成过程的论文很有价值，因为他阐释了埃及、亚述、美索不达米亚和希腊等古代文明关于战车和骑马的文献，将印度的发展历程纳入更广泛的体系之中。[20]上述这些地区，加上印度的吠陀时代和中国的商朝（贡达的研究未提及商朝），都曾使用战车作战，战车和君王、武士贵族之间也都有着强大的联系。贡达断言骑马产生于战车出现之后，该观点是否正确尚且存疑；但有一点很明显，那就是骑马的级别较低，往往是辅助战车武士的无名信使和战士使用的出行方式。如前所述，骑马的级别在随后得到提高，可能是由于亚洲内陆以马为基础组成军队战斗，并在不同的时期传播到了早期农耕文明区。例如，《荷马史诗》中战车在军队里享有特权。亚历山大在遇到像波鲁斯那样的印度军队时，才发现自己的军队完全由骑兵和步兵组成，根本就没有战车；而印度有完整的四军，仍旧将战车视为整体的重要构成部分。在马其顿人中间，骑马被视为地位高贵的标志。这在亚历山大时期的硬币上显而易见。这些硬币显示亚历山大骑着自己的战马布斯法鲁斯（Bucephelas），追赶坐在大象身上的印度国王波鲁斯。[21] 尼阿库斯会感到震惊，因为对他来说骑马是地位高贵的标志，但在印度的坐骑等级中驾驶战车却更为尊贵。

在印度，骑马的地位很难追溯，因为很少被提及。一方面，骑马作战是四军的一个要素。如我们所见，阿周那从德罗纳那里学习的四项战争技艺中就包括骑马战斗。理论上讲，军队中的战车、战象和骑兵三者之一都可以成为一支部队的核心，与其他作为辅助单位的三个兵种相结合。[22] 但是，在描述战役的史诗中，我们找不到骑兵作为军队核心的例子，这使我们怀疑这种情况只存在于理论上。（而另一方面，在《政事论》中，骑兵显然是军队的核心，骑手也不仅仅只起到辅助作用。）在史诗中，我们经常能听到，在战车和大象率领的混编军队中，跟随国君的那些信使们是骑马出行的。所以，在有些史诗章节的描述中，战场上战车武士如果失去了战车就会骑马作战。[23] 因此，讲求速度的无名信使、战场上承担次要作用的士兵、偶尔遭遇突发事件的战车武士，他们会选择骑马。

广为流传的佛陀生平故事是骑马能够快速出逃的最佳例证，并且会让人们想起前文所述的讲求速度和突发事件这两种情况；据我所知，学界以前从未讨论过这一案例。释迦族（*Śākya*）王子不得不趁天黑迅速逃出王城，以免被父亲和家人扣留。他骑着自己的马儿犍陟（*Kaṇṭhaka*）前往森林中寻求正觉。这一场景颇具象征意味，被命名为“大出离”（*abhiniṣkramaṇa*）。他渴望放弃城市前往森林，因为他觉得“烦恼丛生”（*samvegotpatti*）。作为国王的儿子，王子驾驭着战车四处行驶。他看到世间悲伤无常的景象，而父亲则希望让王子周围充满快乐，远离尘世之苦。王子看到了一个遭受年迈之苦的人、一个饱受疾病折磨的人、一个已经死去的人和一位脱离尘世的云游僧。面对这些他从前一无所知的景象，他的内心被深深震撼，这正是王子有别于普通人的地方——对后者而言，这些都是稀松平常的事。王子希望借助悟道以摆脱生老病死之苦，于是骑上马逃离了父亲和家人。总而言之，骑马也是王子擅长的事情，但是只有遇到紧急情况且急需以最快的速度出行时，他才会选择骑马；正常情况下，王子则会乘车出行。

在马鸣 * （*Aśvaghoṣa*）撰写的《佛所行赞》（*Buddhacarita*，或称《佛陀生平》）一书中，清晰地提到了驾车和骑马这两种出行方式的对比，其逻辑与尼阿库斯的文章观点相一致。该书是现存最早的关于佛陀大出离的文献之一。但是，实际情况有些复杂。马鸣生活的时代可追溯至公元 1 世纪或 2 世纪，他与贵霜人之间存在关联，后者是来自亚洲腹地的征服者。[24] 因此，《佛所行赞》是在佛陀诞生后数百年才著成的，毕竟佛陀生活在公元前 6 世纪 ** 左右。此文献的历史真实性不能确证。一个明显的史实错误就是，王子——即将成佛的悉达多——的父亲净饭王（*Śuddhodana*）被描述成释迦族唯一的君主。但当时释迦族采用的是共和政体，佛陀的父亲应该只是释迦族武士统治阶层的一员，不是一位大权独揽的国王。不过，这个错误不会影响我们关注的重点，即驾车和骑马的相对地位。但是，还

---

* 马鸣，公元 1 世纪或 2 世纪，古印度佛教诗人、剧作家，原为婆罗门教信徒，后随著名佛教学者胁尊者出家，在东天竺、北天竺弘扬佛法；现存主要作品是叙事诗《佛所行赞》《美难陀传》和三部梵语戏剧残卷。——编者注

** 此处英文原文为公元前 5 世纪，经查证通行的说法为公元前 6 世纪。——编者注

有一个史实错误影响了故事的逻辑，因为它模糊了驾车和骑马之间的显著差异；这个错误很可能是贵霜人造成的。在马鸣有关大出离的描写中，我们可以直观地看到骑马和骑兵在战斗中享有更高的声望。在故事的开端，马鸣就描绘了王子跟他的马说话，就像要冲入战斗一般：

> "国王曾经多次骑着你在战斗中打败敌人；
> 此事家喻户晓。
> 所以，最棒的骏马啊，这次你也要快快地跑，
> 让我也能逃出生天。"[25]

这段话直接提到国王在战斗中骑马，表明骑马和骑兵作战的用途和地位已经提升了。这验证了我们此前的推测：马鸣与来自亚洲腹地、骑乘马匹、使用骑兵的贵霜人之间存在关联。在此背景下，就大出离这一事件而言，公元1世纪或2世纪的价值观与公元前600年相比会有所不同，那时一位战士如果想快速逃走就必须将尊严抛诸脑后。

根据这段话的记载，国王会亲自骑马上战场，我们可以推测，至少在贵霜这样领土半数在印度西北地区、半数在中亚的王国里，战车武士的伟大时代已经结束了。国王骑马暗示着骑兵战斗的重要性日益上升以及战车战斗的衰落。贵霜国王迦腻色伽（*Kaniṣka*）的一尊无头雕像直观地证明了《佛所行赞》的记述。这尊雕像为骑马装束，国王穿着长袍外衣、宽大的裤子、毛毡靴子和马刺（如图3.3）。贵霜时期的硬币上也出现了寒冷气候条件下骑马民族的装束。笈多

图 3.3　贵霜王迦腻色伽像

帝国的统治区域从现在比哈尔邦的巴特纳一直延伸到适合这类衣着的寒冷地区，因而在早期的硬币上也模仿了这种服饰形象。根据这一证据，我认为，如果笈多王朝的皇帝被称作“天下无敌”，那么梵语中所提及的战车（*apratiratha*）必定是一种修辞手法，而不是现实情况。我的结论是，大约至公元 1 世纪，几波来自亚洲腹地的骑兵军队如塞种人、波罗婆人和贵霜人成功进行了军事入侵，于是战车在战场上逐渐过时。这一结论即使不完全属实，也有迹可循。

这个结论之所以既模糊不清又难以证实，是因为史诗的长期流传让所有战争场面的描绘都带上了情感色彩，不论是铭文、文学、人物形象还是表演艺术，所以才让战车在退出战场后的很长时间里依旧保持着尊贵地位。如贡达在泛泛谈及古代文明时指出，“在一些情况下，贵族几乎处处落后于”骑兵崛起的时代。“出于坚持传统的目的，他们继续将轮式车用于作战、旅行和象征性目的。”[26]在印度，从吠陀经典走向史诗，我们会发现，战车的价值似乎被强化了。霍普金斯指出，除因陀罗乘坐由四匹马牵引的战车以外，吠陀经典中的其他神祇都乘坐由两匹马牵引的战车。《摩诃婆罗多》开篇概述了战争情况，所有的战车都由四匹马牵引。但是，从有关战争的描述中看，似乎每辆战车都仅由两匹马牵引。[27]我们正在讨论的很可能是一种更加过分的夸张性描述，来表现战车的极其尊贵。

倘若将战车视为吠陀时代军队的无上尊贵的核心，我们要问的是：将战象引入这种等级结构之后，是否影响了坐骑等级，使其发展为新的结构？战车之于战象是什么关系？

我们从史诗中注意到的一点就是，那些留有名字的著名战士都驾驶战车作战。虽然史诗中也提到了骑乘大象的战士，但通常都未留下名字；他们当中也很少出现国王。难敌（*Duryodhana*）骑着一头威严的大象来到战场，但是在战斗开始后，我们发现他是驾驶战车作战的。[28]据《政事论》记载，战车和大象同等重要。不论夺取了战象还是战马，士兵都可以获得相同的奖励；国王则需要从战车和战象中选择，或是作为军队的核心兵种，或是作为自己最擅长的战斗方式。[29]大象是王室的出行工具，但国王也会选择其他出行方式。总的来说，战车在古代的优势地位在史诗中留下了深刻的烙印，也与年代久远的史诗背景存在关联。战象也会载着国王或佚名战士出现，但它们不能和英勇的战车武士相提并论。然而，在《政事论》中，原先属于战车的特权地位转变为战车和战象平分秋色。

虽然战车的声望持续了很长时间，但是突然之间，大象就加入战场并成为王室出行的工具。另外，战象在印度普及得十分迅速。

大象创造了一种“宣示”王权永固的新方式。例如，婆罗多在听到罗摩奉母亲吉迦伊的命令被流放到中印度的森林中以后，率领了一支四军到森林中请求罗摩回来。罗摩不愿抗命，因此婆罗多只能很不情愿地以摄政身份监国，直到罗摩的流放期满为止。婆罗多把罗摩的凉鞋置于象背之上带到阿逾陀城，[30]这其中的象征意味一目了然。

利用象背来展示王权——将战象与王权相联系——使大象拥有了一种象征性的力量；而这种象征性又传播到了其他生活领域，特别是宗教。大象在印度的宗教中无处不在，十分明显地具有象征王室的特征。佛教文献中有一个著名的例子：相传，摩揭陀王阿阇世（*Ajātaśatru*）有一头处在狂暴期的大象，名叫那拉基利（*Nālāgiri*）。恶魔提婆达多（*Devadatta*）既是佛陀的堂兄又是他的对手，他说服国王把这头大象放到王城的主街上，企图以此杀死佛陀。提婆达多让监饲大象的人给那拉基利喂饮甜酒，让其更加疯狂，然后再放出来；但是，在佛陀对那拉基利说话后，大象的心中便充满了爱，并跪拜礼敬。[31]这个故事的逻辑在于，佛陀拥有王室身份，而战象具有王室特征，因此那拉基利可以通过跪拜佛陀的行为，确认佛陀的王室身份。如今许多印度教寺庙会让大象接受贡品并参加神明游行活动，尤其在南印度；这就是上述观念留下的最明显的痕迹之一。

其中一个例子是斯里兰卡每年会在山地举行佛牙舍利（Tooth Relic of the Buddha）游行活动，因为该岛最后一个伟大王国就坐落于此。佛牙舍利曾是斯里兰卡王室的象征。围绕王城的佛牙舍利游行活动（*Äsaḷa Perähara*，即耶色拉佛牙节）便承袭自古老的王室游行，相关信息可以参见这座岛屿的编年史《大史》*（*Mahāvaṃsa*）。在欧洲列强（葡萄牙、荷兰、英国）占领富饶的沿海低地后，岛上王权被迫迁往内陆的康提（Kandy）；但是，即便英国在1815年灭亡了康提王国，供奉佛牙舍利的王室游行依然得以保留。根据H. L. 塞纳维拉特纳（H.L. Seneviratne）分析，王室及各级贵族的庆典活动，为政府部门、辖区、种姓、神明（*devāle*，如湿婆和毗湿奴）、佛龛（*vihāra*）以及游行活动牵涉的各单位（如鼓手和舞者）提供了展示机会，也让人们看到了这些赞助者的雄厚实力。在游行队伍最前头的是前线军官，"他骑在大象上，手持一本象征王国土地文书记录（*lēkham miṭi*）的书籍"。象厩的负责人跟在后面，"他骑在大象身上，拿着带有象征意义的驭钩——驭钩既象征着驭象之权力，也象征着首领所属的部门"。[32] 佛牙舍利被置于由金银制作的圣匣中，并由大象驮运。另一个奉行国王 – 坐骑观念的例证源自19世纪的泰米尔国家，当时最后一批以古典风格创作诗歌的泰米尔诗人依赖地主和寺院的资助。他们正式发表新作品的标志，不仅是作品首次在公众面前大声朗读，还要将手稿置于象背之上围着寺庙广场绕行。[33]

回到尼阿库斯讲述印度坐骑等级的作品上，我们发现斯特拉博引用尼阿库斯的话语时增加了一些不同的内容："尼阿库斯说，由大象牵引的战车被认为是重要的财富，而大象如骆驼那样套着轭；一位女士如果从情人那里收到大象作为礼物，便会感到非常荣幸。但是，这种描述与那种马匹和大象为国王独有的说法不一致。"[34] 引文

---

* 该书为佛教史籍，成书于6世纪左右，是由早期巴利文书写的有关斯里兰卡王朝与佛教的编年史，亦称《大王统史》。该书以更早成书的《岛史》和宫廷文件为主要资料，叙述佛教的产生、传入斯里兰卡直到公元4世纪的过程。——编者注

第一句提供了尼阿库斯所述但已佚失的论及印度坐骑情况的新信息，这在阿里安的版本中未曾出现。大象牵引战车的说法极大地吸引了罗马人的关注：很久以后，我们发现了大象套轭牵引交通工具的形象；但该形象不是在印度被发现的，而是与罗马皇帝儒略（Julian）有关，表现他战胜使用大象对抗罗马的萨珊人的场景。我们还在庞贝古城发现了一幅画，描绘了女神雅典娜乘坐着由四头套轭大象牵引的战车。[35]

上述引文的第二句话是斯特拉博自己给出的评论；因为希腊作家们讲述印度的言论相互矛盾，所以其真实性存疑。而在记述印度情况的希腊作家当中，斯特拉博重点关注了马匹和大象为私人所有还是王室所有的问题。据此，斯特拉博认为那些希腊作家大多都是骗子。但实际上这两种观点并不矛盾。斯特拉博明确指出了希腊文献如实记录的极为重要的信息，这一点很有价值。他认为这些与尼阿库斯观点相左的资料来自麦加斯梯尼。在斯特拉博的总结中，麦加斯梯尼认为“私人不允许饲养马和大象。饲养这两种动物是王室的特权，并且这些动物会有专人照看”。[36]尼阿库斯所记录的是亚历山大时代印度河流域的情形；而作为亚历山大之后数十年的希腊化王国继承者所派驻的使节，麦加斯梯尼记录的是“东方人”（Prasioi，*Prācyāḥ*），即都城位于恒河流域中部的孔雀王国的情况。我们看到的是孔雀王国牢牢掌握着马匹、大象的所有权，并成为这个野心勃勃的王国的政策，非常成功地集中了这种战争资源。印度王权对大象和马匹的强烈兴趣促使君王们限制私人捕捉、贸易并拥有它们。这成为一种持续的趋势。尽管曾出现波动起伏，但是这种趋势从未完全消失，有时甚至会像孔雀王朝这样发展到顶峰，也就是由王室垄断。

作战阵形

大象在战争中具有特定的用途。这就是《政事论》所说的大象的“业”（*Karmāṇi*，“羯磨”）——也就是任务或作用：

这些是大象军团的任务：先头行军；修筑新路，露营涉水；反击进攻；渡水潜水；坚守阵地，前进，后退；进入崎岖拥挤之地；纵火、灭火；孤军取胜；重组散兵，攻破整军，重组编队；攻破完整编队；在灾难中提供掩护；发起冲锋；引起恐惧；震慑敌人；展示强大；征收税赋；运输调度；摧毁矮墙、大门和角楼；确保国库物资进出安全。[37]

大象的功能有很多。最重要的是在战场上摧毁防御工事和震慑敌军。此外还有一些较为平常但极有价值的功能，例如为军队开路、协助渡过河流，以及运送国库物资。

这些都是军队作为一个整体的情形下，战象发挥的功能；同时，军队的战斗队形则规定了战象与其他兵种的位置。扎营、行军、战场上集结，不同的兵种必须在每个阶段按一定的步骤安排。这种安排或列阵被称作“阵形”（*vyūha*）。每个作战阵形都有其名称，均出自阵形名录。

本章中我一直在考察三个得到命名的用途构成。其中，作战阵形是最具技术性的。在《摩诃婆罗多》的战争场景中、在《政事论》涉及战争的第十卷，以及在后世论及王权的文献中，作战阵形都拥有重要地位。但是，文献记载有诸多混乱之处，使得我们难以理解作战阵形的实际运作方式及其发展和传播的过程。史诗的诗歌属性，以及重要著作在论述王权时使用的晦涩的经文体裁（*sūtra*），会让某些表述模棱两可；然而，问题还是在于技术性术语很难用文字准确地表达出来。

同时，毫无疑问，这些非常重要的著述和其他的古代文献有助于我们了解作战阵形的相关知识。柯立芝・威尔斯（Quaritch Wales）对此做出了重要贡献。他开展了有关印度王权模式对东南亚战争之影响的开创性研究，描述了爪哇岛追溯到约 1500 年和泰国 19 世纪以来的作战阵形。该项研究展示了《摩诃婆罗多》和《政事论》问世数千年以后，军事学的这一分支在东南亚进行印度化的诸王国的发展情况。[38] 同时，这项研究还展示了作为军队序列结构的作战阵形，其在地理上的分布范围包括了整个印度，可能还有东南亚众多进行印度化的王国；在时间跨度上，作战阵形持续塑造了军事制度约有两千年之久。

人们想进一步了解作战阵形传播的地理分布和时间跨度。除了阵形知识从印度向东南亚王国的直接传播以外，战争本身也是一种传播途径。通过战争，人们可以跨越语言和文化，直接理解并传播军事制度。印度式阵形，如果对波斯的军事制度和那些自希腊化时代以来佚失的有关军事战术的希腊著作有所影响的话，人们希望了解其中的关系；除此之外，人们也想知道后者对印度式阵形的反向影响。人们想知道在突厥苏丹国和莫卧儿帝国时期，这些作战阵形在印度是否依然在使用。人们希望能在古代表现战争的雕刻形象中辨认出作战阵形。在现有的研究中，问题比答案多。但是，就当前的研究方向而言，只要能对这个重要却难以理解的话题进行概述就足够了。

史诗和《政事论》都提道：毗诃跋提（*Bṛhaspati*，“祭主仙人”）和优舍那娑（*Uśanas* 或 *Śukra*，“太白仙人”）论述作战阵形的著作更为古老。二人被认为是该领域的重要权威。毗诃跋提和优舍那娑分别是天神（*devas*，“提婆”）和恶魔（*asuras*，“阿修罗”）的精神领袖。天神和恶魔在他们各自的战斗中使用的作战阵形，被认为是人类可以借鉴的样板。实际上,《摩诃婆罗多》有一段文字记载，战争的一方采用了神明的阵形，而另一方对应使用了恶魔的阵形；另一段文字记载，一方采用了毗诃跋提的阵形，则另一方就对应采用优舍那娑的阵形。[39] 看起来，有关战争的著作确实存在，其中论述了作战阵形的形成；另外，那些出自毗诃跋提和优舍那娑但后来佚失的书籍也存在。[40]《政事论》在开篇便向优舍那娑和毗诃跋提致敬，仿佛他们就是神明；但是书中其他地方还论及了相关文献，还谈到分别以优舍那娑和毗诃跋提为首的“太白派”（Auśanasas）和“祭主派”（Barhaspatyas）的情况。总体而言,《政事论》视二者为神明，亦视二者为主要讲述阵形知识的著作的作者。

了解阵形知识需要掌握不同类型的阵形，包括哪种阵形最适合当时的形势，以及军队如何拥有某种阵形、此阵形又有何优缺点。这些都要与所选阵形相匹配。《摩诃婆罗多》和《政事论》对此话题的处理截然不同。前者为战争类型的诗歌，倾向于将阵形视为一种罕见深奥的知识，因此细节有些模糊神秘。另外，尽管在实际战争中，列好阵形的军队相遇后就会发生混战，但其中的战斗会被描述成著名武士之间的多场决斗，而不是大量战士相互攻伐。而《政事论》对阵形的处理简单明了，不带神秘感，但是也没有初涉此话题的读者所需要的详细阐述；该文献需要注解，才能丰富它现有的基本框架。

在《摩诃婆罗多》中，作战阵形是一门重要的学问，并且与武士必须掌握的武器、骑乘和战斗等方面的知识不同。[41] 这类知识很罕见，有一定的壁垒。拥有此类知识，才能在战场上获得领袖资格。作战阵形被视为一种超越技术性质的神秘知识，是神祇理念在尘世的体现。因此，擅长使用阵形的毗湿摩（*Bhīṣma*）[42] 在被任命为俱卢族军队的领袖时讲道：

> 我对战争和各种阵形有丰富的经验，
> 并且知道如何指导士兵和非士兵以同样的方式执行任务。
> 在行军护送、发动进攻和遏制敌军攻势等方面，
> 我知道的和毗诃跋提一样多。
> 我知道天神、乾达婆和人类所使用的一切阵形：
> 用这些阵形，我必将挫败般度族。你们不必畏惧。[43]

《摩诃婆罗多》中的战争由 18 场战役组成；每天都以一方选择一种阵形开始，而另一方则选出一种破解阵形（*prati-vyūha*）。人们希望将领可以拥有决定使用哪种阵形的技能。我们通常可以从已知的阵形名录中了解相关的阵形名称：运车阵（*śakaṭa*）、苍鹭阵（*krauñca*）、鹰阵（*śyena*）、针形阵（*suci*）、海怪阵（*makara*）等。在第 13 天，俱卢族选择了车轮阵（*cakra*），般度族则需要阿周那 16 岁的儿子——年轻的激昂（Abhimanyu）来领导作战，因为唯有激昂知道如何破阵；但不幸的是他没有学会如何从阵形中逃出来，因

而在试图出阵时被杀。但通常的情况是，阵形要么没有名字，要么就只有一个模糊的描述，比如阵形“庞大”、阵形“像海洋一般”、阵形“如云一般”、阵形“前所未见”。[44] 或者就称其为天神阵形或恶魔阵形，抑或是毗诃跋提阵形或优舍那娑阵形。此外，作战阵形有时是两三种基本阵形的组合。例如，在第 14 天俱卢族采用了运车阵、莲花阵和针形阵的组合阵形。[45] 我们不可能指望从此类的文献中复原出真实战斗的阵形运用方式。

阵形学有一个重要内容：一旦一方选择了某种阵形（通常是较为庞大的军队），另一方就要选择破解阵形，以提高自己的胜算。因此，将领必须知道每一个阵形对应的破解阵形是什么。当然，最终的胜利取决于许多变量，包括哪方军队更加强大。《摩诃婆罗多》中就有一个足够清晰的例子：一支更加庞大的军队采用了圆形阵列，使整支军队坚不可摧；对阵的较小军队于是将力量集中在单个点上，采取了针形阵。[46]

阵形观念的逻辑在《政事论》的第十卷变得更为清晰，该卷的主题就是战争。在行军中，如果敌人从前方进攻，海怪阵是首选；[47] 如果敌人从后方进攻，要使用运车阵；如果敌人从侧翼进攻，要使用霹雳阵（*vajra*）；如果敌人从四面八方进攻，要使用“全面防御阵”（*sarvatobhadra*）。海怪阵顶端是两个三角形，让迎面而来的进攻者面对宽阔的前线阵地（该阵形或许就是一个倒三角形）；运车阵是一个楔子，让来自后方的进攻者面对宽阔的阵地；霹雳阵由 5 条错列的阵线组成，进而向前推进，因此十分坚固，可以抵御侧翼进攻；而“全面防御阵”的名字就已经说明了它的特点。

选择适合战斗的地形后，[48] 国王需要部署军队。[49] 阵形由两翼

（*pakṣa*）、两侧翼（*kakṣa*）和中心（*urasya*，字面意思为“前胸”）三部分以及预备力量（*pratigraha*）组成。这些部分又由以战车、战象或骑兵率领的作战单位构成，每个作战单位都有一定数目的保障力量。每匹马前有 3 人作战，另外配有 3 名步兵；每辆战车或每头大象前后有 15 人，还配有 5 匹马。然后，国王可以组建战车编队；其中，两翼、两侧翼和中心的战车均呈 3×3 的队列；也就是说，总共 45 辆战车、225 匹战马、675 名步兵。这种编队比较均匀。不均匀的编队在两翼、两侧翼和中心的兵力数量上有所不同。人数较少的作战力量应该作为储备兵员，以便在需要时补位。同样，编队也可以由以战象或骑兵率领的作战单位构成。本书接下来会考察编队中部队的位置安排问题。

然后，我们来看编队的总体形状。[50] 4 种基本阵形是棒形阵（*daṇḍa*）、蛇形阵（*bhoga*）、环形阵（*ma-ṇḍala*）、散形阵（*asaṃhata*）。两翼、两侧翼和中心均匀分布，即为棒形阵；若分布不均，即为蛇形阵；若两翼、侧翼和中心连接在一起，即为环形阵；若未连接在一起，即为散形阵。下文将对基本阵形的次级变种做一个快速的概览。这个过程可能有些复杂。

这 4 种基本阵形每个都有若干变种，可命名的变种类型总共有 33 种。就棒形阵来说，若从两翼突破，则称为切刀阵（*pradara*）；若收缩两翼和两侧翼，则称为坚实阵（*dṛḍhka*）；若带着两翼突围，则称为弗御阵（*asahya*）；若两翼不动，中心进行突破，则称为鹰阵（*śyena*）；若上述阵形以相反的方式进行，则对应的名称分别为弓形阵（*cāpa*）、弓腹阵（*cāpakukṣi*）、固坚阵（*pratiṣṭha*）和愈固坚阵（*supratiṣṭha*）。阵形两翼像弓一样的称为胜者阵（*saṃjaya*）；若以中心进行突破，则称为征服者阵（*vijaya*）；两翼像粗壮的耳朵，称为柱耳阵（*stūṇakarṇa*）；两翼中一翼有两个翼柱，即为阔广征服者阵（*viśālavijaya*）；若两翼的兵力增加 3 倍，即为军面阵（*camūmukha*）；反之则为鱼嘴阵（*īṣāsya*）。若棒形阵呈一条直线（行进），即为针形阵（*śūcī*）。2 个棒形阵为螯钳阵（*valaya*）；4 个棒形阵即为无敌阵（*durjaya*）。

蛇形阵要么是像蛇那样移动（*sarpasārī*），要么如弧形（*gomutrika*）。若中心有两支军队而两翼又以棒形编队出现，此即为运车阵（*śakaṭa*）；反之为海怪阵（*makara*）。若运车阵中散布战象、骑兵、战车，此为飞旋阵（*pāripantaka*）。

环形阵中，若面向所有方向时即为全面防御阵；有 8 个队列阵形为无敌阵（*durjaya*）。

散形阵中，霹雳阵和巨蜥阵（*godha*）的形式是由 5 条队列组成，其形状如其名；

若有 4 条队列，则为灶膛阵（*uddhānaka*）或鱼尾纹阵（*kākapadī*）；若有 3 条队列，则为半月阵（*ardhacandraka*）或蟹角阵（*karkaṭakaśṛṅgī*）。

如果中心由战车组成，侧翼由大象组成，而后方由战马组成，此为无懈可击阵（*ariṣṭa*）；如果编队由步兵、骑兵、战车、战象一个接一个排列，此为坚不可摧阵（*acala*）。

《政事论》第十卷的最后部分还解释了如何选择破解阵形：坚实阵可破解切刀阵；弗御阵可破解坚实阵；弓形阵可破解鹰阵；愈固坚阵可破解固坚阵；征服者阵可破解胜者阵；阔广征服者阵可破解柱耳阵；全面防御阵可破解飞旋阵；无敌阵可破解所有阵形。至于步兵、骑兵、战车、战象，可以使用后一个来破解前一个；还可以以众击寡。[51]

从4种阵形的类型和众多子类型中可以明显看出，《政事论》对阵形的研究已经很成熟了，绝不是处于初级阶段。令人有些惊讶的是，在比《政事论》稍晚的文献《摩奴法典》中，我们只见到了7种阵形的名字；正如霍普金斯的观点，《摩奴法典》是否在某种程度上保存了阵形早期阶段的相关学说，依旧是个问题。[52]所以，我们不可能确定《摩诃婆罗多》中不同阵形的数量，原因已经提到。很难追溯该学说的发展过程。现阶段我们可以认为，阵形理论在公元最初的几个世纪里得到了充分发展；当时在北印度，战象早已成为军事制度普遍规则的一部分。阵形理论伴随战象文化传播到了东南亚进行印度化的王国之中；至于它是否向西传播，我们尚不得而知。

第四章
关于大象的知识

实用性知识

象学

《政事论》

《阿克巴则例》

战象的捕捉、训练、驾驭和饲养工作，不仅依赖相关的知识储备，还需要了解如何在战斗中管理和部署大象。这些知识由各国国王设立的战象机构的管理人员掌握。战象制度的扩散必然基于大象知识的传播。为了理解这一情况，我们需要深入研究有关大象的这套知识是如何形成、呈现、维持和代代相传的。

然而，我们对大象知识的理解是零散且不完整的。原因有二：首先，大象知识的构成非常复杂。为了饲养大象，驯象师不得不掌握非常专业的实用性知识，涉及大象及其管理的诸多不同方面。在驯象过程中，驯象师需要让大象适应人的存在、火、战斗的声音、新的食物种类、命令的语言等。其次，古代印度以书面形式记录历史是少数人享有的特权，而这些人绝大多数是宗教专家，他们和大多数未受教育的驯象师之间缺乏密切的社交往来。他们的兴趣和视角不同于那些拥有大象知识的、从事实际工作的群体，但却影响着文字记载。有时，有关象学的书面记载脱离了实用性知识，成为纯粹的理论发挥。因此，作为文献研究和解读的一种原则，我们必须尽可能准确地判断实用性知识和正式书面知识之间的差距。

在本章中，我将分析由国王供养的大象管理人员所掌握的有关大象的实用性知识，以及用梵文书写的有关象学的正式文献，来探讨实用性知识和象学之间的关系。然后，本章会分析有关大象知识的两部最好的文献，即梵文文献《政事论》和波斯语文献《阿克巴则例》。这两部文献的诞生时间相隔一千年以上，都与实用性知识有着密切的关系。最后，我们就可以更好地分析战象制度在印度和其他地区的传播过程了。

实用性知识

获取并饲养大象需要一个庞大的团队。本章我将仔细论述《政事论》和《阿克巴则例》中记述的大象管理人员的细节情况；基于此目的，我们有必要确定需要专门知识的关键职位，即前述的捕捉、训练、驾驭和饲养等。据此，大象管理人员被分为猎象师、驯象师、驭象师（或象夫）和医师。他们的责任在某种程度上会有所重叠。比如，象夫陪伴大象的时间最长，同时还负责饲养大象，监测其健康状况，根据大象的情况适当改变其喂食条件，还要治疗一些小病。猎象师和驯象师也可能会成为象夫。象夫几乎总是需要一名助手协助其工作，还要在他休假时接替他的工作。另外还需要割草工人为大象提供饲料。

这些专门技术依靠学徒制代代传授，（可以猜测）通常以父子或叔侄的传承关系而形成世系。经过一百多代人，战象知识历经三千年的塑造和传播，一直传承到现在。除了医师是特例，上述这些象学知识都是在缺乏书面记录辅助的情况下，在不识字的专业人员之间进行传承的。

如我们所见,《摩诃婆罗多》的故事以位于多阿布地区*或恒河上游的象城为中心。这表明战象战士和象夫大都来自生活在东方的那些民族。该地区呈弧状，自北方的喜马拉雅山脉延伸至南印度的森林；简言之，他们来自季风森林区的大象栖息地。这些民族通常会被划分为已命名的族群和未识别的蔑喉车蛮族。毫无疑问，我们可以发现象夫来自这些喜欢森林动物的森林民族。因此，森林民族可以成为猎象师、驯象师和象夫，可以在王室中获得职位，并将其职位传承给亲族，形成掌握大象专门知识的世系。这样的世系会成为王国不可或缺的一部分。

在接下来的章节中，我将给出证据，表明印度的猎象师和驯象师曾为亚历山大所获，同时也为他的那些希腊化继承者所寻求。而印度的象夫和印度象一起，最远曾行至叙利亚的塞琉古王朝和埃及的托勒密王朝统治的区域——甚至可能更远。有详尽的证据表明，北印度的象夫曾将他们的知识传授给南印度的当地人。同时，印度的象夫还培训了斯里兰卡和东南亚的象夫。有直接证据表明，明朝时东南亚诸国曾将象夫连同作为贡物的大象敬献给中国皇帝。这意味着，就使用战象的国王而言，猎象师和驯象师尤其是象夫的那些非书面知识都是一种重要的战略资产。同时，这也意味着印度的象夫、猎象师和驯象师将这些非书面的知识进行了具体的展示和传播。

甚至，就连“象夫”这个词似乎也表明，这个为国王服务的下级职务有着重要的战略价值。象夫的英文单词“mahout”对应印地语的“*mahāvat*”一词；该词源自梵文“*mahāmātra*”。[1] 梵文中该词

---

* 恒河、亚穆纳河河间地。——译者注

的意思清晰明确：“*mahā*”指一个重要的人，“*mātra*”指量度。这意味着，这是王室的高级官员，比如大臣（*amātya*）或顾问（*mantrin*）。阿育王铭文和《政事论》中使用“*mahāmātra*”一词代表政府高级官员。因此我们会感到惊讶，驭象师和王室的高级官员为同一个词所指代。迈尔霍费尔（Mayrhofer）觉得这两种含义之间似乎没有关联。[2]在印度俗语（Prakrit，*meṇṭha*，*miṇṭha*）和巴利语（Pali，*hatthi-meṇḍa*）中，另有其他不同的词来表达大象管理人员之意；因此迈尔霍费尔推测，可能有一个非雅利安语的词汇影响了“象夫”一词的表述。然而即便如此，“象夫”最终还是使用了“*mahāmātra*”这个重要性很高的词汇。同时，在《摩诃婆罗多》和《罗摩衍那》两大史诗，以及法律文书《摩奴法典》中，表达象夫也普遍使用“*mahāmātra*”一词。其他文献尤其是《政事论》，会使用“*hastipaka*”一词来指代驭象师，但“mahout”及其源词似乎更为主流，如《阿克巴则例》中使用的也是“*mahāwāt*”一词。虽然象夫为国王的低级官员，而且几乎只负责饲养大象，但是从其指代用词可以判断，人们意识到象夫是具有重要价值的资产，也是最重要的军事资产。

目前，依据皮尔斯·洛克、苏伦德拉·瓦尔马和其他人的著作可知，现在已经有了关于象夫群体的民族志研究，同时在一定程度上可以和历史记载相对应。尼古拉斯·莱内（Nicolas Lainé）指出，阿萨姆的卡姆提人（Khamti）使用歌曲和音调训练大象，这与麦加斯梯尼所述孔雀王朝的情况相同。诸如此类的连续性十分明显。[3]莱内的著作还展示了一些地方信仰——东南亚卡姆提人的风俗——也融入了象夫的习惯。比如，人们有这样一种观念：森林幽灵栖身于大象的毛发之中，想要驱赶就必须用火烧大象的毛发。由于战象制度在地理空间上传播广泛，所以必然会出现显著变化，形成带有地方特征的实用性知识。同时，由于这种实用性知识的本土化属性与书面文献之间存在差距，因此重构这种传统的历史肯定非常困难。[4]

象学

在《摩诃婆罗多》中，持国、般度和维杜罗三位王子的教育由“弓之吠陀”构成，即骑马、棍棒格斗、使用剑盾、大象训练（*gaja-śikṣā*）和施政知识（*nītiśāstra*）。[5]最后一项知识有书面文献供他们学习，其他项技能则必须通过实践来习得，不能依赖书本。大象训练，在此语境里可能指的并不是照料和管理大象，而是在象背上战斗的特殊技巧，相当于骑兵所受的训练。骑马和驭象都涉及无鞍骑行和战斗技巧，因此需要精通的主要技能就是“保持稳定”。[6]许多涉及战象的段落都描述了训练有素的骑士骑乘大象的情况。[7]在另一段落中，那罗陀仙人（*Nārada*）问询坚战王是否学习了所有讲述大象、马和战车的经文。[8]这些经文都是需要记住的简明规则。这些经文都有固定的格式，因此具有一定的文学特征，即便未经书面记录，也可以通过口耳相传，并不依赖阅读才能学习。

所有这些段落以及其他有相似作用的段落涉及的都是战争的技艺和实践，而不是捕捉、训练和照料大象等方面的知识，后者全都掌握在管理大象的工作人员手中。《摩诃婆罗多》中只讨论王子和战士感兴趣的知识。当然，象夫也要知道如何在象背上作战，还要熟练掌握看护大象等其他各方面的知识。除此之外，我们还发现一个段落叙述了基拉特族（*Kirāta*，一个森林民族）的象夫（*mahāmātrāḥ*）精通大象技艺（*hastiśikṣāvidaḥ*）的事实。[9]《摩诃婆罗多》中提到的象学知识——无论是理论上的还是纯粹实用性的——关注的都是在象背上作战的武士，而不是那些有关捕捉、训练、驾驭和饲养大象以供君王使用的详细知识。

然而，梵文中有一批文献详细讨论了大象的情况。本书将分析这些文献著作与国王的管理人员所掌握的实用性知识之间的关系。尽管这些文献数量不多，但现在依然只有部分内容得到了深入研究。这一点令人遗憾，因为这些古印度文献都谈到了大象，并且很大程度上记录了大象的生活，而且它的读者应该对大象知识的某些细节也有所了解。

在这些文献中，最早且最好的是《政事论》。如前所述，这是现存最早的论述王权（*arthaśāstra*）和治国学问（*nītisāra*）的文献。[10]此后关于这类内容的著作，如加曼达格（*Kāmandaka*，约500–700？）的《处世精要》（*Nītisāra*）[11]也谈到了大象，但并未就《政事论》已有的话题添加新的内容。后来还有几部内容更加全面的文献包含了大量象学知识。这些著作有苏摩提婆·苏里（Somadeva Suri）的《耶娑占布》（*Yaśastilaka*）、遮娄其王朝国王娑密施伐罗三世（Someśvara III Cālukya）的《心智之光》以及高陀婆罗弥施罗（Godāvaramiśra）——他是奥里萨邦“象王”普拉塔帕鲁德拉杰瓦国王的大臣（16世纪）——的《哈里哈拉吒图兰迦》。[12]

在上述这些可以确定年代的文献中，大象的话题只是附属于一个更为庞大的主题。相比之下，专门论述象学的专著则构成了另一类年代不明的文献。富兰克林·埃杰顿（Franklin Edgerton）对其中一部文献《象猎》做了分析和翻译，这是一部杰出的学术工作。他认为,《政事论》中已经出现了象学的相关内容，证明了象学理论必然有着悠久的历史。依照埃杰顿的观点，象学专著是在《政事论》成书后出现的，成为不断发展的治国文献。这是极有可能的。事实证明,《政事论》中没有直接提到象学著作，如果当时出现了这类专门论述大象知识的专著，其中应该会相应提到；而且,《政事论》也没有将象学知识归功于远古时期的圣人，而存世的专著中却有这样的说法。

已出版的梵语象学专著如下：

婆罗迦毗仙人的《象论》(*Gajaśāstra*)

那罗陀仙人的《象修》(*Gajaśikṣā*)

那罗延·提须陀（Nārāyaṇa Dīkṣita）的《捕象术》(*Gajagrahaṇaprakāra*)

尼拉坎塔（Nīlakaṇṭha）的《象猎》(*Mātaṅgalīlā*)

婆罗迦毗仙人的《大象阿育吠陀》(*Hastyāyurveda*，即“大象生命学”)

关于《象论》，我们现在有两部文稿，一部在坦贾武尔（Thanjavur）的萨拉瓦蒂玛哈尔图书馆（Sarasvati Mahal Library），另一部在马哈拉施特拉（Maharashtra）的一个土邦阿恩德（Aundh）的王公图书馆。[13]两个版本显然是同一著作，却有诸多不同：第一个版本有10卷，共754行诗，而第二个有19卷，但仅有551行诗；两个版本都有许多不规则的诗句。《象论》和《捕象术》都是孤本，存放于蒂鲁伯蒂（Tirupati）的斯里温卡茨瓦拉大学（Sri Venkateswara University）东方研究所。[14]《象修》有9卷（最后一卷不完整），共447行诗，乌玛帕特亚卡里亚（*Umāpatyācārya*）有一部注解该文献的作品《〈象修〉注疏》（*Vyakti*）。《捕象术》有5卷（*āśvāsa*），共881行诗，但没有注解。两部文稿都是近代的。T. 加纳帕蒂·萨斯特里（T. Ganapati Sastri）对《象猎》进行了编辑，埃杰顿翻译了这本书并将其与坦贾武尔的《象论》和《大象阿育吠陀》进行了比较。这本书在此类著作中研究得最为充分，它是一部语言华丽的诗歌著作，包括12卷253行诗。《大象阿育吠陀》是一部鸿篇巨制，印刷出来大约有800页。[15]同其他"阿育吠陀"方面的著作一样，它可以分成4个主要部分:《玛纳西迦》（*Mahārogasthānam*，关于因气愤所得疾病，共18章）、《萨哈迦》（*Kṣudrarogasthānam*，关于饥渴、衰老等，共72章）、《萨利里迦》（*Śalyasthānam*，关于发烧、皮肤等疾病，共34章）和《阿甘图迦》（*Uttarasthānam*，关于刀伤、创伤等，共36章）。没有人愿意翻译它，我也不知道有没有关于该书的学术研究。

有一部晚近的同类著作《象学之海》（*Hastividyārṇava*），以阿萨姆语写成，形式为散文，作者是苏库马拉·巴卡（*Sukumāra Barkāth*）。该著作为阿洪（Ahom）国王希瓦·辛哈（Śiva Sinha）及其王后安比迦·提毗（*Ambikā Devī*）所著，编纂于塞种纪年的1656年（公元1734年），接近战象时代结束的时期。作品开篇的祈祷词提到的一部更早的作品《象主的如意珠》（*Gajendracintāmani*），由萨姆布洪纳萨（Śambhunātha）撰写。它的编辑和翻译者普拉塔普·钱德拉·乔赫利（Pratap Chandra Choudhury）认为，《象主的如意珠》本来是阿洪姆语（Tai-Ahom）作品，而在《象学之海》中被改写为阿萨姆语。同时，阿萨姆语作品完全属于梵文象学著作的传统谱系之内。这一点已被充分证明。该文献已有英译本出版。[16]

虽然局部涉及象学的梵文百科全书式著作都注明了年代或可以确定年代，但是象学专著却非如此，它们大部分都被归类于不可考的历史或神明的著作。这样，文人从国王的大象管理人员那里掌握了有关大象的实用性知识，并将其转化为文人自己的话语权。讽刺的是，声称这些文献非常古老，反而证明了它们不过是相当晚近才出现的资料，无一例外都晚于《政事论》。《政事论》既没有谈及象学，也没有将大象知识的产生和传播归功于婆罗迦毗仙人或那罗陀仙人。不过，象学知识的框架值得研究，因为它在传统中拥有不可忽视的地位和价值。

婆罗迦毗仙人是《象论》和《大象阿育吠陀》这两部著作名义上的作者；另外《象猎》的作者尼拉坎塔也将自己作品的要旨归功于婆罗迦毗仙人。在最早捕获并驯化野象时，婆罗迦毗仙人就被认为已经向恒河流域中部的鸯伽国王传授了象学知识。另一著作《象修》是由那罗陀仙人所著，并且是以那罗陀仙人与骑着白象伊罗婆陀的天帝因陀罗之间对话的形式书写的。跟《摩诃婆罗多》中同名主题的内容不同，《象修》针对的不是武士驾驭大象的训练，而是大象自身的训练。那罗陀仙人和天帝因陀罗在印度都是家喻户晓的人物，他们的对话体著作是一种文学形式。我们可以在《往世书》中发现上述文学形式；这部著作对从公元 320 年开始的笈多王朝及其后的历史、神话和宇宙观进行了汇编。在《往世书》的叙述中，那罗陀仙人广为人知，还是一部重要法律书籍的作者。与那罗陀仙人不同，婆罗迦毗仙人在象学文献之外几乎无人知晓。早在吠陀时代晚期，鸯伽国王就与驯化大象之间存在着关联，[17] 而且在《罗摩衍那》

中，该国的一位国王毛足是罗摩王子的盟友。但是，这位著名的国王和到当时为止都无人知晓的这位仙人之间的关系似乎是后来才出现的。有些人认为毛足和婆罗迦毗仙人生活在公元前 6 世纪，但这不太可能：因为那时鸯伽国已经结束独立状态，被并入到由频毗沙罗（*Bimbisāra*）统治的实力渐涨且野心勃勃的邻国摩揭陀国之中。即使毛足和由大象诞出的婆罗迦毗仙人是真实存在的人——几乎没有证据可证实这种说法，但是从现存内容上看，这些文献属于《政事论》之后时期的著作，所以这些文献的成书时间更晚。

婆罗迦毗仙人和国王毛足的故事将整个象学融入《往世书》中。在这个故事中，神明或婆罗门苦修者给予恩惠（*vara*）或施加诅咒（*śāpa*）成为主要的因果机制。一旦诅咒被施下，就无法撤销；所以，需要给诅咒设定时间期限（*anta*）来减轻过于严厉的诅咒。

故事内容如下：[18] 鸯伽王毛足统治着他的王城瞻波城（*Campā*），令他感到困扰的是有人报告农民的庄稼被野象毁坏。仙人们受到神明的启示出现在瞻波城，赐予他恩惠，使其能够捕获大象。毛足捕获大象后把它们送给了仙人们。婆罗迦毗仙人一直和大象生活在一起，熟悉大象的生活习性，还用药物和其他方法来满足大象的需要。因其暂时不在，大象被捉去了，这让婆罗迦毗仙人非常痛苦。他四处游荡寻找大象。最后，他来到瞻波城并觐见毛足。毛足对他十分尊重热情。于是，婆罗迦毗仙人向他讲述了大象的故事，并传授了象学知识。

婆罗迦毗仙人说，以前大象可以自由地在天空翱翔——在坦贾武尔的《象论》手稿所配的图画中，展示了在最开始有翅膀的这些大象。有一天，这些大象停落在喜马拉雅山一棵巨大的菩提树上，枝干因不堪其重而断裂，而这些大象则坠落在了隐修的长暗仙人（*Dīrghatapas*，其名为“严苛的苦行”之意，意味着他拥有非凡的力量）身上。于是，长暗仙人诅咒大象，使其不能再飞翔，并成为人类的驮运（*vāhana*）工具。但是，他却对最重要的大象底耆迦阇*（*dig-gaja*）网开一面，其中便包括因陀罗的白象伊罗婆陀。后者请求梵天（*Brahmā*）减轻那些被束缚在大地上的亲族所受的诅咒，因为它们沦为了疾病的猎物，于是梵天承诺会让一位喜欢大象并精通医学的仙人降世以治愈它们的疾病。

婆罗迦毗就是这位降世仙人，他是古纳瓦蒂（*Guṇavatī*）的儿子。苦修隐士摩登迦（*Mataṅga*）认为美丽的古纳瓦蒂是因陀罗派来扰乱其苦修的人，来阻止他获得可怕的力量，因此施咒将她变成一头大象。摩登迦对此诅咒设定的解除条件是，古纳瓦蒂要为隐士萨摩伽叶那（*Sāmagāyana*）生下一子。婆罗迦毗出生后，古纳瓦蒂就恢复了人形。她的儿子婆罗迦毗仙人则和大象生活在一起，照顾并医治它们。他还要前去照顾父亲的隐修生活，因此每天只有早中晚三次离开大象。也就是在他某次离开的时候，毛足的手下捕获了这些动物。

接着，故事细述了生活在这里的大象的起源和特征；大象分四种类型的起源：良（*bhadra*）、驽（*manda*）、鹿（*mṛga*）、杂（*miśra*）；还介绍了指代大象的众多梵文词语的词源。然后又解释了大象的某

* 底耆迦阇，即古印度神话中分别守护八方的八只神象，包括伊罗婆陀（因陀罗之神象），守护东方；鸠穆陀（苏利耶之神象），守护东南方；伐摩那（阎摩之神象），守护南方；彭陀利迦（阿耆尼之神象），守护西南方；安阇那（伐楼那之神象），守护西方；布湿波丹陀（伐由之神象），守护西北方；娑哩婆报摩（俱毗罗之神象），守护北方；苏波罗提迦（苏摩之神象），守护东北方。——编者注

些生理特性，这些特性都源于大象犯下了过错而相应遭受的诅咒。因此，大象原本拥有更好的外形，现在则变成了如此堕落的体貌。这就解释了大象的某些特性是如何形成的，这些特性包括：内卷的舌头（这样的形状便于食用大量的食物）；内火过旺（食欲大）；没有阴囊（内睾）；在土、水和泥中感到兴奋；被束缚在地面上不能飞翔，并且成为人类的出行工具；失去了神性；为自己的粪便和尿液所吸引；内部排汗。也就是说，以我们更为熟悉的人体作为基准，大象的这些身体特征被视为反常。大象曾经可以排汗，但是因为在和恶魔的战斗过程中，天神不能忍受它们难闻的气味，所以伐楼那*（*Varuṇa*）将其汗液变为内流，所以大象从此需要将汗液变成薄雾从象鼻排出。但实际上如我们所见，人类的身体绝大部分都分布有汗腺，这在哺乳动物中才是罕见的。[19]

因此，象学把诸如大象起源及特征、大象传说甚至第一次捕获野生大象的权威论述归功于婆罗门仙人，而不是诸如象夫、驯象师和猎象师等底层人员，更不必说那些和大象共享栖息地的森林民族了。然而，根据埃杰顿的观点，梵语象学文献中的象学知识与实用性知识有着密切的关系，绝不是文学想象，阅读此文献的读者能够获得令人印象深刻的高度专业的知识。埃杰顿给出了《象猎》中出现的一长串象学专门术语词汇表；现有的词典中查询不到这些词的含义，古代梵语词典和现代学术词典中也查不到。[20] 埃杰顿的总体观点是，除了那些显而易见的梵语学问，《象猎》中的大象知识和从事大象事务的人员之间存在着紧密的关系。这一点无可置疑。我们

---

* 伐楼那，吠陀神话中的天空、雨水及天海之神，亦是掌管司法与阴间的神。——编者注

还可以补充一点，印度从古至今的大象艺术形象也是如此，几乎所有的大象形象都显示出，创作者对真实的大象十分熟悉，与东亚的表现形式有很大不同。

尽管如此，这些专著会在某些方面对实用性知识进行重新诠释和理论阐述。一个明显的例子就是将大象的四个等级之起源与四世代理论（*yugas*）做出对照解释，这种情况在后吠陀时代的梵语文献中随处可见。另一个例子是将大象的等级与三性论（*guṇas*），即悦性（*sattva*）、激性（*rajas*）和惰性（*tamas*），进行对照解释，这种解释方式与数论派哲学之间存在着联系。以上两种解释方式都源自文人阶层所掌握的专门知识，而不是那些服务于国王的大象管理人员。埃杰顿指出，《大象阿育吠陀》将用于人体上的医药学治疗理论应用到了大象身上；潜在的心态是将文人阶层所掌握的高深知识细化并应用到没有文字记录的实践知识之上，这一点并不令人惊奇。这种理论阐述的一个实例就是，《政事论》中公认的 8 个大象森林名单在之后的材料（《象论》第四卷）中增加了次要森林（upavanas）的列表。另一个实例就是大象的寿命有 120 年这一观点。[21]《摩诃婆罗多》中认为 60 岁正是雄象的鼎盛时期，我觉得得出这个结论可能与大象的牙会不停生长有关。但实际上大象 60 岁时已经长出了最后一套臼齿，意味着它的生命已经快走到尽头了。可以确定的是，这一事实直到最近才被动物学家确认，因为早些时候很难确定野生大象的真实寿命。然而在我看来，那种认为大象有 120 岁寿命的观点是建立在大象前 60 年力量增长而后 60 年力量下降的观念之上的，而且这是从理论上而非观察中得出的结论。为了论证这一点，我在《象猎》中找到了一些表示大象年龄阶段的名称。有些名称在梵语中没有明显的词源，因此很有可能是大象管理人员使用的“粗陋”(*deśi*)术语。有些名称则很容易在梵语中找到来源，如“*yaudha*”为“战士”之意。第6至第12个十年没有专门的名称，而只是做了简单的编号。[22] 最后，象学专著展示了从不同的角度为大象分类的多种方法。其中一些肯定源自熟悉相关知识的大象管理人员之手，另外一些则是由缺乏相关实践知识的作者人为建构出来的。

* * *

为了深入理解战象制度的逻辑，我将分析前文提到的两部特别重要的文献，也就是《政事论》和阿布勒·法兹所著的《阿克巴则例》。这两部著作都相当详细地描述了大象在政治实践中所处的地位。两部著作的写作时代相隔一千多年，前者编纂于公元1世纪左右，而后者约为1590年。两部著作是反映其所处时代君主制政体的极为重要的资料，分别属于古代印度和近代早期印度。另外，它们都详细地论述了战象的护理、管理和部署。将这些内容汇集到一起，可以了解印度国王掌握的大象知识体系。

但是，这两部著作的风格有很大的不同。《政事论》使用梵语，以简洁的散文式经文体写作而成。这种简洁的风格基本已经发挥到了极致：古代印度有一句玩笑，说如果经文的创作者在写作时能省略半个音节，对他来说可能比生了儿子还值得高兴。基于这种微言大义的写作风格，我们往往很难确定一段经文的确切含义。《阿克巴则例》采用波斯语，内容类型相当广泛，不得不说显得有些啰唆，篇幅更长。并且它对某一主题所做的大量细致描写使我们在理解该文献时面临着另一种困难。《政事论》是一部关于王权施政建议的专著，针对一个中等大小的王国给出建议；《阿克巴则例》则专门描绘莫卧儿皇帝阿克巴疆域庞大的帝国。《政事论》所处的时代正是四军理念充分得到实践的时期；而《阿克巴则例》中基本上只出现了步兵、骑兵、战象所构成的三军。这两部著作都详细阐述了大象是一个治理良好的王国所拥有的重要资产，这是两部著作的相似之处，也是它们对理解战象使用逻辑非常有价值的原因。

《政事论》

由于《政事论》是给一个假想的王国提出治理建议，而不是描述一个真实存在的王国，所以该著作呈现出的政府形象在某种程度上十分理想化。但是，《政事论》描绘的王国与史诗中的形象也不相同。史诗以诗歌形式展现王权，而《政事论》则是以散文形式。特别是《罗摩衍那》，向我们展现了君王（罗摩）和王国（阿逾陀）的典范。相反，《政事论》向那些王国内部可能存在不足或遭受各种祸患因而需要改进的君王提供了一些建议。史诗中描写王权的诗歌，倾向于有意且明显地使用夸张手法；这样就有利于我们弄清楚相关评价。而《政事论》总是切合实际的；往往是在实践而来的知识基础上，本着坚定的现实主义精神给出建议。《政事论》从来不采用夸张修辞，而是为王权在现实中遇到的各种具体问题提供作者认为的最佳解决方案。

有一个例子可以明显看出两部著作的差异，那就是对大象狂暴期的不同写法。如我们所见，在描绘王权的诗歌中，战象总是处在狂暴期。这种倾向在描写阿逾陀城的战象时达到了极点，文中直接指出大象“总是处在狂暴状态”。这是战象最为需要的品质，是其战斗力的标志。《政事论》则很少提及狂暴期，完全没有将此视为一种理想状态，而是将其与大象攻击人的危险程度联系起来，具体讨论了大象在狂暴期难以控制的情况。因此在这本著作中，发情成为需要管理和关注的问题。[23]

为了理解《政事论》在王权的整体结构中给予战象的地位，我们可以简单看一下这本书的整体架构。《政事论》第一卷以君王的个人情况为开端，介绍了他在王宫和家族内的安全、培养、日常事务和行为举止。后面的内容，大约一半篇幅论述了王国内政的各个方面，包括如何创造财富和维持良好的秩序；剩下的篇幅论述了对外关系，即外交和战争。内政方面的描述涉及增强王国实力的生产领域；外交关系部分大体上是比较本国与外国的实力，采取最大限度发挥王国相对优势并克服相对劣势的措施。大象作为非常有价值的资产，经常在引发战争或某些外交行动（其他手段的战争）的考量中起到关键作用。因此，基于本国和敌国优缺点的细致考量，《政事论》论述的总体方向是从财富创造、军事力量逐步过渡到战争的部署和开支。在这个架构中，我们可以在两个部分中看到战象的身影。

大象森林

《政事论》涉及内政的章节始于第二卷。该卷设想了一个王国，并根据该国领土划分出的经济区域进行概述，为我们呈现了一种“王国生态”。最初的两章[24]分别涉及农业用地和非农业用地的处理。前一章讲述了如何将农业用地划分为一个个乡村，后一章探讨了如何将非农业用地划分为几种类型的牧场和森林——其中大部分内容在论述大象森林。接下来的章节分析了要塞和国王居住的设防城市的布局，[25]这给我们提供了一个分析前述区域的视角。随后的章节论述了同这些区域相关的官员的职责，以及他们担负的不同的经济职能。

在《政事论》中，王国生态体系遵循其自身的优先次序。毫无疑问，王国的首要任务是建立村庄。农民可以耕作并缴纳粮食赋税，这是国王及其政府获取岁入的主要方式。农业用地的其他一切用途都是次要的。村庄可以通过吸引外来人口定居来扩大规模，还可以将过剩人口转移到王国的其他地方来增加村庄数量。国王会对新的农民施以恩惠，包括向他们提供种子、役畜以及在一段时期内减免税收。农业定居点的人口大多都是首陀罗（*Śūdras*），也就是拥有农田、缴纳税款的农民，而不是依靠租金生活的地主；在理想的状态下，国王和农民之间不应该存在占有土地的贵族。

跟农田和村庄相比，牧场在很多方面都处于次要地位：相关内容在讨论非农业用地的章节中（非农业用地，*bhūchidra*，通常被称为“荒地”，是指无法耕种的土地）；[26]有一个段落指出，牧地要设立在两个村庄之间；[27]而且根据事实情况，我们知道牧牛人（*gopa*）应该住在村庄[28]而非牧场里。[29]不过牧地已经被一些麻烦的居住者所占据，也就是危险的野生动物和强盗。

森林有多种用途。首先是供婆罗门苦修者研究吠陀和举行苏摩祭祀时使用的荒地。然后就是供君王享乐用的兽园，“保护园区只有一个门，有一条防护壕沟，园内有结着美味果实的灌木、没有刺的树、浅水塘，还饲养着驯化的鹿和其他用于打猎的动物、去掉爪子和尖牙的野兽，以及用于打猎的雄象、雌象和幼象。”[30]

在这里，就像后来那样，大象不会被猎杀，而是作为国王的坐骑用于狩猎。应该还有一个动物庇护所，其中所有的动物都被当作客人（*sarvātithimṛgam*）受到欢迎和保护。[31]

这种设计形式与伊朗传统文化中的“乐园”相似，也就是筑有围墙以供国王享乐的动物园。有理由相信，这种用围墙圈起以供王室狩猎的保护区，正是从伊朗开始在欧亚大陆扩散，传播到欧洲和蒙古。英文中“乐园”（paradise）一词就源自波斯语。通过希腊人对波斯诸王的描述，我们知道它是指由围墙圈起的公园。[32] 波斯阿契美尼德帝国（Achaemenid）为当时（前550—前330）最大的帝国，并且还扩张到了印度（信德、犍陀罗）。虽然很难找到证据，但是波斯在这一点上必然同其他方面一样对印度诸国国王产生了影响。

森林有两种类型：一类是用于获取森林产品的资源林，每种森林物产都对应着一种资源林，其中生活着森林民族；而另一类是大象森林。

村庄与森林分别是驯养动物与野生动物的栖息地，这是我们已经熟悉的一组对立概念，而大象森林则是另一个极端。大象森林建立在王国的边界处，由森林民族守卫。大象森林的监管者和守卫者会保护它。他们会杀死任何猎杀大象的人；但是把自然死亡的大象的象牙带回来的人会得到金钱作为奖励。[33] 显然，象牙应该来自自然死亡的大象，而不是来自猎杀大象；同时，出于任何理由杀死大象都会被处以极刑。

大象森林的监管者身边配备了一批人员，即文献中提到的大象森林的守卫者、大象饲养员、足链夫、边防守卫、护林员和随侍人员。他们用大象的尿粪来掩盖自己的气味，还会用树枝来隐藏自己，用5至7头雌象作为诱饵，并“根据大象睡觉的地方、足印、粪便和它们对河岸的破坏等痕迹弄清象群的大小”，还要“对大象的情况做书面记录，包括哪些是成群而行的、哪些是独自生活的、哪些是被象群驱逐出去的、象群的头象是哪个、哪些大象是年轻且正处于危险的狂暴期的，以及哪些是在捕捉后被释放回森林的”。他们应该捕捉那些被驯象师鉴定为优秀级别的大象。[34]

应在热季捕捉大象，因为此时它们会更集中地出现于剩余水源附近；并且，由于落叶林掉落了大部分的树叶，可以更容易地看到大象。20岁是大象最适合被捕捉的年龄。而年轻的没有象牙的雄象（*makhnas*）、生病的大象、带着幼象或正在哺乳期的雌象都不适合被捕捉。[35]这段表述非常重要，因为它告诉我们捕捉目标是最难捕捉的大型成年象。正如我们所见，该段落表明，国王的大象在年龄和性别等特征上与几乎所有其他用途的大象都有所不同，如搬运木材的大象，动物园和马戏团里的大象。在这些其他用途中，人们都偏向于捕获雌象，为的是能捕捉幼象。造成这种不同选择偏好的原因是，对印度国王而言，将大象用于军事用途最为重要：“一位君王的胜利由大象决定。因为大象的身躯庞大，冲击力强，它们能突破敌人的部队、作战阵形、堡垒和军营。”[36]

大象与马匹的供应问题

在理想的状况下，一个王国会拥有一片大象森林。这样就可以从中捕获20岁的野生成年象作为战象和骑乘大象。但如我们所见，[37]《政事论》也谈到了8个区域性的大象森林，并以此为基础将大象质量划分为3个等级。由于大象栖息地的分布并不均衡，印度的大象在质量和数量上的分布也不均衡。处于相对不利位置的国王被建议采取其他手段来获取大象。《政事论》论述了喜马拉雅贸易路线和南方路线的比较优势。前一条路线可供应马匹、大象以及其他物产；后一条路线更好，能供应大象和更为丰富的珍贵商品。[38] 我们绝不能认为这是一个可以自由定价的市场。国王是马匹和大象的主要购买者；私人拥有马匹和大象都会受到限制；并且在孔雀王朝，王室对马匹和大象实行垄断，这是印度王权一直将马匹和大象当作重要军事资产所设置的限制条件。

大象也可以通过国王与国王之间的各种交换方式来获得。《政事论》并没有给我们总结出大象的交换方式，但却总结了马匹的交换方式。所以，现在有必要回顾一下第一章论述的马匹和大象在印度的互补分布以及国王获取这些动物的困难程度等相关内容。

《政事论》告诉我们，马匹监管者应该对马匹的总数和获得方式进行书面记录，并将获得方式总结为 7 种：赠礼、购买、战利品、马群繁殖、盟邦援助、因条约而做抵押、（从盟邦）限期借用。马匹监管者会记录马匹的血统、年龄、毛色、记号、品级和产地，同时还要报告它们的缺陷，如跛足或患病情况。[39]

因此，马匹在国王之间的众多流通方式也适用于大象。贸易只是其中一种获取途径，但是最好的马匹都来自印度以外的地区，这一点很关键。因此，印度诸国国王在历史上或多或少都依赖长途贸易来获取马匹。马匹，特别是品种优良的马匹，只来自印度那些森林稀少、干旱、空旷、草场更为丰富的特定地区，以及印度以外、主要是以西和以北的区域，尤其是中亚（野生马匹的原始栖息地），以及伊朗、伊拉克和阿拉伯（良种马的中心）。这些细节与我们在史诗中看到的内容非常吻合，比如对阿逾陀城马匹的描述。根据《政事论》记载，“上等马匹来自剑浮沙（西北）、信度（信德，印度河流域下游）、伊罗陀（*Āraṭṭa*，位于旁遮普）和婆那逾（伊朗）。中等马来自薄利伽（位于阿富汗北部的巴尔赫，Balkh，或巴克特里亚）、帕佩亚（*Pāpeya*）、松毗罗（*Sauvīra*）和底多罗（*Titala*）。剩下的是劣等马。”[40]

印度王权历史有一个长期存在的特征：马匹稀少但却不可或缺。[41]大多数没有处于优势地域的国王不得不以高昂的价格从远方获取马匹。因此，西部和北部地区比东部和南部地区更容易得到马匹，这也深刻影响了王国之间的关系。同时，这也有助于解释中亚军队通过征服方式在印度建立王国过程中所起到的重要作用，这种情况发生过多次。如前所述，历史上中亚对印度有几次主要的入侵活动，这类入侵每隔几个世纪就要发生一次，分别为：塞种人、波罗婆人和贵霜人，嚈哒人，突厥人，莫卧儿人。随着以蒸汽为动力的廉价运输方式出现，澳大利亚的新南威尔士成了为印度地区培育军马（澳洲马）的产地，于是英属印度军队就能够打破从中亚获取马匹的格局。

但是，《政事论》记载，国王也能通过赠礼、战利品、盟邦援助、因条约而做抵押、（从盟邦）限期借用等方式获得马匹。马是各国国王极感兴趣的资产，并且其流通很大程度上取决于各国国王之间的关系。马也可以在马厩中繁育，但是本土品种的马从来都比不上产自西部和北部地区的良种马。

与之相比，大象是不可或缺且数量丰富的王室资产，并且为印度本土产物；同时，大象与马在地理上互补分布。它们似乎以同样的方式在王国间流通。在印度，由于马与大象的边界是相邻的，所以王室的这两种军事资产也是比邻并存的。如我们所见，大象和马在印度的这种互补分布是古代理想中的四军以及中世纪和近代早期的三军的基础。

象厩和饲料

在《政事论》中，四军是一种实际存在的制度，而且在该文献中也没有任何迹象表明战车正在衰落。例如，道路设计需要满足不同兵种的使用。于是，普通道路的宽度为 4 棍（*daṇḍa*，印度古代的长度单位）；王室大道为 8 棍，包括供战斗队列（*vyūha*）通行的道路在内；灌溉工程和森林中的道路为 4 棍；供大象通行和田边的道路为 2 棍；供战车通行的道路为 2 腕尺（aratri）；诸如此类。另外，马匹、大象、战车和步兵都有各自的管理者，其职责在不同的章节中都有详细讲述。

王国将很大一部分精力和开销都用在了牲畜上。就军事牲畜而言，包括战斗部队需要的大象和马匹、路上用于补给的牛（还有河流上用于补给的船），以及其他可获得的用于运输的牲畜，如驴、骆驼。其中一些牲畜需要圈养在要塞和设防都城的畜厩中。相应地，《政事论》对畜厩、牲畜管理人员和饲料供给都给出了指导。

有一章专门介绍大象监管者。他们负责保护大象森林，照看象厩，为不同类别的大象提供饲料，带领大象做工，查看轭具和其他装备，监督相关工作人员。他还要监督象厩的建设，检查每个大象在畜栏里是否有系绳柱、厚木板地、粪尿排口。他们既要喂养要塞里畜养的战象和骑乘大象，也要喂养要塞外正在接受训练的大象和离群的大象。[42] 日常作息包括每天为大象洗两次澡，然后再喂食。大象监管者好像还要负责捕捉大象的行动，捕象的标准已经论述过了，尽管看护大象森林的监管者似乎也起到了一定的作用。

如我们所见，畜舍中的动物需要人们提供食物，因为它们属于役畜，消耗的能量需要用农民栽培或工人加工的营养更丰富且易于摄取的饲料来补充。这种加工得更精细也更像人类食物的饲料来自仓库或粮仓，因此需要从这些地方运往畜舍；饲料中更天然的那部分，即供给大象的青草和嫩叶，则由畜舍管辖的割草工和割叶工提供。

粮仓的日常工作安排是，把磨的最好的稻米（*śāli*）留给人吃，将次等的米供应给动物吃。《政事论》对此的描述细致得令人吃惊。[43] 基本原则是，以 1 单位稻谷（带壳米）为单位，碾磨后获得的米量越少，质量就越高，因为这样糠麸就被清除得越干净。因此，质量最差的是从 5 德罗纳 *（*droṇa*）的稻谷中碾磨出 12 阿达卡（*āḍhaka*）的米。这种米只适合给幼象（*kalabha*）吃。不同质量的米对应的等级体系如下：

幼象可得 12 阿达卡的米
劣象可得 11 阿达卡的米
骑乘大象可得 10 阿达卡的米
战象可得 9 阿达卡的米
步兵可得 8 阿达卡的米

* 印度谷物计量单位，1 德罗纳为 10.24 千克，为 4 阿达卡。——译注

部落长官可得 7 阿达卡的米

诸王后和诸王子可得 6 阿达卡的米

国王可得 5 阿达卡的米

碎谷物和糠麸留给最低阶层的人和更低级的动物。

粮仓的监管者和使用者需要知道不同种类动物的饲料情况。例如，马匹监管者要从粮仓中给他照看的马匹提取 1 个月的饲料。[44] 粮仓的监管者也必须知道动物饲料的情况。由于每个动物体形、性别和年龄不同，其饲料标准也要相应调整，因此计算起来十分复杂。因此，人们制定了一些计算模式及增减规则，来适应不同级别的动物需求。就大象来说，饲料的计算模式是根据大象的身高以腕尺为单位进行测算。这样的计算模式就是一种简单的加法。对马匹来说，等级为优种马得粮最多，中等马减少 1/4，劣等马再减少 1/4。而牛的饲料和马一样，但也有一定程度的增减。

依此而见，牛、马和大象的饲料标准有一定的相似之处。在此，我暂时搁置动物的饲料数量及根据不同等级而调整的方式，而是着重分析饲料的实际构成。饲料包括 3 个组成部分：培育并加工的食物；“提神饮料”或是恢复健康的饮品（*pratipānam*，均由粮仓供给）；还有基本的天然食物——草叶。[45]

首先，核心饲料包括谷物或豆子、油或肉脂、盐、肉类，还有用来湿润饲料的酸奶或果汁。其中最重要、数量最多的是谷物，不同动物间的差异也最大：牛的饲料为油饼或碎谷和麸糠；马匹为半熟的大米或粟，或豆类（*mudga* 或 *māṣa*）；大象为大米。其次，文献中还记载了一种“提神饮料”（*pratipānam*）：牛的提神饮料由牛奶或

表 4.1　牛、马和大象的饲料构成

牛	马	象
	饲料	
油饼和碎谷粒、麸糠	米或大麦；绿豆粥或摩沙豆粥	稻粒
油	肉脂	油，酥油
岩盐	盐	盐
肉	肉	肉
酸奶	果汁或酸奶	果汁或酸奶
大麦或摩沙豆粥		
	提神饮料	
奶或酒、肉脂、糖、姜	酒和糖或奶	酒或含姜奶
	身体用油	
鼻子需用的油脂	鼻子需用的肉脂	四肢和头部需用油脂
	天然饲料	
绿饲料	绿饲料	绿饲料
草	草	干草
		植物叶子

酒精（*surā*）外加肉脂、糖和姜构成；马和大象由酒精、糖和加工后可提供高能量的食物构成。另外，还要额外提供用于涂抹牛鼻用的油脂，涂抹马鼻用的肉脂，和涂抹大象四肢和头部的油脂。所有这一切均由粮仓供给。最后，还要给动物们提供大量更天然的食物：牛和马需要绿色饲料（*yavasa*），大象则（“不设限制地”）需要提供草和“植物叶子”或嫩草叶。这些很有可能需要象厩管辖的割草工提供。[46]

令人意外的是，在这三种食草动物的饲料中，竟然出现了肉类

（*maṃsa*）。《政事论》的翻译者之一 J. J. 迈耶（J. J. Meyer）对此感到困惑，他认为“肉”这个词是指浸泡过的水果。[47] 然而如埃杰顿所观察，[48]《象猎》和《大象阿育吠陀》都证实肉类是为大象准备的，[49] 也提到了肉和肉汤的使用情况。齐默尔曼（Zimmerman）研究《大象阿育吠陀》的著作表明，即使是素食主义者，也会经常食用肉和肉汤，以应对让人感到虚弱的疾病。人们食用这些食物可以在“危险”（*āpat*）的特殊状况下增加体重，因此需要暂时搁置平时遵守的禁忌。有鉴于此，我们就知道《政事论》中提到给牛、马和大象供给的肉是真实的肉类，意在恢复和增强其体力。我听说近来喀拉拉邦的寺庙中会为大象喂食少量的羊肉饭团，可能也是出于相同的理由。[50]

管理大象的人员

供养战象和骑乘大象都需要大量政府人员。如我们所见，大象森林中有监管者（*nāgavanādhyakṣa*），而管理大象的人员可按特定职能被划分为：

森林民族	*aṭavi*
守卫者	*nāgavanapāla*
驯象师	*hastipaka*
足链夫	*pādapāśika*
边防守卫	*saimika*
护林员	*vanacaraka*
随侍人员	*pārikarmika*[51]

我们发现这些职业分类与象厩和大象监管者之间存在关联：

医师	*cikitsaka*
驯象师	*anīkastha*
骑手	*ārohaka*
驭象师	*adhoraṇa*
守卫者	*hastipa*
装饰者	*upacārika*
厨师	*vidhāpācaka*
饲料供给员	*yāvasika*
足链夫	*pādapāśika*
牲房护卫	*kuṭīrakṣa*
夜间侍员	*upaśāyika*[52]

这是一个相当复杂的劳动分工，意味着王国要花费大量资源供养这些人，还要建立内部层级来协调工作。相关的细节描述十分有限，但我们可以找到一些。在象厩部门，有 3 类人员独立于其他人，并为自己领取供给口粮，即医师、牲房护卫和厨师，他们可以分配到煮熟的米饭、肉脂、糖、盐和肉［医师除外，康格（Kangle）推测医师可能属于素食等级］。级别低于这三类的人员，其报酬似乎是食物和工资，也会因工作失误而被扣钱，比如未打扫干净厩舍、未提供绿色饲料、让大象睡在空地上、在不适宜的地方打大象、让别人骑大象、在不当的时候或在不宜行走的地面上用大象出行、把它带到浅滩以外的水域、将它带入茂密的树丛中等。[53]

在定居的农业村庄中，农民绝大多数都是首陀罗；但是，规定了两种土地授予方式：一种是赐予婆罗门——包括祭司、上师、神职人员和研习吠陀的学者，这类土地可世袭占有；另一种是授予官府高级人员——包括驯象师、医师、驯马师和信使——这类土地可终身占有。[54] 不过，这些人员并不生活在森林或其工作的牲厩中，而是在村庄中；这意味着他们拥有非蛮族、非部落的普通人身份。

文献中没有解释低薪和低级别人员的住处情况。但是，这些人员中有一部分是居住在森林中的居民，他们被简单地称为“森林民族”，《政事论》对其做出了详细叙述。从《政事论》对森林民族的讨论中，我们可以明显看出他们不仅仅是印度王权的另一面，而且还与国王有着复杂的关系。他们既与普通村庄中的农民相去甚远，又是王国必不可少的资产。为了洞悉森林民族和王国之间的复杂关系，有必要对此详细考察。

首先，森林民族被视为大象森林的守卫者，定居在森林中以保护他们。[55] 如我们所见，（森林民族中的）大象守卫者既可以保护大象免受象牙猎人的袭击，又可以统计大象的数量和种类。猎人会巡视牧场，“在强盗或敌人接近时，他们就会用螺号或鼓发出警报。然后，要么爬上山丘或树，要么骑上跑得快的坐骑（*vāhana*），用这种方式不让自己被抓住。”[56] 这些人也是森林民族吗？或许是，不过无论如何他们都要用信鸽或烟雾信号来汇报敌人和森林民族（可能是敌方的森林民族）的动向。[57] 总而言之，有证据表明，国王极其依赖森林民族巡视森林和牧场，村庄和王城以外的整个王国都极其依赖森林民族。

其次，森林民族是军队的重要组成部分。军队的类型有 6 种：

世袭军、雇佣军、联盟军、同盟军、异族军和森林军。[58] 在论述过程中，《政事论》根据忠诚度的高低将 6 种军队做出了降序排列，世袭军最值得信任，而森林军忠诚度最低。世袭军跟国王同仇敌忾，因而受到重视；异族军和森林军缺乏这样的共同身份意识，他们唯一的目标就是掠夺。[59] 森林军经常会加入异族和叛变军队中，成为国王必须处理的问题根源。在一段引人入胜的段落中，《政事论》的作者比较了森林民族和拦路劫匪的不同：

> 上师说："对比拦路劫匪和森林民族，拦路劫匪会在夜色的笼罩下潜伏下来，造成人身伤害，他们时刻出没，劫掠成百上千（现款），煽动头人反叛，而且躲在远处，在森林的边缘处活动；而森林民族则在明处，他们公开劫掠，只固定抢夺一个地区。"
>
> 考底利耶说："不，拦路劫匪只抢劫那些掉以轻心的、人数少且愚蠢、易于发现并被逮住的人。因此，他们生活在自己的地盘，人数众多且勇敢。而森林民族则公然打斗，在地方上劫掠破坏，其行为如同国王。"[60]

因此，森林民族拥有可与王国匹敌的集合实体，是强大的对手。

森林民族难以驾驭，其军队也不值得信赖。但他们的特殊作用弥补了森林军造成的负面影响。森林民族可以发挥作用的场合包括：在森林中需要向导时；当敌人选择的作战地形适合森林民族行动时；当敌人选择的作战方式适合森林民族迎战时；当敌军主要也是森林部队时；当需要击退敌人小规模的突袭时。[61] 兵力不足的国王会被建议从联盟、盗匪团伙、森林民族和蛮族部落以及能够给敌人造成伤害的秘密特工中招募战士，[62]这再次表明森林民族是最不可靠的部队。但是，通常在同等条件下，原则上国王应当对敌军部队有所了解，并相应地组建反制部队，其中就包括反制敌方森林部队的己方森林部队。[63]

虽然十分困难，但印度诸国国王必须组建并维护森林部队，依靠森林民族保护用材林、大象森林和牧场。

最后，为进一步了解大象及其管理人员在整个王国结构中的地位，我们可以查看《政事论》中关于公职人员薪资的论述。[64]这样，我们就知道不同职能的大象管理人员所构成的层级体系了。薪资结构如下（略去了最高的部级官职）：

8 000 钱	联军首领；**战象、骑兵或战车的指挥官**；地方长官
4 000 钱	**步兵、骑兵、战车和战象的监督官员**；用材林和象林的看守
2 000 钱	战车士兵、**驯象师、医师、驯马师**；木匠、育兽师
1 000 钱	占卜师、算命师、占星师、编年史官、吟游诗人和颂词师；教士助手；全体监督人员
500 钱	受过（战斗）技能训练的步兵；会计；抄录员；其他同级别人员
250 钱	乐师、乐器制作者
120 钱	技工、工匠
60 钱	仆人、助手、随从、**四足动物和双足动物的看守**、工人的领班；还有骑手、土匪和由贵族监管的山间挖掘工以及全体随从

图 4.1 《阿克巴本纪》中的捕象场景

图 4.2.1 《阿克巴本纪》中阿克巴骑着狂暴大象穿越桥梁的场景

图 4.2.2 《阿克巴本纪》中阿克巴骑着狂暴大象穿越桥梁的场景（续上图）

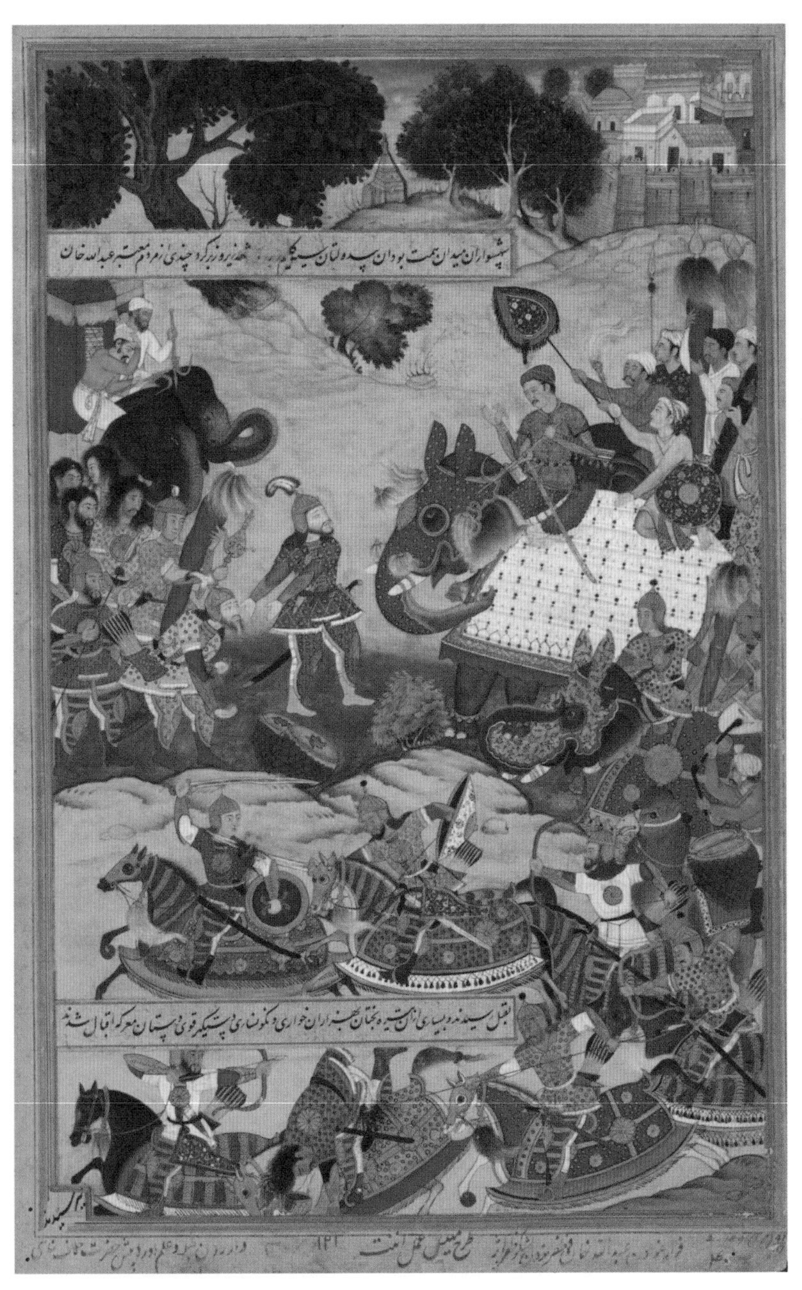

图 4.3 《阿克巴本纪》中战斗后的投降场景

在这个薪资结构中，军事人员的级别非常高，管理大象的高级人员亦是如此。该名单中，薪资最高的是四军各分支的指挥官；其次，能获得最高等级的一半工资的是四军各分支的监督官员以及象林的看守。再次是驯象师、医师和驯马师，国王要给予这三个级别的人以村庄中的土地——这是一个重要的区别标志。值得注意的是，驯象师的工资级别很高。人们似乎认为驯象师拥有出色的专业知识；同时，《政事论》将驯象师单独列出，指出其掌握大象个体质量的知识，因而负责捕象过程。总的来说，负责大象工作的高级人员会获得很高的报酬。

战争中的大象

我们很容易就能在《政事论》中找到培养和维护战象的内容，因为这是一项专业化的工作。另一方面，在战争中大象本来就是复杂整体中的一部分，还会因相对数量、地形、季节等偶然性因素而变得更为复杂。我已经讲述了《政事论》中有关作战阵形的情况，[65] 以及大象如何与其他 3 个兵种配合部署。下面，我将说明文献中提及的大象在战争中的其他情况。

第一，关于季节和地貌。国王被建议在热季结束后带领一支战象数量最多的军队出征作战，也就是从季风到来到天气转凉。这一建议基于内汗理论，该理论认为炎热的季节会伤害大象："大象如果内部排汗，就会患麻风病。而且，要是它们既不进入水中也不喝水，就会因为内分泌失调而失明。"[66] 虽然这个理论是错误的，但是该建议却是正确的。当军队在穿越水源丰富或是下雨的区域时，大象将是军队中最庞大的部分；在相反的情况下，军队应主要由驴、骆驼和马组成。因此，马和大象的互补性再次得到了确认，也决定了应该根据季节和地貌调整军队的构成。

第二，可以在整个军队中单独确定大象的功能，即它们的军事行动（*karmāni*）情况。[67] 在前面讨论作战阵形的章节中，我已经提到过：除了战场上的军事行动和围城期间外，大象在行军以及扎营过程中也发挥了许多作用。

第三，大象作战的模式可以被单独考察并命名。经文的书写形式简明扼要，带有某种程度的抽象性，但却对马和大象在功能上的异同给出了细致的比较。马的作用："正面冲锋；以环形阵形冲锋；冲锋掠阵；冲击敌后；在抵挡住致命的攻击后保持警惕；钳形攻势；之字阵形；合围；分散进攻；佯败后转身进攻；[68] 从前方、两翼和后方沿队列保护被打乱的队形；追击队形被打乱的敌军队列。"大象的作战模式也一样，只是去掉了分散进攻，增加了"摧毁四军，无论它们是协同进攻还是单独进攻；冲击敌军两翼、侧翼和正前方；突袭；袭击入睡的军队。"[69]

总而言之，《政事论》尽管叙述简洁，但为我们格外全面地展示了大象森林的管理、大象和马匹的供应、象厩和饲料、大象管理人员的职能和薪资以及大象在战争中的部署等情况。《政事论》给我们提供了异常真实的画面，并且有许多迹象表明，这些信息都是从实际从事大象工作的专业人士那里获得的；唯一显著的例外是作战阵形理论，无疑包含了先前著作的总结性内容。相较于我们听说过的那些在《政事论》和史诗中均有提及的更早的著作，《政事论》对作战阵形的说明似乎是对早期著作那些简洁观点的详细阐述和进一步发展。

《阿克巴则例》

《阿克巴则例》是一部杰出的著作，它全面记录了阿克巴皇帝的统治情况，由阿布勒·法兹奉阿克巴的命令编纂而成。而阿布勒·法兹有一群助手负责调查统治的各个方面，并记录了帝国的法规和运转情况。该著作是一部更为庞大的作品《阿克巴本纪》(*Akbarnama*，又译《阿克巴编年史》)的第三部分；前两部分论述了阿克巴的出身、血统和权力继承，以及统治史。没有任何作品与《阿克巴则例》类似：此前没有可供借鉴的同类作品，此后也没有任何作品能与之相提并论。另外，当时的顶尖艺术家还为《阿克巴本纪》配上了插画——伦敦维多利亚－阿尔伯特博物馆的收藏品就绘制于该文献编纂的时代，无疑那就是阿克巴本人的形象。[70]

大象在《阿克巴则例》中占据着重要地位，原因是阿克巴对大象非常感兴趣。有101头大象专属这位君王。阿克巴本人代替象夫坐到了象颈上，而不是坐在象肩或是驭象人身后的象轿中。“陛下，这位幸运而朴实的王室骑手，能够骑乘各种类型的大象——从上等到末等。虽然大象拥有超乎寻常的力量，但是陛下能让它们都服从命令。即使是有经验的骑手都害怕的狂暴期，陛下也会踩在象牙上，然后登上大象。”[71]骑乘处于狂暴期的战象毫无疑问是非常危险的行为，我们甚至可以认为阿布勒·法兹是在以最为谄媚的措辞描绘他的君王，但是这幅图片也充分证明了阿克巴对大象的喜爱，以及他在骑乘处在狂暴期的大象时无所畏惧。图4.2的画面看起来生动形象。这幅画双页构图，表现了1561年在阿格拉堡外发生的一起事件。

画面展示阿克巴骑在王室大象哈瓦伊（*Hawa'i*）的脖子上，它正在和另一头大象兰跋伽（*Ran Bhaga*）作战，后者转身逃到亚穆纳河上的一座船桥上，这座船桥因大象的重量而坍塌。整幅画面描绘了皇帝积极并持续地参与其中。皇帝赤脚露腿，以象夫的方式驭象，这让我们感到惊讶。后世的君王经常会仿效阿克巴骑在象颈上。阿克巴本人对大象的热情也得到了众多文献的证实，例如阿布勒·法兹谈到皇帝调整了大象的日常活动和管理结构，还发明了一些轭具和装饰类服饰。

阿布勒·法兹指出大象与王权之间存在着联系，这也是其作品所预设的前提，还指出大象饲养人员具有战略价值："国王们总是对这种动物展示出极大的偏好，竭尽所能获得数量众多的大象。大象饲养人员非常受人尊敬，并因掌握这种动物的专门知识得到了相应级别的职位。"[72]

在评估大象的价值时，战争用途居于首要位置。在下面的段落中，大象的价值以马匹为基准来评估。以该段为开篇，这一章节论述的是王室象厩的情况：

这种神奇的动物，如山一般庞大且强壮，又如狮子一般勇猛。它极大地提升了国王的荣耀，强化了征服者的功绩；同时，它在军队中发挥着最重要的作用。经验丰富的印度人认为，一头良象的价值等同于500匹马；并且他们相信，数名配备火线枪的勇士即使仅带领一头大象，也能发挥出抵得上这个人数两倍的实力。它拥有像人类一样的智慧，十分顺从，能够觉察到哪怕最细微的迹象。[73]

如果把大象的价格换算为货币，其价格可从100卢比到1拉克（10万卢比）不等；而价值5 000卢比或1万卢比的大象非常普遍。[74]在有经验的饲养员的照料下，大象的价值会得到极大提升，差不多会从100卢比增加至1万卢比。

无论如何，大象在阿克巴的统治中的价值，类似于其在《政事论》中假想王国中的作用。这使我们明确了大象在印度王权中的现实情况和长期的结构属性。因此，《阿克巴则例》涉及大象的很多内容都与《政事论》相似，无须赘述。不过，本书会分析《阿克巴则例》论述的两个主题：当时已知的关于象学的梵语文献和大象管理的细节。我还将回到马匹和大象的供应问题上。在这一点上，莫卧儿帝国时期的资料提供了更多细节，对我们特别有帮助。

象经

阿布勒·法兹具体提到了《象经》（*gajaśāstra*），在另一段落中他提到，印度人已撰写了很多解释大象各种禀性和疾病的专著。他抄写下了这些“印度教书籍”中涉及大象种类（良、驽、鹿、杂）和按三性论（悦性、激性、惰性）进行划分的资料；孕育的阶段；不同年龄段的术语（第一年、第二年、第五年、第十年），这些与《象猎》中出现的术语一致；狂暴期的迹象和季节；八方神象底耆迦阇是世间所有大象的祖先；大象被划分的8个等级依次为：提婆、乾达婆、婆罗门、刹帝利、首陀罗、蛇、毗舍阇（*piśācas*）和罗刹。很显然，最晚到公元1590年，象学专著就已经存在了，而阿布勒·法兹也了解了其中的内容。

梵语文献中记载的理论性的大象知识，有很多都被阿布勒·法兹很好地记录了下来，但我们不知道其中有多少在莫卧儿时期被付诸实践。或许可以帮助人们通过大象分类来判断某只大象的价值（尽管与阿克巴自己所做的分类没有显示出直接的联系），也可以治疗大象的疾病。除象学的长篇大论以外，虽然《阿克巴则例》可以为象学发展史中文献的年代断定提供参考，但是与大象有关的大部分内容是对照顾与管理大象的官方机构的直接考察，以及驭象师、驯象师和监督人员所掌握的实用性知识。

大象的管理

谈及《阿克巴则例》中有关大象管理的具体细节，该体系的整体架构都建立在大象等级序列的基础上；而且，我们已明确知晓，此种等级地位的分类框架是由阿克巴设定的。该分类框架共 7 类：处于狂暴期的大象（*mast*）、捕捉老虎的大象（*shergir*）、普通大象（*sādah*）、中等大象（*majholah*）、卡哈尔大象（*karh*）、潘杜尔基亚大象（*phandurkiya*）和莫卡尔大象（*mokal*）。除了最后一个类别可细分为 10 个子类别外，其他每个类别又能分为大型、中等和年轻 3 个子类别。

谷物饲料按照类别和子类别相应的标准配给。例如，处于狂暴期内且体形最大的这种顶级大象，每日饲料为 2 曼（man）24 锡尔（ser）；饲料最少的是莫卡尔大象中子级别为第 10 级的大象，为 8 锡尔；而在这两极之间的其他类别，其饲料则通过微调的方式从高级别向低级别递减。雌象有着更为简单的类别，总共分 4 个类别而非 7 个；除了最后一个类别有 9 个子类别外，其余每个类别与雄象一样再分为 3 个子类别。

分类体系也决定了象厩工作人员的数量和薪资。于是，我们首先得到了分配给单个大象的人员的详细情况。最高等级的是处于狂暴期的大象，配备5个半侍者：

象夫	*mahāwat*	每月200达姆（dam）[75]
象夫助手	*bhoi*	每月110达姆
饲料供给员	*meth*	行军中每天4达姆；平日每天3.5达姆

我们已讲过象夫了；但这里有一个新发现：有证据表明象夫经常会配备1名助手，而这位在梵语中被称为“博伊”（*bhoi*）的助手，坐在大象的背部“协助战斗，帮助这头大象提升行进速度”，有时还会履行象夫的职责。[76]即使古代文献中没有记载，其实从视觉形象中我们也可以非常清楚地看到，象夫助手存在了很长时间，可能从一开始就存在：象夫不仅需要一位帮手，还需要一位在自己缺场时可以顶替自己的人。因此，《阿克巴则例》在此展现的并非一个新发现，而是给我们提供了关于古印度实践的文献证据。饲料供给员（*meth*）要“取送饲料，并协助给大象盛装打扮”，[77]其主要职责是割草叶，但取送熟粮或烤过的谷物可能也在其职责范围内。

下一个等级为捕捉老虎的大象（*shergir*），象厩里供其使用的侍者数量和薪资也会降低。共需5名侍者，包括：1名象夫，薪资180达姆；1名象夫助手，薪资103达姆；还有3名饲料供给员，薪资和前述的一样。这些原则贯穿整个分类体系。因此，在象厩中工作的高级侍者及其所照料的大象很明显享有优先地位。

在战斗中，10头、20头或30头大象被编入军队，称为“哈尔卡”*（*halqah*），由1名福贾（*faujdār*）军官负责监管。福贾军官的薪资取决于他们的部队中有多少头大象。

这就将我们引向了由帝国军官和行政官员掌握的军衔制（*mansab*，音译为“曼萨布”）和薪酬制上，上述的军政官员被称为“曼萨布达尔”（*mansabdār*，即军衔持有者）。这种制度以马匹或者说骑手来表示。该制度下，负责10头或20头大象的长官等同于负责1匹马的领队，被称为“阿哈迪斯”（*ahadis*）；负责100头大象且手下还有几名军官的军官等同于负责2匹马的领队；而一些战象军队中的福贾军官则拥有曼萨布达尔头衔。阿克巴给每位高级军官配备了若干个战象部队，并由前者负责维持部队。[78] 福贾军官的职责就是“照顾并训练大象；教导大象要勇敢，在面对炮火和火炮声时坚如磐石；对大象的这些行为负责”。[79]

除了军用大象（*halqah*），国王还保留了101头王室大象（*khāsa*）。这些大象的管理制度稍有不同，其食物的供应量与其他大象相同，但又更为丰富，添加了糖、酥油、带辣椒的熟米饭、丁香和其他调味料，还有当季的甘蔗。由于阿克巴本人代替了象夫，管理大象的人员构成中就没有常见的象夫了，但是会有两三名象夫助手和4名饲料供给员，国王来决定他们的薪资。[80] 那些给国王专属的大象做象夫助手的人，无论国王何时登上他们负责的大象，都会额外获得1个月的工资。在当代，尼泊尔王室结束狩猎活动，意味着要给象夫1份酬金。[81] 王室的大象也会被安排两两对战以供国王娱乐，有

---

* 哈尔卡，阿拉伯语为战象之意。——译注

时甚至国王本人也会参与其中，类似图 4.2 描绘的著名场景。“每头大象都有指定的对手来对战；有些常驻于宫殿中，一旦命令下达就要开始对战”；在这种场合下，象夫助手也会得到丰厚的酬金。[82] 其他人员的赏赐也很详细，但对玩忽职守的罚款也很明确；例如，王室大象如果死了，象夫助手就会被罚 3 个月的工资。

针对军队人员和种类繁多的军用动物，国王制定了复杂的视察规定，每天都要检阅。在每个阳历月份的第 1 天检阅 10 头王室大象，之后再检阅军队的大象。负责大象的官员得准备回答大象的名字（大象数目多达 5 000 头，每头都有不同的名字）、获得方式、价格、食量、年龄、出生地、狂暴期所处的季节和持续时间、成为王室大象的时间；战象的晋升；象牙被取下的时间；陛下骑乘过的次数；被安全带出骑乘的次数；上一次狂暴期的时间；监管人员的状况；相应主管（*amīr*）的名字。[83] 新捕获的大象会被一位有经验的官员暂时划分为某个等级，最后在国王集中检阅它们后，被国王给予一个固定的等级。王室大象的等级取决于国王骑乘它们的次数；而军队中大象的等级则取决于它们的价格。高级军官负责的大象由国王来划分等级。而商人们的大象则被带到国王那里，由国王决定大象的等级和价值。[84]

有章节介绍了狩猎大象，[85] 但大象要活捉，而不是杀死（图 4.1）。作为某些狩猎活动的理想坐骑，大象是王室狩猎使用的手段而不是猎取的目标。以下是 4 种活捉大象的方法：

Khedah 驱打者和骑手赶着大象，然后逐个用绳子套住

chor khedah 用一头驯服的雌象诱捕雄象

gād 把大象驱赶进一个遮盖着的陷阱中

bār 引诱大象进入一片被沟壕包围并只有一个入口的区域

阿布勒·法兹将第5种方法的发明归功于阿克巴，即从3个方向将大象驱赶到一个围场里，里边有驯服的雌象吸引雄象进入。图4.1展示了在中印度的马尔瓦（Malwa），阿克巴骑马检查一头在王室狩猎中刚捕获的野象。

在阿布勒·法兹的珍贵记录中，我们看到的捕捉和管理大象的细节与一千多年前《政事论》中记载的传统方法完全一致。这一制度如此稳定，令人感到吃惊。可以肯定的是，历史上不存在真正的稳定状态，而且阿克巴的军队也与旃陀罗笈多·孔雀（Candragupta Maurya）不同——比如阿克巴的军队中没有战车且骑兵更为庞大。在莫卧儿帝国时代的文献和图画中，虽然战象庞大且突出，但可能比孔雀王朝的规模要小。然而，历史的连续性要比可能存在的差异更明显。

马匹与大象

莫卧儿帝国在很大程度上要依靠畜力运转。大象、马、骆驼、骡和牛的数量庞大，由高级军官（曼萨布达尔）负责维护每种动物的数量。这些动物全都拥有每日定量的谷物供应，因此，它们为王国工作——尤其是在战争中——付出的大量能量很大一部分来源于农业。换言之，大量的土地都被用来维持莫卧儿军队中动物们的能量补给了，包括牧场、森林或专门种植饲料的农田。

至关重要的马匹持续从西部和北部地区获得：

商人们从伊拉克－阿拉伯（*'Irāq I 'Arab*）和伊拉克－阿贾姆（*'Irāq I 'Ajam*）地区、土耳其、突厥斯坦、巴达赫尚（*Badakhshān*）、希尔万（*Shirwān*）、黠嘎斯（*Qirghiz*）、中国西藏、克什米尔和其他地区，将优良的马匹带到宫廷中。大量马匹从图兰（*Tūrān*，即中亚）和伊朗成群结队地来到宫廷中，如今已有10 200匹，喂养于陛下的马厩中。与此同时，因为马匹持续不断地进入宫廷，所以每天也会有马匹被作为礼物或其他用途而被送出去。[86]

国王不仅鼓励国际贩马贸易，还建立起供贩马商人使用的商队旅馆，方便他们及其贩卖的动物住宿。国王的仆人记录了到达马匹的名册；专家们会检查它们并给出定价，以金币“莫赫”*（mohur）来标价。有的价格会高达500莫赫，但大多数会处于10至30莫赫内。

阿布勒·法兹赞扬了印度的马匹饲养人员：“娴熟且有经验的人非常重视驯养这种聪明的动物，它们的许多习惯和人类相似；许多印度马与阿拉伯马或伊拉克马没有区别，因此不久之后，印度在马匹方面就会胜过阿拉伯。”他说在这个国家的每个地方都育有良马；但是卡奇（*Cachh*）的马匹最优秀，与阿拉伯马相当。据说很久以前，一艘阿拉伯的船遭遇海难，被冲上卡奇海岸；当时船上有7匹良马——一般认为该邦的马匹品种正是起源于此。旁遮普出产一种被称为萨努吉（*Sanūjī*）的马匹，类似于伊拉克马，而在阿格拉和阿杰梅尔（*Ajmir*）也出产一种马，名为帕奇瓦里亚（*pachwariyah*）。在喜马拉雅山地区有一种小而强壮的马，称为“古特”（*Gūt*）。另外，

---

* 莫赫，印度旧金币，价值15卢比。——译注

在孟加拉靠近库奇－巴哈尔（*Kūch-Bahār*）的地区还有另外一种介于古特马和突厥（中亚）马之间的强壮有力的马种，称为“坦罕”（*Tānghan*）。[87]

然而，就马匹的等级而言，阿拉伯、波斯和中亚（突厥）的马毫无疑问是典范品种，这些品种都来自印度以外的西部和西北部。因此，按照价值降序排名为：（1）阿拉伯马（阿拉伯产或在气质和勇猛程度上类似的马）；（2）波斯马（波斯产或在体形和习性上类似的马）；（3）穆詹那斯马（*Mujannas*，类似波斯马，大多数为突厥马，或波斯骟马）；（4）从图兰（土耳其或中亚）进口的马；（5）亚布马（*Yābū*），它们在印度培育，是突厥马的后代，属劣种；（6）和（7）印度培育的马匹：塔齐斯马（*Tāzīs*）、詹格拉斯马（*Janglahs*）、塔图斯马（*Tātūs*）。[88]

莫卧儿帝国极为关心马匹和大象的供应情况，因为这两种动物都是军队的必需品。图 4.3 很好地展示了莫卧儿帝国军队的情况。在这幅图中，阿克巴再次取代象夫坐在了大象的脖子上。那是 1564 年，他正接受从马尔瓦总督阿卜杜拉·汗·乌兹别克（*Abdullah Khān Uzbeg*）那里缴获的军鼓和军旗。我们从中既可以看到大象的盔甲，也可以看到重装骑兵的盔甲，还可以看到军队的其他组成部分。

在第一章中，我利用伊尔凡·哈比卜制作的珍贵的莫卧儿帝国地图集，查证了下述基本情况：印度王权下的军队后勤，马和象互补分布，自战象发明以来的历史结构，以及四军吠陀时代晚期经历突厥苏丹和莫卧儿皇帝时代直至 18 世纪的相关情况。还利用哈比卜所著的莫卧儿时期的资料查证了第三个要点，即在公元 1 至 2 世纪《政事论》出现到 21 世纪印度建立大象保护区，这期间野生大象及其栖息地退却的速度，退却的速度在公元 1800 年以前非常缓慢，随后急剧加快。大象目前在印度遇到的困境是近来才出现的。印度诸国国王使用大象已有千年之久，这项制度似乎是可以持续传承的——本书将在最后一章更为详细地考量这个初步的结论。

《阿克巴则例》涉及大象的内容，有两方面对我们非常重要。首先，它不但证实了有关大象的知识和实践在近两千年历史上有长期的延续性，这些内容源于《政事论》，而且为象学知识的年代断定提供了的横向参照点。其次，《阿克巴则例》为我们已知的情况丰富了细节，尤其是象夫的助手、捕象的不同方式以及马匹和大象的供应问题等方面。

* * *

作为一种制度，战象在时间和空间上得到了广泛的扩展，同时也因自古以来的实践而传承下来。在大多数情况下，这些知识由相关从业人员习得，并通过学徒制来传承。而学习相关知识的人员包括猎象师、驯象师、驭象师和医师。从《政事论》中可以清楚地看出，这些人中的驯象师拥有较高的薪资级别，而且比驭象师高很多；驯象师和医师住在村庄里，并依靠授予的土地生活；而医师可能是种姓更高的素食者。

同时，虽然实用性知识是战象制度形成的基础，但是印度各个阶层的人都对大象有一定了解。梵语文献借鉴了这些实用性和技术性知识，包括一些术语。如果依据 800 页的医学手册《大象阿育吠陀》来判断，那么在管理大象的 4 种主要人员中，肯定是医师编写了这些书面文献。虽然人们已经证明《大象阿育吠陀》是晚近的文献，但该著作的篇幅如此庞大，必定需要一系列更早期的文献作为基础。其他的梵语象学文献，其实是吸收了底层人士——他们构成了大象管理机构的工作人员——掌握的实用性知识，并在一系列的机缘下以托名神灵和婆罗门仙人的形式撰写而成，这与大象从先前在天空中飞翔的辉煌形象中跌落到人间的经历相并行。这种知识体系的魅力，不能掩盖其中大部分知识都是数千年来参与实际工作的技术人员依靠学徒制传承下来的事实。

第五章

北印度、南印度和斯里兰卡

摩揭陀的崛起

十六雄国

难陀王朝与同时代的情况

大象和孔雀王朝

南印度

斯里兰卡

作为一种制度，战象的延续取决于专业人士所掌握的实践性知识。这些人包括猎象师、驯象师、驭象师和医师，他们通过学徒制习得各自的职业技能。这种具体化的知识通过国王之间的联盟和战争得到传播，进而扩散了战象制度。本章和随后的两章将追溯战象制度的传播历程。总的来说，这一制度首先在印度和南亚其他地区传播，然后是印度以西一直到迦太基和罗马，最后是向东传至那些进行印度化的东南亚王国。图 5.1 大致展示了这种扩散的情况。

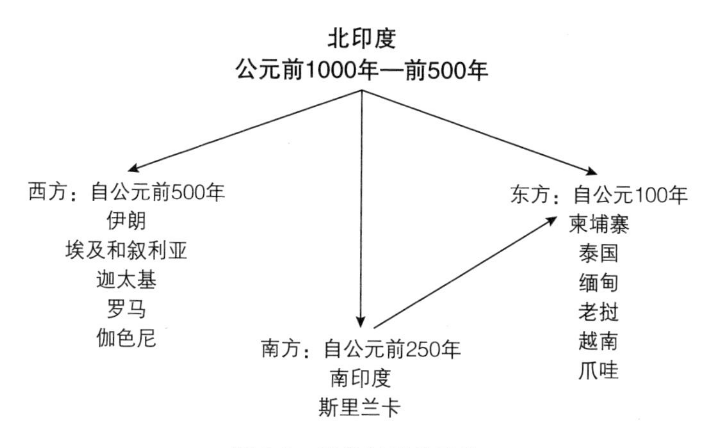

图 5.1　战象制度的扩散

摩揭陀的崛起

我认为，战象是在吠陀时代晚期的某个时候被发明出来的。到公元前500年左右，反吠陀教的宗教已出现了，包括佛教和耆那教。两教的创始人——佛陀（觉悟者）和摩诃毗罗（*Mahāvīra*，亦作“大雄”）——是同时代的人。他们都出生在当时的恒河流域中游，那里是大象的国度。战象乃至四军在佛教和耆那教的经典，即两教最早的著作中清晰可见。我们不能确定这些经典是否准确记录了当时的情况。然而，由于有确凿的证据证明战象是吠陀时代晚期才发明出来的，因此我们可以接受，四军到两种新兴宗教出现时已经在北印度完全制度化了。

在随后的两个世纪中，即公元前500年至公元前300年，政治发展的显著特点是主要政治实体之间的大规模跨国战争。文献将这一时期的政治实体称为“大国”（*mahājanapadas*，中国译为“十六雄国”）。最终的结果是，其中一个王国摩揭陀统一了列国。该王国吞并邻国，并发展成一个几乎统一全印度的大帝国。这一发展过程有点像中国战国时代的群雄竞逐，接着先后由秦朝和汉朝将列国统一。秦朝的统一略微比孔雀王朝的建立晚一些。在印度，列国争战时期正是包括战象在内的经典四军的时代。另外有充分的理由认为，控制马匹和大象对于上述结果至关重要。我认为，摩揭陀统一北印度交战各国的一个重要原因就在于，它比对手控制了更多、更好的大象。分析十六雄国的名单就可以清晰看到这一点。

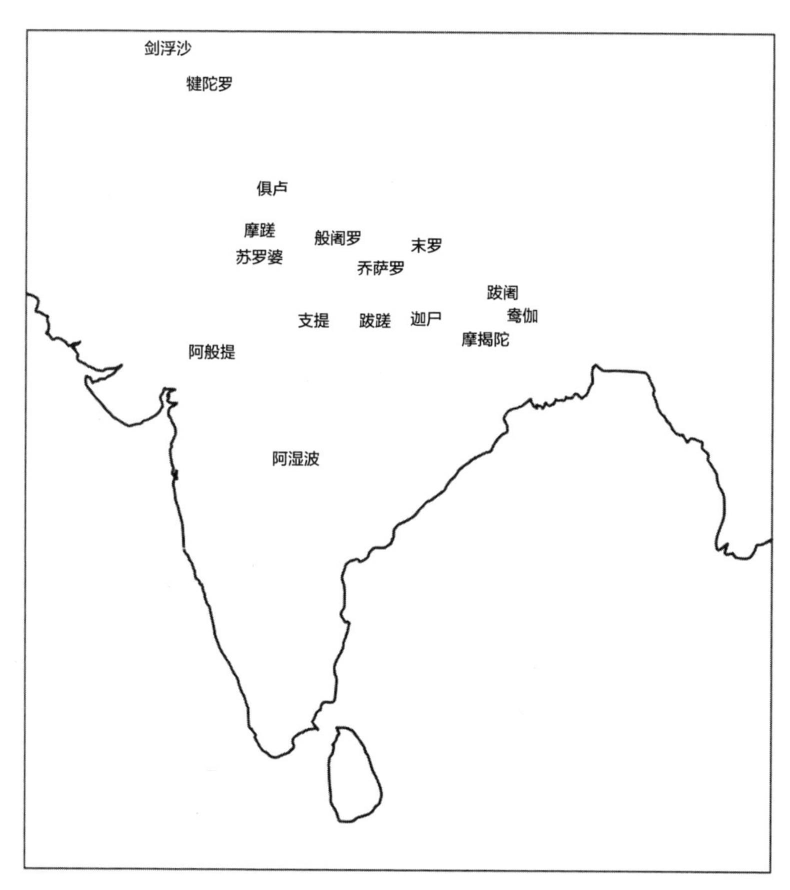

图 5.2　十六雄国

在佛陀与大雄所处的时代，北印度的政治地图被概括为佛教典籍中的十六雄国（见图 5.2）。他们不仅是领土实体，也是民族实体；并且，其国名的复数形式就是他们的民族名称。因此，十六雄国之一的摩揭陀国（*Māgadha*），其复数形式被称为摩揭陀族（*Māgadhas*），即生活在某个地方的民族。耆那教的典籍也有相似的名单，可见这一名单的古老与真实。以下是十六雄国的名单。[1]

十六雄国

1. 鸯伽（Aṅga）	2. 摩揭陀（Magadha）
3. 迦尸（Kāśi）	4. 乔萨罗（Kosala）
5. 跋阇（Vṛji）	6. 末罗（Malla）
7. 支提（Cedi）	8. 跋蹉（Vatsa）
9. 俱卢（Kuru）	10. 般阇罗（Pañcāla）
11. 摩蹉（Matsya）	12. 苏罗婆（Śūrasena）
13. 阿湿波（Aśmaka）	14. 阿般提（Avanti）
15. 犍陀罗（Gandhāra）	16. 剑浮沙（Kamboja）

十六雄国

这份名单看似简单，却是按照某种特定方式编排的。首先，总体顺序是从东向西，始于恒河流域中游的鸯伽和摩揭陀，止于印度河流域的犍陀罗和剑浮沙，也就是从北印度东部的产象国向西部和西北部的产马国排序。众所周知，无论是在吠陀时代晚期的文献还是后来的象学文献中，鸯伽都与大象紧密相关。并且，吠陀时代晚期的文献还记载着大象最有可能被作为礼物送给国王。这些文献第一次将驯化大象与鸯伽及其国王毛足相联系，并且还将获得象学知识归功于婆罗迦毗仙人——正是他将象学知识传授给国王毛足。在《摩诃婆罗多》中，东方人大多为驭象人和骑象战士。本书依此推断，由于摩揭陀在十六雄国中处于东部，因此相对于西边的其他雄国就在获取大象方面具有优势。这是第一个要点。

十六雄国中有许多是王权制度的王国，但是也有一些是共和政体，如毗提诃*（Videha）和末罗。毗提诃为部落联盟，耆那教的创始人大雄就生于此国。诞生佛陀的释迦族也是共和政体，但是并未在名单中，原因可能是其规模很小或是为更强大的乔萨罗所吞并。在接下来的篇幅中，我会说明王国比共和国更有能力搜集大象。因此，摩揭陀王国比附近的共和国更具实力。这是第二个要点。

我们有理由认为，十六雄国是一种代表性的说法，不能准确与当时的政治形势相对应。佛陀和大雄都见过摩揭陀国王频毗沙罗及其野心勃勃的儿子兼继承人阿阇世（*Ajātaśatru*）；因此，我们没有理由怀疑这两位国王在历史上的真实性。但是，到当时为止，摩揭陀已吞并了鸯伽，并由阿阇世王子担任其地方长官。以大象闻名的鸯伽被吞并，摩揭陀的优势得到了巩固。同样地，乔萨罗也兼并了末罗和迦尸。这是第三个要点。

最后，在佛教典籍的其他文献中，摩揭陀同乔萨罗、跋蹉、阿般提都出现在一份简短的雄国名单中。显然，当时这四国应该是十六雄国中最强大的国家了。摩揭陀在四国中位置最靠东，更有利于获取大象。因此，从上述四种不同的角度看，摩揭陀在大象方面处于十六雄国中非常有利的位置。

依据佛教和耆那教的典籍文献，阿阇世的形象是残暴不仁且野心勃勃的。尽管他给佛陀和大雄布施，但两教的典籍并没有忘记指出他的罪孽。阿阇世按捺不住要继承王位，于是弑父并与北部邻国毗提诃、西部邻国乔萨罗开战。他取得了对毗提诃的战争胜利，因此控制了恒河中游南北两岸。然而，在与乔萨罗就迦尸的一片领土

---

* 毗提诃，跋阇国的 8 个部族之一。——译注

的争端中，他被打败了。另外，依据佛教典籍记述，阿阇世及其步兵、骑兵、战车和战象也就是四军都被俘获。不过，乔萨罗王释放了他并与其讲和。在后世的一篇评述中，有一段将乔萨罗王的胜利归因于他偷听到了佛教僧侣的对话，提到他应该使用何种阵形来打败阿阇世。乔萨罗王采纳了僧侣长老达努伽哈提萨（*Dhanugahatissa*）提出的解决办法——车阵，并取得了成功。[2]

除了约公元前 500 年摩揭陀吞并了鸯伽和毗提诃外，我们无从得知其他雄国被征服的过程。但是，阿育王（*Aśoka*）法令铭文的地点和铭文中所描述的孔雀王朝各辖区的情况清楚地表明，到此时为止摩揭陀征服的区域包括所有的十六雄国，甚至远达今日的阿富汗和南印度（如图 5.3）。

这段历史证明了王权政体非常具有扩张性，并且强于共和政体。共和国绝非不好战；实际上，《政事论》认为，他们是最强大的敌人，也是最理想的盟友。[3] 他们占据土地并拥有奴隶。但是，他们似乎有内在的限制因素，能够阻止他们扩张领土、吸纳外来民族。毗提诃就是一个在共和政体之间建立联盟而非以征服的方式谋求发展的实例；或许这是共和政体的内在趋势。相比之下，该阶段王权制度的王国似乎在被迫扩张，因此他们之间发生着冲突和兼并。由于王权制度与包括战象的四军以及诸王之间的战争和联盟关联密切，我们可以推断，王权这种制度被各国迅速采纳，使得四军成为有雄心抱负的国王理想中的完美军队。

摩揭陀就是得益于这种政体，因为它位于东部森林（*Prācya-vana*），可以获得数量众多且质量优异的大象。另外，人们通常认为这里也可以获得马匹。四军模式助长了王国之间的战火，并最终促

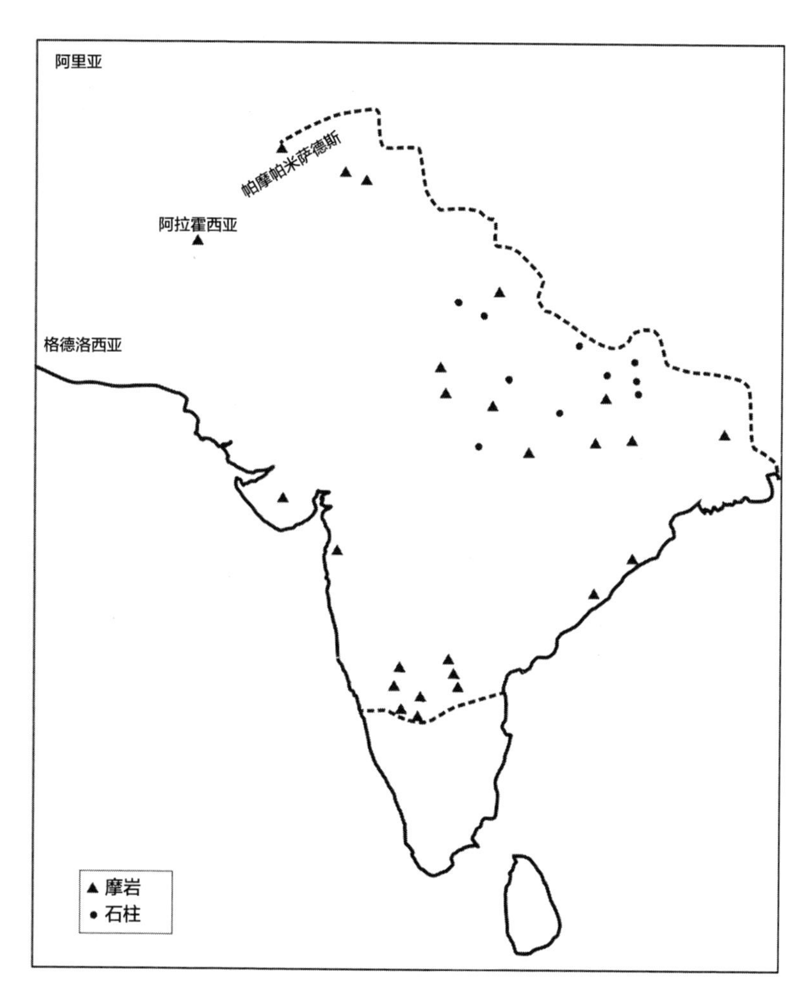

图 5.3　孔雀王朝

使摩揭陀在难陀王朝（*Nandas*）时期初步具备了帝国的规模，并壮大于孔雀王朝。历史学家长期探讨摩揭陀成功战胜其他王国和共和国的原因，但此前都未涉及政权的根本结构——军队——的分析。我认为，大象在其中发挥了重要作用。战象以及北印度东部地区在野象供应方面的优势，给摩揭陀国带来了凌驾于对手的优势。

难陀王朝与同时代的情况

讲梵语的民族总体趋势在向东拓展，即从印度河流域拓展至恒河流域。吠陀教的核心地带在印度河、恒河流域上游和恒河－亚穆纳河之间的河间地。在观念里和生态上，人们认为这里是黑羚羊（印度羚）生活的土地。如前所述，在众多的鹿种动物中，唯独黑羚羊喜欢开阔干旱的草地，而印度的羚羊能够在炙热阳光直射下吃草。这种生活在干旱草原上的生物被称为“疆嘎拉”。与它们不同，大象被称为“阿奴帕”，生活在东部湿润的季风森林地区。

佛教和耆那教反对吠陀教的教义，这两个宗教便于上述扩张过程中出现在东部边缘区。这里位于吠陀教影响范围的边缘地带，有着适宜大象生活的生态环境。因此，吠陀文献对东部和东方人（*Prācya*）有着不好的看法。例如，在《阿闼婆吠陀》（*Atharva Veda*）中，有一段祛除发烧的咒语，希望将疾病驱赶到摩揭陀人身上。[4] 基于这种看法，吠陀传统文献中对摩揭陀的崛起和统治这里的国王都持有成见，包括难陀王朝诸王。这一点在婆罗门文献《往世书》中有着特别明显的体现。书里使用了意为出身低贱的“刹帝利的毁灭者”（*sarvakṣatrāntaka*）一词来指代难陀王朝人；还称其为邪恶时代的代表——在这个朝代，大多数国王都是首陀罗和罪人（*śūdraprāyās tv adharmikāḥ*）。很明显，该地区的国王被视为“新贵”——他们对婆罗门重视不够，却又太乐于接受新兴宗教。不过，《往世书》称难陀王朝是唯一的统治者（*ekarāṭ*），国王将一切都置于其统治之下。[5] 我们知道这并不属实：在印度还有其他王国政体和共和政体独立于难陀王朝。难陀王朝的都城是华氏城（*Pātaliputra*），还有一些资料强调他们拥有难以置信的财富，是通过对一切事项征缴税收而获得的，包括兽皮、松香、树木、石头、营商和做工。[6] 难陀王朝在税收水平上有着巨大飞跃。

关于难陀王朝及其统治情况，我们几乎没有可靠的资料。但凑巧的是，在他们统治的时期，亚历山大大帝率军跨过伊朗进入印度。因此，亚历山大的历史学者用希腊语和拉丁语记录了当时印度军事情况的一些信息，这对我们的研究至关重要。可以肯定的是，这些资料也存在着一些问题，主要就是有关难陀王朝历史的希腊语文献，全都不是当时撰写的记录，而是在所述事件发生三到五个世纪后撰写的。这些资料采用了亚历山大军队的亲历者对当时情况的记述。由于后世出现了非常著名的有关亚历山大时代的历史著作，原本的亲历记述仅零星地保留在这些后世著作中。在一定程度上，我们可以通过这些碎片重构亚历山大时代。

亚历山大曾在印度短暂地停留过一段时间，即公元前 327 至前 324 年，他的军队最东曾抵达印度河流域的比亚斯河（Beas），并没有到达恒河流域和难陀王朝的疆域。他希望能到达那里，目的是想弄清楚恒河是否如其所认为的那样注入环绕世界的海洋中。另外，他想超越赫拉克勒斯（Hercules）和狄俄尼索斯（Dionysus）——传统上认为这两个人征服东方时最远曾到达过那里。但是，他的军队在到达旁遮普东部边缘的比亚斯河时拒绝继续前行。因此，他放弃前往恒河，并让军队沿印度河而下回到巴比伦。

亚历山大无疑从他那些位于印度西北的盟友处获得了有关难陀

王朝的信息。这些信息被他身边的历史学者记录了下来。他们没有以“难陀”这一王朝名称称呼那里的人，而是以他们生活地区的名称为其命名，称他们为“甘加里德斯族”（Gangarides）和“普拉西奥族”（Prasioi），意思就是生活在恒河（Ganga）流域和东部（*Prācya*）地区的民族。这与从旁遮普获得的信息相一致。我们关心的是军事方面的细节：他们拥有一支有着 2 万名骑兵、20 万名步兵、2 000 辆战车和 3 000 或 4 000 头战象组成的军队。[7]

在此，有必要分析古代文献记载中的数字差别：

表 5.1 四位希腊作家笔下印度难陀王朝的四军数量

	狄奥多罗斯	库尔提乌斯	普鲁塔克	普林尼
骑兵	20 000	20 000	80 000	30 000
步兵	200 000	200 000	200 000	600 000
战车	2 000	2 000	8 000	----
战象	3 000	4 000	6 000	9 000

这些数字很有可能源于同一份文献。研究亚历山大时代的学者普遍认为，该文献出自亚历山大港的克来塔卡斯（Cleitarchus）之手，他曾经撰写了一部流传甚广的亚历山大历史，现已佚失，但是许多资料都被后来的四位研究亚历山大时期的史学家所借鉴——他们是狄奥多罗斯（Diodorus）、库尔提乌斯（Curtius）、查士丁（Justin）和普鲁塔克（Plutarch）。另外，虽然普林尼（Pliny）与其他历史学家的观点有所不同，但他的研究也基于同样的资料。这些作者建立了一般的通行说法，也就是出自克来塔卡斯之手的亚历山大历史的通行版本；而这一通行版本与由阿里安撰写的更为杰出的亚历山大

历史有着明显的差异。阿里安的著作依据的是托勒密和其他人的叙述，这些人也是与亚历山大同时代的见证者。（阿里安没有给出难陀王朝的军队数目。）总而言之，因为我们至少能部分地确定这些资料的不同来源，所以目前存世的亚历山大历史可以划为两个不同的作者群。有关资料存在共同来源的假设，解释了上述表格中数字相似的原因。但是，上表真正值得我们注意的地方是数字间的巨大差异，我们在引用这些数字时需要谨慎。

这些数字也反映了亚历山大军队拒绝沿比亚斯河深入印度的原因。在这种情况下，撰史者有理由夸大敌对一方兵力，以难陀部队的强大为士兵开脱，让士兵免于懦弱的指责。这只是猜测，目的是让我们保持谨慎；但这未必是事实，因为动机的存在并不能成为行动的证据。无论如何，亚历山大肯定从其印度盟友那里尽可能地获取了恒河流域的情报。[8]

亚历山大时代的历史学者将当时的一位印度国王称为波鲁斯，他拥有的作战部队数量较小，但就四军结构来看却是一支庞大的军队。[9]数据显示，他有步兵 3 万名、骑兵 4 000 名、战车 300 辆以及战象 200 头。[10]亚历山大时代的历史学者将亚历山大大帝在杰赫勒姆河（Jhelum，希腊文献称为海达佩斯，Hydapes）岸边击败波鲁斯视为一次重大胜利，并做了细致的描述；此后，亚历山大允许波鲁斯仍旧统治原先的领土，并让他负责管理亚历山大在印度征服的其他领土。

对我们的研究特别有价值的是亚历山大时期的历史学者明确区分了印度的王权和共和政体，并将后者命名为独立的印度部落、自治城市、贵族制或民主制。这就让我们可以比较王权和共和政体在获得并维护战象方面的能力。

在和波鲁斯的战争取得胜利后，亚历山大的军队拒绝继续向东行进，而是沿印度河南下折返。亚历山大的历史学者提到了几个共和政体，并给出了他们军队的数目。所有的记录都没有提到战象，甚至连数量很少的情况都没有。马拉（Malloi）和奥西德拉凯（Oxydrakai）是两个相邻的共和国，他们联合抵抗亚历山大；其军队的清单中只有步兵、骑兵和战车，没有战象。[11] 当马拉求和时，他们的使者带来了马匹、配有车夫的战车和其他东西作为礼物，但没有大象。萨巴拉卡（Sabaracae，Sambustai）实行的是民主政体，拥有一支由6万名步兵、6 000名骑兵和500辆战车组成的军队，但记录中并没有提及战象。[12] 当然，印度河南部地区可能不如北部那么容易获得大象。但是，亚历山大收到了几头大象作为礼物，这些大象几乎都来自同他结盟的几个国王。亚历山大时代的历史学者指出，大象与印度王权关系紧密，但在共和政体中很少见，甚至并不存在。

在跨过印度河进入印度前，亚历山大遭遇了阿萨西尼亚人（Assakenoi），这是为数不多的共和政体使用战象的例子。据说他们的军队有步兵3万、骑兵2万、战象30头。面对亚历山大的进攻，他们失败后逃走，并释放了那些大象。而亚历山大则雇用印度的捕象猎人把大象重新捉回。印度的共和政体很可能并不拒绝使用大象作战，但是跟那些王国相比，他们无法将大象大量聚集起来。这也印证了是印度王权创造了战象这种假说。

与之相比，亚历山大可以从国王那里以赠礼、友谊的表示、投降的标志和战利品等名目获得大象。旁遮普地区的呾叉始罗

（Takṣasilā）国王给亚历山大送去 25 头大象以示友好；此后不久，在亚历山大跨过印度河到达呾叉始罗时，这位国王又给了亚历山大一份丰厚的礼物：200 塔兰特（talent）* 的银币、3 000 头肥牛、1 万头绵羊、30 头大象，还招待了亚历山大的军队。艾比沙里斯国王（Abisares）看到亚历山大获胜便送去降书，连带钱财和 40 头大象作为赠礼，但是他很小心，没有亲自露面；稍后，他又送去大约 30 头大象，不过再一次找借口没有亲自前来。亚历山大调军南下印度河后，穆西卡诺斯（Mousikanos）带着“精心挑选的礼物及其所有的大象”前来投降。更多的大象来自战利品，是亚历山大突袭奥西德拉凯控制的两座城市后获得的。[13] 这些都证实了王国在获取和维持战象方面拥有优越的能力。

但是，有一段出自斯特拉博著述的希腊文文献，恰好与上述证据相矛盾。关于亚历山大的军队拒绝向比亚斯河以东前行的原因，存在两种传统观点。我在上文已经介绍了其中一个，就是难陀王朝军队强大，他们由恒河一带的居民和东部民族组成。另一个出自阿里安的著作，谈到了共和政体及其战象的情况：“有人向亚历山大报告，在希法西斯河（Hyphasis，即比亚斯河）对岸，有个国家土地肥沃，男人既能在土地上辛勤劳作又能充当英勇的战士，他们能有序地管理好自己的事务；他们大多数都被贵族所统治，而这些贵族也不会提出不合理的要求。这些人还拥有众多大象，不但比印度其他地方的大象更优质，而且更庞大、更勇敢。”[14] 有可能这两种传统观点都是正确的，因为共和政体的范围横跨了比亚斯

---

* 通行于古代地中海世界的一种重量单位。在古希腊，1 塔兰特约折合 26 千克。——编者注

河一带，并到达了难陀王朝边界以东地区。这与我们了解的古代大象栖息地相一致。在比亚斯河的东边存在着数量众多、体形硕大且力量强劲的大象。这样，到目前为止还不存在矛盾之处。不过，有一份古代文献，作者不是亚历山大时代的历史学者，而是地理学者斯特拉博。这份文献毫无疑问论及了同一个民族："他们还讲述了一种由 5 000 位资政（counselor）组成的贵族制政权。每位资政都要为新的共和国提供 1 头大象"。[15] 我认为印度的王国在战象上的优势要远胜于共和国，但这里记载了一个共和国拥有 5 000 头大象，与我在本书观点完全相悖。斯特拉博提出这个例子，用以说明希腊作家因无知且距离遥远，将比亚斯河对岸的印度做出了夸张或更为奇幻的描述；换言之，他本人认为这个数字太大而难以相信。[16] 在下一部分，我不仅会说明斯特拉博过度怀疑了那些希腊作家对印度的描述，还将举出他犯的致命错误。但就目前的情况而言，斯特拉博是正确的：共和国没有能力维持 5 000 头战象，这比当时印度最为庞大的政权难陀王朝所能维持的大象数目还要多，既不足以为信，也与亚历山大时代的历史学者所记载的其他共和国的情况不一致。

大象和孔雀王朝

麦加斯梯尼为阿拉霍西亚（Arachosia，阿拉霍西亚当时的首府是亚历山德里亚，Alexandria，即现在阿富汗南部的坎大哈）地区的总督西比尔提亚斯（Sibyrtius）的随从，并作为使者被派到孔雀王朝第一位皇帝旃陀罗笈多的宫廷中。他撰写的《印度记》（*Indica*）

非常有价值。究竟是西比尔提亚斯还是塞琉古派他来到孔雀王朝存在争议。而后者曾是亚历山大手下的一位将军，在亚历山大死后争夺权力的斗争中自立为叙利亚国王。最后，他还征服了亚历山大统治的远至印度旁遮普一带的整个东部地区。不过，我将搁置这个问题，因为这不会影响本书的研究。[17] 与本书研究相关的情况是，塞琉古和旃陀罗笈多订立了条约。根据该条约，塞琉古获得了 500 头大象并割让东部领地给孔雀王朝——本书将在下文再次谈及这个问题。

麦加斯梯尼在《印度记》中对大象和孔雀王朝的军队特别感兴趣，并为我的研究提供了很多信息。但是，在分析《印度记》前，我必须说一说该书的问题和不足。古代的文稿用易腐烂的材料书写。唐朝时，中国人发明了雕版印刷术。在这种能印出多份纸质副本的技术出现之前，一份古代文献的留存依赖于不断地誊抄。后来的抄本可能会遗漏原书的内容，之后这些内容就无法再得到誊写流传了；这就是麦加斯梯尼的《印度记》及其同时代的有关亚历山大的历史著作遇到的问题。这些书的内容仅在后世书籍的引用中得到只言片语的保留；即使这些只言片语可能会被重新整理，也还是会存在缺漏，我们在后来的书籍中找不到相应的引用。于是我始终都面临一个问题：这些只言片语的引用是否准确；或者更确切地说，原始文本的意义是如何在后世文本出于自身目的而引用的过程中被改变的。我们需要谨记这个问题。

依据这些碎片重构出麦加斯梯尼的《印度记》，一开篇就对印度的富饶赞不绝口，记载了印度一年可以有两季收成，因此人口众多。也是出于这个原因，印度的大象要比利比亚的更大更多——利比亚指希腊人所称的非洲："（印度）盛产最大的大象，并为它们提供丰富的营养；因此，印度大象在力量上远超利比亚所产的大象。所以，许多大象被印度人捕捉并训练用于战争中，而且它们时常在扭转局势上举足轻重。"[18] 正如我们所见，当时北非的大象是体形较小的一个属类或物种，被称为"非洲森林象"（*Loxodonta Africana cyclotis*）。它们确实不如亚洲象大。古代作者经常指出亚洲象更大。[19]

麦加斯梯尼对旃陀罗笈多治下印度的社会和政权情况作了很有价值的分析。[20] 社会结构被分为 7 个禁止通婚的群体。这是一种相当另类的种姓体系。众所周知，印度种姓由 4 个等级（*varṇa*，瓦尔纳）组成，包括祭司阶层（*Brahmin*，婆罗门）、武士阶层（*Kṣatriya*，刹帝利）、农民或商人阶层（*Vaiśya*，吠舍）和奴隶阶层（*Śūdra*，首陀罗）。种姓还因其引入了职业分工而变得复杂，而且并不与印度文献资料中记载的社会分工相对应。就我的研究来看，麦加斯梯尼所述内容中最重要和人数最多的两个种姓依次是吠舍（农民阶层）和刹帝利（武士阶层）。

麦加斯梯尼对农民阶层最重要的描述就是农民不用参加战争；战争不会侵害他们和他们的土地，军人也不会打扰他们的生活。以下为阿里安记述的麦加斯梯尼就此问题的描述，形象地展示了士兵们彼此厮杀而农民却平静耕作的画面："农民……是印度人数最多的一群人。他们没有任何武器，也不参与到战事中。但是，他们要在土地上耕作，并向国王和自治城市缴纳赋税。如果印度人之间发生了战争，那么袭击这些农民的土地或是毁坏土地本身都是违法的。当有些人伺机发动战争甚至彼此厮杀时，附近的其他人则安静地耕作、收割、锄地或者采收。"[21] 战争期间农民不参与军事活动，且耕地不受侵犯，似乎跟希腊人和马其顿人的国内情况存在明显差异。在希腊和马其顿，军队就是武装起来的国民，其中必然包括农民；毁坏庄稼和果园也是战争的惯常操作。但如果情况属实，那么印度曾经发生过一次很大的转变；因为在任何时代，数量众多的农民都是军队招募士兵的重要来源。农民的非军事化可能是孔雀王朝的一项创举，这在吠陀时代和后来的时代都没发现过这种情况；相反，对庞大的农民人口进行军事技能的培养，成了农民在农闲季节的一种就业安排。[22] 在印度历史的多数时期内，士兵的主要来源都是农民。

在麦加斯梯尼的记述中，跟农民与战争的分离对应的是武士与土地的分离。这可能也是孔雀王朝的创举；因为据亚历山大时代的历史学者记载，印度西北地区古老的吠陀武士阶层刹帝利及其后裔并没有脱离土地的情况。该阶层绝对很富有，控制着农田和属民，拥有武器和战车并可将其带到战场上。而在旃陀罗笈多的王国中，军队似乎完全靠国家支付的工资来维持；在战争结束后也不会给军人授予田产作为回报。武士阶层不是土地所有者。他们在和平时期无所事事，但生活宽裕，足以供养仆人：

印度的第五个阶层是武士，数量仅次于农民。他们享有最大程度的自由和满足感。他们只从事战争活动。其他人为他们制作武器，提供战马。还有另一些人在营帐中为他们服务，照看他们的马匹，清洁他们的武器，驾驭大象，还要准备并驾驶战车。当武士必须要战斗时，他们就会去战斗，但是在和平时期他们生活惬意，还能从国家获得非常丰厚的薪资，因此他们很容易就能雇用仆人。[23]

印度的军队很庞大。麦加斯梯尼说，武士是数量位居第二的阶层，仅次于农民，并指出旃陀罗笈多军队的规模为40万人。总而言之，我们推断孔雀王朝存在一个庞大的国库和健全的税收制度。孔雀王朝的制度完全有可能起源于难陀王朝，后者因扩大税收范围并将自身的财富提升到惊人的程度而闻名。在吠陀传统中，难陀王朝被说成是"刹帝利的毁灭者"。鉴于麦加斯梯尼提供了有关孔雀王朝制度的证言，表明孔雀王朝可能存在一个依赖薪资的军人阶层而非拥有土地的武士阶层。无论孔雀王朝以前的军事制度如何，印度国家中没有出现过这种军事制度，在旃陀罗笈多帝国以外也没有出现这种军事制度。

由此可得出结论，旃陀罗笈多这些集中并扩大军队力量的手段，让他在扩张帝国的过程中占据了优势。这种军事优势在麦加斯梯尼所述的孔雀王朝行政管理中也清晰地体现出来。

麦加斯梯尼将孔雀王朝的行政管理分为3个主要部分：乡村、城市和军事行政。每个部分都由一个5人机构管理，又下设6个职能部门。在民政管理上，乡村和城市之间存在不同，这与印度文献中的记述非常吻合。乡村管理的主要事务是对农民、牧民和其他农村生产者征税，而城市管理是对市场进行监管和征税以及其他事务。如我们所料，军事行政分为四军，另外还有使用船只和牛为军队提供补给的部门。由此可见，王室对武器、马匹和大象实行了垄断政策。这就勾勒出了孔雀王朝军事体系的显著特征：非军事化的农民阶层，其作用是承担大量的税收以维持军队；没有土地的武士阶层，由国库给予薪资；大象、马匹和武器，由国王垄断。该制度肯定是孔雀王朝扩张的主要动力，这种空前的成功反过来也促使其他国王竞相效仿，进而促进了战象制度和四军理念的传播。

斯特拉博在其著作《地理》（*Geography*）中批评那些记述印度情况的希腊作者，声称他们大多数都是骗子，包括麦加斯梯尼这样的使节。如我们所见，斯特拉博认为，有关比亚斯河——亚历山大所到达的最东方——对岸的印度，这些人的描述都太夸张了。另外，我在前文已经认可他的一个怀疑，也就是坐落在比亚斯河以东的某个共和政体拥有 5 000 头大象。不过，斯特拉博也会犯错。他对前人苛刻的批判无意中展示了一个重要事实。斯特拉博认为，这些作者的问题就是他们对印度的描述彼此矛盾：麦加斯梯尼说马和大象为王室垄断，而尼阿库斯的说法则完全相反——他记述马、象为私人所有；但我已经指出，斯特拉博犯了错误，而且是一个明显的错误。尼阿库斯是亚历山大的同伴，他记录的是比亚斯河以西的印度地区，即印度河上游，在这里，马、大象和其他运输工具为私人所有是常态；而麦加斯梯尼描述的地区恰恰是孔雀王朝的核心地带，比尼阿库斯记录的地区更靠东，年代也更晚。因此，两者并不存在矛盾。麦加斯梯尼指出的恰恰是印度东部人的创新。他向我们展现了孔雀王朝军事机制中前所未有的特点，使得我们能够理解孔雀王朝为何能成功征服印度的大部分地区。战象正是通向成功的关键因素。

麦加斯梯尼详细解释了捕获大象的方法，体现了战象的关键地位和亚历山大及其同伴乃至继任者对印度战象的痴迷。捕获大象的方法主要是用雌象做诱饵，这表示捕捉的目标是适合战场使用的大型长牙雄象，而不仅仅是用于工作或骑乘的大象。接着，挖一个巨大的环形壕沟，壕沟上只有一个木桥，将雌象置于壕沟内。人们不会在白天驱赶野象，而是等到晚上，在雌象气味的吸引下，让雄象自己找到入口。它们围着壕沟走，直到发现木桥，然后就进入包围圈。年幼、老弱，或是有疾病的大象会被释放。重视捕捉成年雄象这一点与《政事论》中的建议相一致，同时也意味着与王室圈养大象的年龄状况和体貌特征相一致。麦加斯梯尼相当详细地描述了新捕获大象的驯化过程：任由其变得又饿又渴；被勇敢而又熟练的猎人束缚住脚（大概是后脚）；被已驯化的大象殴打至倒下；颈部被套上皮绳，并用刀割开颈部的皮肤，这样在皮绳拉紧时就会感受到套索的束缚。以上是“大棒政策”。此外还有“胡萝卜政策”，包括用铙钹和鼓伴奏唱歌，帮助它们入睡。[24]

孔雀王朝几乎扩张至整个印度次大陆，使得四军理念和战象制度在印度得到普及。这种扩张背后是一整套财政和人力机制，以及王室对战争手段的垄断。孔雀王朝前所未有的成功扩张对其他国王来说是一种强大的宣传，促使他们采用战象和四军制度。

南印度

南印度至今都拥有着丰富的热带季风森林，众多森林民族和野生大象在此生活。野生亚洲象数量最多的就是南印度。因此，战象成为南方王权制度的一部分，并不会令人感到惊讶。

幸运的是，古代南印度王权的情况在泰米尔古典文学中可以找到踪迹，被称为桑伽姆（Sangam）文学。桑伽姆文学的诗集和史诗由泰米尔地区的国王和首领资助而写的宫廷诗歌构成。公元初的几个世纪里，在位于马杜赖（Madurai）的潘地亚（Pāṇḍya）王朝的宫廷中，由来自桑伽姆地区的鉴赏家单独或群体精选并编排了这些诗集和史诗。桑伽姆文学本质上是一种英雄文学，主题为国王和武士阶层的事迹与爱情。[25] 这充分证明了战象制度和四军理念存在于早期的南印度。[26]

这类诗歌构成的文学世界对本书主题具有特殊价值，其创作基础是将土地划分为5种类型的生态区域或地貌景观。《朵伽比亚姆》（*Tolkappiyam*）系统地阐述了上述分类，这是一部论述语法和诗学的专著。这5种地貌景观，每一种都具有独特的自然特征和人类社会组织形式。按照惯例，这5种地貌景观都以其代表性的花或树来命名：

山地：红花（*Kuriñci*）
牧场：茉莉（*Mullai*）
乡村：开着红花的树（*Marutam*）
海滨：水生花朵（*Neytal*）
荒地、沙漠：常绿植物（*Pālai*）

山地是红花、野象、猴子和鹦鹉的家园，也是种植小米的部落民族的家园。牧民放牧的地方生长着茉莉；村庄和稻田中可以看到开着红花的树；海滨渔民可以看到水生花朵；常绿植物代表（荒地和沙漠中）抢掠商队的匪盗。最后一种与其说是一个地方，不如说是一年中的某个时段，即热季；此时温度上升，一切都变得干枯，热带季风森林的树木脱落了大部分叶子。

研究游牧民族及其宗教的学者冈瑟–迪茨·桑特海姆（Günther–Dietz Sontheimer）表示，在过去一两百年森林被大规模砍伐之前，不同的经济群体彼此间较为疏离，各自的领土很少有重叠和纠纷。他认为，桑伽姆文学对5种地貌的划分详细地描述了南印度和德干地区的生态区域和经济模式。另外，每个生态区域和每种经济模式都创造了各自的民间信仰，他们各自的部落神最终与梵语文献中的高等印度教神祇相结合。[27]

这5种地貌通常与不同的诗意情境相对应。这类诗歌被称为“提奈”（*tiṇai*），有两种类型，即爱情诗（*akam*）和英雄诗（*puram*），分别表现内心世界的爱情和外部社会的战争与王权——包括王室对诗人的款待。爱情诗的诗意情境包括恋人相会、地下恋情、家庭之爱、异地之爱和私奔。通常，每种情境都与一种地貌相关联。山地（*kuriñci*）是情侣聚会的场所，尤其是初恋；山地上的红花在12年后开放，此时约为女孩性成熟的年龄。爱情诗只需要提到山地的野象或其他典型的动植物，就可以向听众传达初恋或恋人相会的主题。由此，A.K. 拉玛努金（A.K. Ramanujan）将其称为“内心地貌”，也就是以外在的符号表示内心的状态。[28]

显然，山地情境的爱情诗会经常提及野象。因为只有野象才能作为山地地貌中茂密森林的典型代表。该区域居住着猎人和种植小米的农民。大象会抢掠田地，造成很大的破坏。此类诗歌有这样一种叙事结构：一个王国的年轻人为了搭讪偶遇的年轻女子，会借口说自己正在追赶一头野象，询问她是否看到受伤的大象经过这里。随后，大象会被猎捕：山地部落民族（大致等同于梵语文献中的森林民族）如果可以捉住大象，他们就会杀死并吃掉大象，然后卖掉象牙。诗歌中似乎没有体现出官方对野象的保护。当然，我们面对的是诗意情境，站在跨文化的远距离视角理解故事中的人物，因此也不能指望诗歌中会包含这些内容。

野象出现在爱情诗中，而驯养的大象通常出现在记述国王和首领事迹的英雄诗中。这种英雄诗也有其情境和主题，包括盗窃牲畜、行军、围城、战斗、胜利，或多或少都能与爱情诗相对应。但是这些情境有代表性的花或植物。[29] 四军的要素在这类诗歌中有充分的体现。《英雄诗歌选集》[30]（*Puranānūru*）中有一首诗，是佩雷因・穆鲁瓦尔（Pereyin Muruvalār）写给纳姆皮・内顿塞里扬（Nampi Neṭuñceliyan）的挽歌，表明国王精通这四类兵种的战斗：

> 他面对迎头而来的军队，
> 注视着逃跑的士兵。
> 他策马奔腾，快得超乎想象，
> 在城市漫长的街道上驱使着战车，
> 骑着高大非凡的大象。

有关战场的描述，或战斗结束后对死者的描述，往往指出军队有四“足”。在南印度，大象远比马多，马必须长途进口才能获得。然而，战车和骑兵还是经常会以直接或简略的方式提及，步兵（大部分为长矛兵）和战象一起出现；不论战争年代还是和平时期，国王都经常骑乘大象。

在桑伽姆文学中，野象和驯化战象有明确的分布格局。人们只在山地地貌中发现过野象，它们散居于森林民族之中。这些人因为种庄稼而与大象发生冲突，他们会烹煮并食用象肉，还会取走象牙，但是并没有捕捉并训练大象为己所用。相反，训练有素的战象与国王密切相关——他们通常会利用森林民族帮助自己捕获和驯养大象。同样的情况也发生在北方：如果国王需要大象，他们就需要与森林民族合作。我们几乎没有在桑伽姆诗歌中看到大象如何被捕获的内容，只有一些诗歌提到了用陷阱捕象的方法。

除了描绘战争场面的英雄诗歌外，还有一种诗歌类型被称为赞诗（*pāṭān*）；此类诗歌数量众多，赞颂国王慷慨地为诗人提供款待。游吟诗人们在交叉路口相聚，讨论着最近款待过他们的国王。有一个典型的例子，有位诗人说国王赐给他食物吃，一直吃到牙齿都变钝了，就像在未开垦的土地上犁地一样。[31] 赏赐是战争的另一面；战争积累财富，然后再将其赏赐出去。因此，有关王权的泰米尔诗歌也如同梵语史诗那样展现了硬币的两面。一些国王因其慷慨而闻名，成了诗人们关注和描绘的对象；这些诗人用巧妙的夸张技法表现国王的慷慨，并用引人注目的视觉形象来展示他们的创作才能。安提兰（*Āy Aṇṭiran*）就是这样的一位国王。穆阿梅奇耶尔（*Muṭamōciyār*）创作的一首诗描述了国王的宫殿在其盛情款待游吟诗人后变得空空如也，以展现他惊人的慷慨；大象的位置没有了大象，只有野孔雀炫耀徘徊；宫殿中的女人没有了珠宝，只剩下那些不能赠送的珠宝；宫殿灯光昏暗，因为现在没有点灯的油；然而，虽然其他国王的宫殿富丽堂皇，但也没法跟安提兰空空荡荡的宫殿相比。[32]

这些诗歌类似于《梨俱吠陀》中的布施诗歌。[33] 但是如我们所见，尽管《梨俱吠陀》的诗歌中提到金子、奴隶、牛、马和战车等礼物，但没有提到大象。只有到了战象发明以后，在吠陀文献和《摩诃婆罗多》《罗摩衍那》中，大象才真正成为最重要的王室赏赐。在桑伽姆文学的英雄诗歌中已然如此。在这些诗歌中，国王赏赐诗人们华丽的新衣服来换下破旧的衣服，赐予食物和饮品，在诗人离开时还会赠送金子、战车或者大象等礼物。

战象制度和四军理念是如何在南印度扎根的？我们不清楚这些理念和技术在实践和传播过程中的具体细节。不过，随着孔雀王朝不断扩张，南方的国王必然可以接触到这些理念并获得相关技术。我们在南方发现了孔雀王朝阿育王的铭文，其中显示了他与桑伽姆诗歌中描述的泰米尔邦国——注辇（*Cōla*）、潘地亚（*Pāṇṭiya*）和哲罗（*Cēra*）——三位加冕国王的前任君主建立了外交关系。阿育王给他们指定了国号（哲罗被称为“喀拉拉普特拉”，Keralaputra）；他们的地位非常高贵，其他许多邦国的地位较低。[34] 另外，桑伽姆诗歌虽然是南印度独特的文学体裁，展示的想象空间却很广阔，包括北印度在内。因此，在这些诗歌中，有一位国王已征服从喜马拉雅山到库马里（Kumari）——印度南端的科摩林角（Cape Comorin）——从西海岸到东海岸的广大地区；另一位国王要把其王朝的徽标刻在喜马拉雅山的侧面上；第三位国王要为摩诃婆罗多战争中的战士们举行盛宴。显然，通过国王与国王之间的交流或其他方式，战象和相关的用途构成已根植于南印度，孔雀王朝可能也促进了当地人对战象制度的接纳。

斯里兰卡

斯里兰卡使用战象的证据来自一种与南印度大不相同的文献。

我在之前也提到斯里兰卡、缅甸、泰国和柬埔寨流传的上座部佛教（Theravāda Buddhism）典籍，这类典籍均以巴利语（也称摩揭陀语）书写，这是一种和梵语相近的北印度语言。正如我们所见，巴利文佛教典籍视战象为佛陀时代北印度的一项制度。斯里兰卡编年史著作《大史》也以巴利文书写，出自大寺*（*Mahāvihāra*）的僧人之手。由于《大史》的撰写者都是僧侣，因而我们无法从中获得真实战斗的详细描述。但是，《大史》以大寺的角度，记载了斯里兰卡诸王和僧伽罗族（Sinhala）的事迹，以及他们与佛教僧侣的关系。虽然这是僧侣的作品，但《大史》却相当多地谈到了王室大象和四军的情况。

这部编年史著作没有详细记录战象及相关制度如何在斯里兰卡确立，但这些制度从一开始或隐或现地存在于这部著作之中。不过，印度的王权模式和战象制度如何到达斯里兰卡，过程并没有那么神秘。第一，僧伽罗语是印度－雅利安语（印欧语系的一个分支）的一种，它与巴利语、梵语和印度北方的其他语言存在关联。《大史》讲述了僧伽罗人如何在国王维加亚（Vijaya）的领导下从北印度迁徙到斯里兰卡。虽然这段描述稍有些神话色彩，但是整个故事无疑是真实的：一个来自印度北方的讲僧伽罗语的民族在斯里兰卡确立了统治地位。第二，佛教本身就源自北印度，是从印度传入斯里兰卡的。《大史》记述此事发生在孔雀王朝时期，阿育王的一个儿子摩哂陀（Mahinda）——他是一名僧人——让楞伽（*Laṅkā*）国王及其

---

* 大寺（*Mahāvihāra*），音译为“摩诃毗诃罗”，斯里兰卡古寺院，位于旧都阿耨罗陀补罗城之大眉伽林，成为斯里兰卡上座部佛教文化及教育中心。——编者注

手下皈依了佛教。佛教将印度王权的观念也带到了斯里兰卡。斯里兰卡的国王在接受佛教的同时也接受了印度的王权模式。第三，那些经常跟楞伽诸王交往的南印度国王，自身也会受到北印度王权模式的影响；他们已经开始使用战象和战车等。总而言之，印度王权及其制度结构会通过各种途径传到斯里兰卡。

例如，在提到大象和马匹的众多篇幅中，最重要的一段记述是马都莱（位于南印度）的国王将自己的女儿和大臣的女儿们嫁给维加亚的国王和他的大臣们。出行队伍描绘如下："这样，国王已经获得了众多少女。对这些家庭予以补偿后，国王又让自己的女儿出嫁，带上她所有的装饰品和旅途所需的一切物品，连同准备好的所有少女，每人配有相应等级的大象、马匹和战车，这些都与一位国王（*rājāhāraṃ ca hatthassarathaṃ*）的地位相衬。此外，国王还派遣了工匠和附属于18个行会的1 000个家庭，并附上一封信交给征服者维加亚。"[35]

《大史》中关于大象和四军的很多实例都出现在王室游行中，这些王室游行与宗教募捐或宗教节日有关。在这些段落中，描述游行的盛大规模、元素的复杂性或完整性，以及参与者服饰的华丽程度，都显示出王室游行被赋予了崇高的地位。例如，文献中这样描述一位国王朝拜大寺的游行：城市和通往寺院的道路被精心装饰，国王指挥着敲鼓。他坐在战车上引路前行，大臣和后宫的女眷跟随其后，还有战车、士兵、大象和马匹组成的"庞大队伍"。[36]这种丰富的视觉描写表现出了此次游行的崇高荣耀。[37]

佛陀曾在菩提树（Tree of Enlightenment）下获得觉悟。当圣树的幼苗抵达斯里兰卡之时，国王便带领一支由四军组成的长7由旬

（yojanas）*、宽 3 由旬的游行队伍和大批僧侣前来迎接。[38]

还有一场迎接佛陀舍利的游行，对其描述也使用了类似的措辞："（国王）内心喜悦，熟知君王的职责，用其所有的饰物装饰自己；他的四周簇拥着舞女和全副武装的战士，还有大批军队以及装饰后的大象、马匹和战车（*hatthivājiratha*）。国王登上由 4 匹纯白色信度马牵引的御车，然后站在车上，让盛装打扮的、迷人的大象甘陀罗（*Kaṇḍula*）走到自己跟前，他则举着一个（盛放舍利的）金盒，站在白色的华盖下。"[39] 这样的游行队伍，特别是对朝拜大寺的描述，体现了对宗教和僧侣秩序的尊重，这是宗教史上极为重要的时刻。在《大史》中经常会出现类似的描述，因此没有必要一一列举。在所有的案例中，游行队伍的完整和装饰的奢华上都体现出了崇高感。四军是这种完整性的常见特征；大象也是构成完整性和奢华程度的必要组成部分。

战场上的军队也使用了相同的描写方法。当国王杜多伽摩尼（*Duṭṭagāmaṇi*）恭迎菩提树时，他"带着战车、马车、士兵、马匹和大象"[40] 而来；他的对手陀密罗（Damiḷa，即泰米尔）国王埃拉罗（Eḷāra）也同样如此。当埃拉罗失势时，他的侄子取而代之。杜多伽摩尼则骑上了自己的大象甘陀罗，率领"骑乘在大象、马匹、战车上的武士，以及数量众多的步兵"发起进攻。[41] 在其他段落，我们还可以读到"一支四足军队"这样的描述。[42] 在下面这个段落中我们也能看到，人、马、大象可以简单地指代四军：当达普拉（Dappula）从山地地区带来一大批重要的客人时，城市为巨大的喧

---

* 印度常用的长度单位，1 由旬有 20 千米、30 千米、8 千米之说。——编者注

闹声所笼罩，“战马嘶鸣，大象吼叫，乐鼓齐鸣且有韵律，还有战士们的吼声，几乎划破苍穹”。[43] 在这个场景中，四军通过他们引起的喧嚣得以呈现，可以说是一幅噪音绘制的图画；这也是印度古典文学中的一种修辞手法。

即使战车已经废弃很久了，但晚至格伽巴忽（*Gajabāhu*）时代（约 1131—1153），四军仍会出现在斯里兰卡的战场上。[44] 罗诃那（*Rohaṇa*）国王摩那波罗那（*Mānābharaṇa*）就拥有一支四军，[45] 而波洛卡摩婆诃一世（*Parakkamabāhu I*，1153—1186）时代的摩哂陀王子也拥有四军。[46]

战车的问题比较棘手。公元 1 世纪，中亚的贵霜人凭借骑兵在北印度建立起一个征服者的国家，在此之后印度的战场上渐渐不再使用战车。但是，南印度和斯里兰卡大约何时停止使用战车，我们无从得知。《大史》的前几个部分经常出现战车的内容，其中一位早期国王经常被称为“战车之王”。[47] 同时，如我们所见，四军概念被用于这么晚的时期，我们不能确定其他段落是否会使用简写。简写可能采用如下形式：要么在描述军队时只提及大象、马匹和士兵，但不清楚马匹是指骑兵还是战车；要么提及战车、骑马者和骑象者，将步兵省略掉。如果要追溯战车消亡的情况，第一种简写方式就成了一个问题。甚至，当我们肯定战车已不在战场上使用时，战车又会以参加游行的方式出现，并且可能以庙辇的独特形式突然出现。而如我们所见，今天的庙辇依旧被称为“战车”。甚至在波洛卡摩婆诃时期，战车肯定已经从战场上消失了，战场上缴获的战利品包括大象和马，没有战车，但是四军这样的描述竟然出现在波洛卡摩婆诃迎接佛牙舍利的游行中。在这里，我们再次见到了此前提到的噪音绘制的图画：

大象吼叫，战马嘶鸣，战车的轮子发出铿锵声，壶形鼓发出咚隆声；在节日里所有人敲打乐鼓发出欢喜的音调，鼓声隆隆，游吟诗人为胜利呐喊；欢呼声、响亮的鼓掌声和人们的欢声笑语：这让天空满是声音。国王穿戴着所有的饰物，骑上自己最喜爱的漂亮的大象，象身挂着金制罩饰，众多要员骑着战马围绕在大象身边。国王从华丽的小镇隆重出发，前去朝拜神圣的佛牙舍利和圣物钵盂，他双手合十放在额头上，恭敬地朝拜，并亲手向这两样圣物献上芳香的花朵，然后带上这两样圣物继续前行。[48]

在描述这位伟大君王的篇章中，我们可直接读到他拥有四军的信息——例如都城中“大象、马和战车川流不息”。[49] 由于战象制度在战车从战场上消失后继续沿用了很长时间，所以战车在斯里兰卡消失的确切时间并没有对此产生太大影响。[50]

还有一个次要的问题，斯里兰卡的国王在多大程度上能在马匹数量上自给自足。信度马在《大史》中不止一次被提及，显然说明这是最好的品种。从马的原产地到潮湿的热带，路途遥远，它们能否适应气候是一个问题。无论怎样，马都比大象的寿命短；因此，斯里兰卡岛上的国王如果不能通过繁殖的方式补充马匹，就需要跟北方牧区持续进行马匹交易。我们也确实听说过一些马匹贸易，更准确地说是跟对岸即南印度进行马匹贸易。于是，注辇国王便得知了斯里兰卡国王的羸弱。[51] 人们希望了解更多此类贸易的情况。我倾向于认为，马匹稀少且珍贵，肯定都留给了国王及其军队使用。

另一方面，就大象的情况而言，斯里兰卡盛产这种动物，有证据表明印度诸王正在寻找大型长牙雄象。在《大史》中有一段最为有趣的文字，涉及波洛卡摩婆诃一世和当时被称为罗曼那（Rāmañña）的缅甸之间的外交关系。[52] 楞伽和罗曼那的诸王因共同信仰上座部佛教而长期保持良好关系，彼此互派使者、互送礼物。但不知何故，罗曼那国王“听信了谗言”，降罪于波洛卡摩婆诃的使节，剥夺了他们往常享受的待遇，还停止同外国人进行的私人大象贸易，之后王室对此贸易实行垄断，大幅提高价格。他还停止向满载外交礼物而来的船只赠送大象。随后，他扣押了这艘携带着外交信件的船只——借口是这封信已被送到他的敌人柬埔寨国王那里；他将楞伽使节囚禁在山区的一个要塞，没收了他们的钱财、大象和船只，还让他们做苦工。随后又发生了激怒波洛卡摩婆诃的情况，包括没收波洛卡摩婆诃派使者前去购买大象的钱财和商品，并且不给任何货物。楞伽国王派去了一支强大的海军舰队，占领了罗曼那的都城，杀了国王。出于对报复的恐惧，人们向波洛卡摩婆诃送信，称他们会提供“任何数量”的大象作为贡品，以免情况更加恶化。自此，许多大象被送来，“他们与楞伽统治者重新签订了友好协议，而楞伽统治者也忠实地遵守着条约”。[53] 从中可以看到，至少在东南亚和斯里兰卡这些信仰上座部佛教的国家之间存在着大象国际贸易。这种贸易在各个历史时期涉及不同的形态：私人贸易、由法令规定价格的王室垄断贸易，以及敬献和纳贡的交换方式。以现代观念来看，这种贸易实际谈不上自由，因为总是与大象的王室利益紧密相连。形态可以从买卖交易转变为外交交换。

* * *

《大史》的最后一部分揭示了大象如何在国王之间以战争和友谊为基础进行交换。有时直接交易，有时通过王室使节，有时通过商人，但始终由国王的利益所主导。

在南亚地区，传播战象制度唯一且最重要的载体是摩揭陀王国。在难陀王朝和孔雀王朝的统治下，摩揭陀成为一个帝国，其扩张的成功比其他任何事情都有助于战象和四军理念的传播。麦加斯梯尼的证据进一步表明，孔雀王朝有着将摩揭陀国王的权力进行中央集权并达到顶峰的趋势：将农民与战争分离，将武士与土地分离，并垄断战争手段。后世国王无法持续执行这些政策，虽然这一趋势往往可以部分地表现出来。最后，很难将军队和农业土地所有权分离开。依据军官阶层核算土地收益总是最容易的方法；不过，一旦这种方法被确定下来，就很难防止此种权利变成世袭占有。另外，农民在总人口中的比例巨大，不可能完全将他们排除在战争之外。但是，就大象和马匹而言，国王往往会垄断或至少控制所有权，这也被认为是印度王权发展的一种长期趋势。

我们没有在古代资料中找到猎象师、驯象师、驭象师和医师将这些专业知识传播给当地相关从业者的证据。但是，间接证据很充足，而且我们将在下一章中看到，在希腊化时代的资料中存在直接证据。上述这类专业人员通常是从森林民族中招募的，他们说着不同的语言，没有自发地形成战象制度及相关知识体系，而是继承了这种照料和管理大象的知识，将其留存于亚欧大陆这片广袤区域内的不同地区和文化之中代代相传。最重要的证据就是大象知识体系本身的内容，捕捉、训练、照料和管理大象的技巧，以及像驭钩这样的实践工具。

在四军、王室坐骑和作战阵形这 3 种用途构成中，战象扮演了重要的角色。我们能够在整个南亚地区找到关于第一和第二两种用途构成的充足证据；当然，在四军制度被废弃后，战象一直出现在文献记载中，成为三军的一部分，代替已经淘汰的战车。而在三种用途中，最具技术性的是作战阵形，除了梵文史诗《政事论》这类指导性著作之外，这一用途很少留下痕迹。但如我们所见，作战阵形在相当晚近的时期以生动的形式出现在东南亚。这表明，它有着一段悠久且广泛的隐秘历史。

第六章

近东、北非和欧洲

阿契美尼德帝国和亚述帝国

亚历山大帝国

塞琉古王朝和托勒密王朝

迦太基

希腊和罗马

萨珊王朝

伽色尼王朝

南亚的战象制度最初在野生亚洲象的自然栖息地内传播。我已经提到过，大象是王权和战争模式中的一个关键组成部分。这种模式形成于北印度，后被孔雀王朝影响范围内的新兴王国继承。随着佛教、耆那教和印度教的推广，这种王权模式不断蔓延至盛产大象的区域。

现在，我将视角转向西方，考察印度以外的国王采用战象制度这一令人诧异的现象。在这些地区，要么野生亚洲象早已灭绝，要么只有野生非洲象。我已经指出，捕获、驯养和维护那些大型长牙雄象以供战争使用，成本无疑十分巨大。在印度以西的地区，成本会不断增加，大象的珍稀价值也随之提高。因此，在该地区，包括波斯、希腊、马其顿、迦太基、罗马及伽色尼突厥，不同类型的君主都认为值得花费大量的时间去获得战象，并剥夺敌人获取战象的机会。如我们所见，战象的专业知识和技能掌握在从事大象工作的印度人手中，包括猎象师、驯象师、驭象师和医师。这些知识如何向西传播并为西方的君主所获得，相关的记录虽不多见，但还是可以从历史文献中发现一些痕迹，这些文献记载了这场意外的军备竞赛发生的原因。

通过标注使用大象进行野战和攻城战的战争地点，斯卡拉德绘制出了这张地图。在图 6.1 中，我引用了他的地图，并添加了位置更远的战争地点，特别是波斯萨珊帝国[1]和中亚伽色尼王朝[2]的战争。除了印度的杰赫勒姆河战役，所有这些战争地点都位于野生亚洲象的栖息地之外，而这些战役又受到大象稀缺、用象成本巨大、难以补充新象等条件的影响。地图上显示了 72 场野战和攻城战的地点，对此我们有可靠的记录，其时间跨度从公元前 530 年至公元 1117 年。如果我们有充足的材料，这幅地图还可以扩展到南亚和东南亚；在这些地方，使用战象投入野战和攻城战的情况会更多。而这 72 场战役时间跨度长达 1600 年，发生在位于本书研究对象的西部边缘区，完全超出了野生亚洲象的生存范围。这真是不可思议，因为这些地区需要付出极大的努力才能获得并补充亚洲象。

阿契美尼德帝国和亚述帝国

波斯的阿契美尼德帝国（约公元前 550—前 330）是当时世界上最大的帝国，为难陀王朝和孔雀王朝的形成提供了一定的启示，尽管现存记录中没有发现直接关联，间接的证据也十分稀少。与此相关的是，大流士一世（Darius I）的帝国中有名为甘达拉（*Gandāra*，即犍陀罗）和兴都（*Hinduš*，即信度）的印度辖区。这些信息可见于大流士一世的铭文和希罗多德（Herodotus）的记述。大流士的军队中也有印度人组成的部队。在波斯波利斯（Persepolis）的浮雕上，有一支不同民族带着贡物组成的游行队伍。我们原本希望能从里面发现大象，但是，画面中有印度人，却没有大象。[3]尽管没有在画面

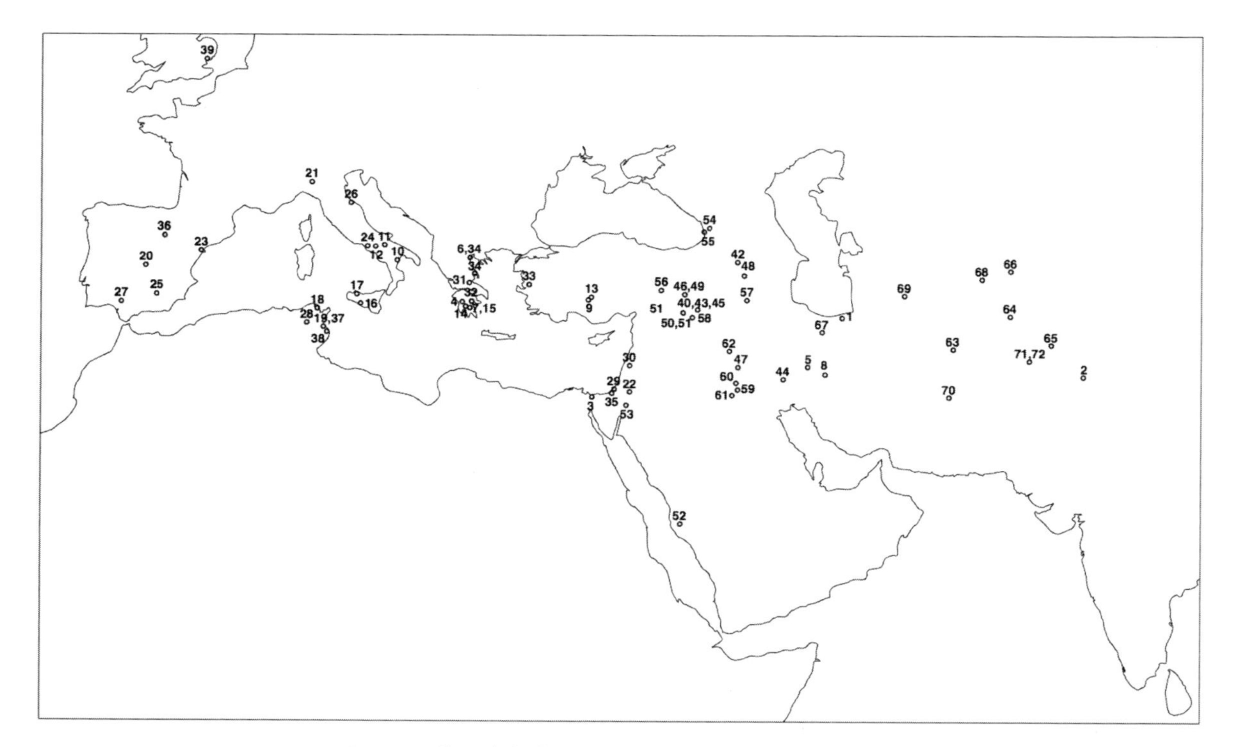

图 6.1　使用大象进行野战和攻城战的战场分布地图

公元前：

1. 希尔卡尼亚（530）；2. 杰赫勒姆河（326）；3. 培琉喜阿姆（321）；4. 迈加洛波利（318）；5. 帕里塔西尼（317）；6. 皮德纳［（1）316］；7. 阿尔戈斯［（1）316］；8. 伽比埃奈（316）；9. 伊普苏斯（301）；10. 赫拉克利亚（280）；11. 阿斯库伦（279）；12. 贝内文托（275）；13. 大象之胜（Elephant victory，275）；14. 斯巴达（272）；15. 阿尔戈斯［（2）272］；16. 阿格里真托（262）；17. 帕诺尔摩斯（251）；18. 巴格拉达斯（239）；19. 乌提卡［（1）238）］；20. 塔古斯河（220）；21. 特雷比亚（218）；22. 拉非亚（217）；23. 伊韦拉（215）；24. 卡普阿（21）；25. 巴库埃拉（208）；26. 梅陶罗河（207）；27. 伊里帕（206）；28. 扎马（202）；29. 加沙（201）；30. 帕尼翁（200）；31. 库诺斯克法莱（197）；32. 温泉关（192）；33. 马格尼西亚（190）；34. 皮德纳［（2）168］；35. 贝色隆（164）；36. 努曼提亚（153）；37. 乌提卡［（2）46］；38. 塔普苏斯（46）。

公元后：

39. 卡木洛杜鲁姆（43）；40. 尼西比斯［（1）230］；41. 瑞塞纳（242）；42. 亚美尼亚（297）；43. 尼西比斯［（2）337］；44. 苏萨（350）；45. 尼西比斯［（3）359］；46. 阿米达［（1）359］；47. 祖玛（363）；48. 阿拉瓦尔（451）；49. 阿米达［（2）502）］；50. 埃德萨［（1）503］；51. 埃德萨［（2）544］；52. 麦加（547）；53. 佩特拉（550）；54. 阿尔齐波利斯（551）；55. 法希斯（555）；56. 梅利泰内（576）；57. 甘扎克（591）；58. 阿尔扎蒙（604）；59. 卡拉斯（634）；60. 布瓦卜（635）；61. 卡迪西亚（637）；62. 萨马拉（977）；63. 呼罗珊（994）；64. 巴尔赫（1008）；65. 努尔和克拉特山谷（1020）；66. 粟特河（1025）；67. 雷伊（1033）；68. 里海海岸（1025）；69. 拿沙（1035）；70. 塔克（1051）；71. 伽色尼（1116）；72. 沙赫拉巴德（1117）。

中找到大象，但在当时战象制度和四军理念已成为北印度的主导观念，并且国家之间还发生着战争；而摩揭陀地理位置优越，可以轻松获取大象，吞并敌国，逐步转变为一个帝国。

印度的用象制度对波斯的影响非常小，因为波斯没有野象。不过，有一些实例保留在泰西阿斯（Ctesias of Cnidus，亦作“克尼多斯的克铁西阿斯”）著作的残卷中。在公元前 415 至前 398 或前 397 年期间，希腊人泰西阿斯担任阿契美尼德国王阿尔塔薛西斯二世（Artaxerxes II）的医生。泰西阿斯撰写了《波斯志》（*Persika*）和《印度志》（*Indika*）。他是第一个描述印度战象的希腊人，据我们所知也是第一位非印度人士。得益于他的著作，希腊人在亚历山大遇到大象前很久就知道印度人会使用战象。[4] 在巴比伦，泰西阿斯亲眼看到一头大象在印度象夫的指挥下推倒了一棵棕榈树。[5] 我们可以推测，大象和象夫是来自印度的外交礼物或缴纳的贡赋。正如尼科尔斯（Nichols）对此段落所做出的注解，“泰西阿斯看到的大象可能是印度人送给波斯国王的礼物。象夫随象而来，表明波斯人对于饲养大象毫无经验，很可能他们也对大象十分好奇”。[6] 泰西阿斯曾讲述，印度国王常常在战斗中使用战象打头阵，还会命令战象进攻并拆毁敌人的城墙；这是印度战象的两个主要用途。[7] 在国王的宫廷中，泰西阿斯看到了印度的旅行者，从他们那里获得了有关印度大象和其他动物的信息，构成了《印度志》的所有资料——《印度志》是在作者未实地前往印度的情况下撰写的。[8] 例如，泰西阿斯说，有一只鹦鹉能像“印度人”一样跟他交谈，意思是说这只鹦鹉由印度驯兽师喂养，但可以教它用希腊语和泰西阿斯交谈。[9]

泰西阿斯记录了帝国的创建者居鲁士（Cyrus）在里海南岸遭遇到了赫卡尼亚的德尔比克人（Derbikes of Hyrcania）的印度盟友的战象：德尔比克人伏击了波斯骑兵，导致居鲁士本人受伤，之后被一个印度士兵投掷的标枪杀死。这一年可能是公元前530年。“居鲁士向阿莫尔乌斯（Amoraios）统治下的德尔比克人发动了战争。德尔比克人用大象做伏击，击退了波斯骑兵，导致居鲁士从马上摔下。就在此时，一个印度人——当时他们同德尔比克人并肩作战，并提供大象参战——用一把标枪击中居鲁士的臀部，造成了致命伤……”[10] 因此，在这种不产大象的地区，战象都来自印度，并且需要印度人来驾驭。战象和印度象夫都是极其重要的军事资产。

两百年后，亚历山大的历史学者记载，当亚历山大大帝在高加米拉（Gaugamela）击败大流士三世时（公元前331年），大流士三世有一支由30头大象和其他人员构成的印度小分队。[11] 这很像德尔比克人吸纳印度人和他们的大象进入自己军队的做法。可以说，在波斯帝国阿契美尼德王朝的建立时代（居鲁士）和灭亡时代（大流士三世），印度人和他们的大象一直都在。

泰西阿斯《波斯志》的前六卷记录了波斯帝国建立前的亚述历史。此前我已经回顾了亚述人有关大象的楔形文字记录，[12] 可以知道亚述国王曾捕获大象并用于展示。在大象于当地灭绝前，它们还会被当作贡赋，但从未在战场上使用过。只有在亚历山大和他的继任者所在的希腊化王国时期，才能在楔形文字的记载中找到战象的身影。19世纪之前，由于楔形文字尚未被破译，学者们不得不依靠泰西阿斯所著的六卷希腊语书籍来了解亚述历史。19世纪后，随着楔形文字被破译，我们发现泰西阿斯记载的亚述历史完全不可靠，甚至可以说是离奇荒谬、错得离谱。尽管如此，在泰西阿斯那些完全想象的叙事中，战象出现在亚述女王塞米拉米斯（Semiramis）向印度国王斯塔布罗贝底（Stabrobates）发动战争的故事中，这段记载虽不见于史书，但却能说明问题。

塞米拉米斯决心征服印度，因为这个国家太富庶了：

她听说印度人的国家是世上最强大的，拥有最广阔、最美好的土地，于是决心发动战争，向斯塔布罗贝底所统治的印度进军。那里兵多将广，有数量惊人的大象和装备精良的战争工具。印度是个极其美丽的地方，由许多河流分成多个区域，到处都有水源，庄稼一年两熟。这里的生活必需品如此丰富，当地人总能过上富足的生活。据说因为这里气候很好，国家从未出现过饥荒或粮食短缺的问题。印度拥有数量惊人的大象，在力量和体格上超过了利比亚的大象。这里还有大量的金、银、铁、铜，有无数各式各样的宝石。这里几乎有与奢侈和财富有关的一切事物。[13]

在描述印度的惊人财富时，大象明显是重要一环；它们既是一种吸引，又是一种威慑。因为印度国王有着庞大的军队，其中就包括数量众多的战象。当斯塔布罗贝底得知塞米拉米斯的军队逼近时，他捕获了更多野象并训练它们作战。为了对付这些大象，塞米拉米斯让人杀了 30 万头黑牛，将牛皮缝制在一起，穿戴在骆驼身上，制成仿真大象，由骑在骆驼上的人操控。但是，仿真大象的皮肤有褶皱，因此被印度人识破后击溃。[14]我们不必纠结这个故事是否为虚构，或是来源于某个早期民间故事。该故事引人注目之处是明确指出印度是野象的栖息地，并且这些大象被捕捉后会用于战争；还指出波斯帝国因缺少大象而不能反击印度人最独特的大象军队。就此而言，塞米拉米斯与斯塔布罗贝底之间的故事尽管可能是虚构的，却的确有可能发生在类似泰西阿斯所处的真实世界之中。

因此，印度河以西的国王如果想要拥有战象，就必须从印度进口（或者捕捉并驯化非洲象）。在亚历山大大帝向东征服印度河地区后，这种情况发生得非常迅速，并在历史中蓬勃发展。

亚历山大帝国

亚历山大很可能从他的老师亚里士多德那里了解到一些关于大象的知识。亚里士多德曾参考泰西阿斯的著作，撰写了一部有关大象生理机能的优秀作品。[15] 亚历山大可能也很熟悉泰西阿斯的《波斯志》，了解其中对印度战象那种富有想象力的记述。在高加米拉战役中，马其顿人进攻迅速，导致波斯人没能妥善部署自己及印度盟友的战象，没有发挥出战象的优势。这也为亚历山大提供了一个真实接触印度战象的机会。在高加米拉，他缴获了敌人的大象，毫无疑问也获得了驭象人和饲养人员。在随后的战役中，亚历山大很快又获得了更多大象，其中既有印度盟友的礼物，也有战败者的贡赋。他并没有将大象投入战斗，可能是因为没有时间训练部队学习如何使用大象，但是有充分的证据表明，与大象接触的经验帮他制定出了针对战象的防御措施，还在印度取得了成功。虽然有关亚历山大的史书倾向于夸大他在继任者中建立的大象狂热，但他其实继承了阿契美尼德王朝（至少是大流士三世）的制度，开始将战象和印度的驭象人作为军队的组成部分。根据巴高华（Bar–Kochva）的研究，继承亚历山大统治的东部领土的塞琉古王朝，军队中既有当时波斯军队的重要组成部分——印度战象，也有著名的长刀战车，即刀刃固定在车毂上的战车。

如上一章所述，大象在亚历山大停留印度的这段历史中扮演了重要角色。在波鲁斯王国指挥的杰赫勒姆河战役中，大象在作战阵形中发挥了重要作用。这是在印度进行的作战中描述最详尽、最重要的一场战役。同时，大象在亚历山大远征过程中也造成了一个危机：在比亚斯河，他的军队出现了哗变，因为再向东进，士兵们就要面对敌人拥有的庞大且凶猛的大象了。在亚历山大收集并带回巴比伦的外交礼品和战利品中，约有 200 头大象。[16]

亚历山大非常欢迎并积极寻求大象作为礼物和战利品。阿里安的一段话很好地展示了这一点。如上一章所述，当亚历山大进军到印度河流域时，他确定该地区的印度人早已经逃离（亚历山大时代的历史学者称这些印度人为阿萨西尼亚人）。他们任由大象自生自灭，在河边自由觅食。亚历山大命令当地人带他去寻找大象。“许多印度人都是猎象人，亚历山大极力让他们成为随从，帮助自己猎象。有 2 头大象在围捕过程中掉落悬崖而亡，其余的则被捕获，由驭象人骑乘，加入军队之中。”[17] 因此，在兵变发生前，亚历山大不仅收集大象，还雇用印度的捕象猎人。他需要大象和象夫以备不时之需。这意味着，亚历山大已经获得了捕捉、训练、部署战象的必要知识和技能，或者至少掌握了在战斗中反击大象的实践手段。

杰赫勒姆河战役让亚历山大可以实践他新学习的大象知识。[18]亚历山大和波鲁斯的军队分别在杰赫勒姆河两岸驻军，后者的象军使亚历山大无法直接过河。多次佯攻后，亚历山大调动大量骑兵和步兵，在远离驻军点的上游地区进行夜间渡河，黎明时就控制了对岸。波鲁斯听到风声后派去一支战车先锋部队，却被困在泥泞的道路上，随后被击退。然后，亚历山大组织起一支拥有 4 000 名骑兵、300 辆战车、200 头战象和 3 万名步兵的军队。根据亚历山大时代的历史学者描述，他选择了印度典籍中被称为棒形阵（*daṇḍa*）的阵形，即大象打头阵，大象之间间隔 30 米，步兵在其后，骑兵和战车在两翼。根据在高加米拉战役击败大流士后缴获的军令文书看，大流士的战象似乎也想以相同的方式部署，但直到战斗开始还没有摆好阵形。[19] 这种类似表明，波斯人已吸收并应用了印度作战阵形的某些理论。

在战斗中，亚历山大首先避开了敌军优势，即中心的象军。然后依靠己方骑兵的优势打破波鲁斯的作战阵形，使对手陷入混乱。他在河边将骑兵分为三队，部署在自己的右翼。一方面，亚历山大的弓箭手击退了敌军战车；另一方面，骑兵发动了一场猛烈的进攻，迫使敌军侧翼的骑兵后退，退回到战象和步兵主力的阵营中，造成了拥挤和混乱。波鲁斯的骑兵部署于远处侧翼，此时已经来到位于中心的步兵主力后面，打算增援正在撤退的另一侧翼的骑兵。但马其顿骑兵从后方进攻，导致印度骑兵挤在一起两面受敌。然后，马其顿的步兵使用长矛（*sarissa*）作战，更为英勇的士兵们则近距离猛冲，用剑和斧专门攻击象腿。混乱在敌军中蔓延，打乱了战场上的秩序。骑在象背上的波鲁斯被俘；亚历山大问他，希望被如何对待，波鲁斯回复说："要像国王一样。"于是，亚历山大任命他为该地区的地方长官。[20] 值得注意的是，亚历山大在进攻敌方战象前做了准备，为此专门制造了武器。

在这段历史中，大象的重要地位可以在比亚斯河哗变中看出，这是亚历山大的重大危机。[21]东方有更多的战象组成庞大军队，主要属于难陀王朝。亚历山大的远大抱负是要找到恒河入海口，而难陀王朝则位于他寻找入海口的必经之路上。但是，士兵们拒绝前行，因此亚历山大调转大军沿印度河南下，经过格德罗西亚（Gedrosia）沙漠回到了巴比伦。在巴比伦，32岁的亚历山大英年早逝。这段历史的后续影响是战象制度迅速在西亚、北非和欧洲传播开来。亚历山大对大象的兴趣在死后产生了影响：他的将领们为争夺继承权，形成军备竞赛。这种局面让战象广泛传播于亚非的希腊化王国和更远的地区。

自此之后，印度战象及象夫在实际和象征意义上都具有无与伦比的重要性。正如狄奥多罗斯的描述，[22]在亚历山大的葬礼上，灵柩上装饰着马和大象的形象；特别是“四块长板上涂着颜料，展现了帝国军队的四个部分：步兵、骑兵、海军和战象。毫无疑问，战象的品种属于印度象，它们排列成作战阵形，驮着当地的象夫，走在军队前方，后面跟着全副武装的马其顿人”。[23]

不久之后（公元前320年），托勒密（Ptolemy）发行了一种硬币，上面刻有亚历山大戴着大象头盔的形象，象征着他在印度的胜利；大象也成了印度的代名词。硬币上的图案显然是虚构的，因为大象巨大的头部、鼻子和长牙被缩小到适合亚历山大头部大小的尺寸。这种形象也暗合亚历山大曾铸造的一种硬币，那种硬币铸造得更为逼真，上面刻有赫拉克勒斯（Herakles）戴着狮子头盔的形象。后来，亚历山大的继承者们在硬币上经常使用大象形象。[24]

图 6.2 托勒密一世时期的四德拉克马银币上，亚历山大头戴大象头盔的形象

塞琉古王朝和托勒密王朝

亚历山大在巴比伦突然过世，由他开创的帝国很快陷入一场持续数十年的危机之中，直到最后国际秩序逐渐趋于稳定。[25] 由于亚历山大没有安排好继承问题，这个问题就落到将军、地方总督和其他人身上。为了争夺权力，在被称为“继承者”（*diadochoi*）的十几个主要竞争对手间出现了一系列错综复杂的短暂结盟。亚历山大的王室家族成员——包括他的同父异母兄弟腓力三世（Philip Arrhideus）、母亲奥林匹亚斯（Olympias）、王后波斯人罗克珊娜（Roxane）以及在他死后刚出生的儿子亚历山大四世——都拥有名义上的继承权。最后，这十几个主要对手只剩下 3 位，即叙利亚国王、埃及国王和马其顿国王。叙利亚和埃及分别被亚历山大的两位将军统治：统治叙利亚的是塞琉古，他在杰赫勒姆河战役中指挥步兵迎战波鲁斯的战象；统治埃及的是托勒密，他是骑兵指挥。统治马其顿的是安提帕特（Antipater）。大象在继承者之间的战争中发挥了重

要作用，在后来也一直使用，尤其是在叙利亚的塞琉古王朝和埃及的托勒密王朝的诸王对抗的过程中。

皮尔·阿尔曼迪在其著作《大象的战争史》(1843)中指出，古人战争技艺的大多数方面都充分得益于当时的知识成果，但有关战象的研究却并不多。尤其是从亚历山大到恺撒的三百年中，地中海沿岸国家间的战争几乎没有一场不受到大象的极大影响，阿尔曼迪认为当时对战象的研究匮乏到令人诧异的程度。[26] 流传下来的古希腊和古罗马的军事战术手册，都是在停止使用战象很久以后才写成的，无法就这个话题提供任何有用的信息。因此，阿尔曼迪分析了流传下来的使用大象作战的资料，这才重构了战象制度。一百多年后，古典主义学者 E. C. 斯卡拉德 (E. C. Scullard) 对这一领域进行了全新的研究；他的《希腊罗马世界的大象》已成为代表性的著作。这不是一本军事史著作，却记载了众多使用战象作战的描述，以及非军事领域的用象情况。由于这两部著作以及其他少数几部著作，我们才对马其顿人、希腊人、罗马人和迦太基人使用战象的情况有了深入了解。亚历山大对印度战象的兴趣与收集，以及因继承权爆发的激烈战争，推动了战象的使用。在此过程中，大象被证明是有价值的军事资产，它们尤其稀缺且难于获得。战象是军事中的黄金。

菲利普·兰斯 (Philip Rance) 的研究表明，阿尔曼迪对希腊战术著作的研究非常到位。他援引 6 世纪的一位佚名作者 [学者们称其为西里阿努 (Syrianus Magister)] 撰写的《战术论》(*De re strategica*)，指出传统战术将军队分为步兵、骑兵、战车和战象四个部分；但在后希腊化时代论述战术的现存文献中，由于专门术语都被弃用，因此后两项均未被讨论。兰斯指出，在后来论述战术的现存著作中，从阿斯克列庇欧多图斯（Asclepiodotus，约公元前 170 至前 130 年）到伊利安（公元 106 至 113 年）再到阿里安，都声称战象和战车在战争中已被淘汰。[27] 这些论述战术的现存作品，超越了更早的讨论战象和战车的相关著作，导致那些更早的著作连只言片语都没有保存下来。这太遗憾了，因为更早的著作中会包含战象的宝贵信息。[28]

令人惊讶的是，这些已经失传的战术著作也指出，军队由四个部分构成。这种做法完全复制了印度人将军队称作“四足兽”的理念。希腊和印度在军事理论上的这种巧合还没有被人注意到。我们如何解释这种巧合呢？传统战术将军队分为四个部分，这必定反映了希腊化时代军队的情况，而且还说明战象和战车都是军队的组成部分。虽然战象和战车在希腊已被淘汰，但在某种程度上，它们依然在中东这个战车的故乡和印度得以保留。例如，根据巴高华的分析，将军队分为四个部分的理论非常符合塞琉古王朝的情况。我认为，希腊战术著作中传统上将军队分为四个部分，不是直接借鉴印度的四军理论，而是如印度那样将战象加入步兵、骑兵、战车三军中。

有关战争的记述显示出杰赫勒姆河战役的巨大影响，也展现了波鲁斯将战象间隔排列、部署在步兵前边的方法。地中海一带的民族在战斗中经常这样部署大象，即在中心、两翼或者同时在两者的前边部署。战象用来打散敌军步兵，在那些不习惯看到大象和嗅到大象气味的马匹中间引起混乱，猛攻野战防线，拆除防御堑壕，在攻城战中持续进攻防御用的城墙。文学修辞中有一种说法：大象可能会被激怒而成为己方的威胁。[29] 人们试验过许多防御手段以抵挡大象。其中，用铁蒺藜可以有效地阻止大象前进或让其丧失行动能力，而相应的反制措施是给大象穿上铠甲。

另外，还有一个重要的创新，即在象背上设置一个“塔”或盒（*thōrakion*），既为象背上的战士提供了掩护，又提供了一个投掷武器的坚固平台。保罗·古科夫斯基（Paul Goukowsky）已说明，这是希腊化的创新，不是从印度借鉴而来。他的判断很准确：印度人通常是跨骑大象的。这也与我们在史诗中发现的情况相一致。在史诗中，不同于使用武器的技能，骑乘大象是武士必须要学的技能；早期历史遗址——如桑吉寺（Sanchi）——的雕塑中便有此种形象。在希腊化地区，古科夫斯基注意到一种可能是亚历山大时代铸造于巴比伦的硬币，意在庆祝杰赫勒姆河战役的胜利，现存 3 枚。硬币上面描绘了波鲁斯跨骑在大象上，一位象夫手持驭钩坐于象颈，他们正被骑在马背上的亚历山大追击。[30] 此时尚未出现象轿。而象背上的塔是一种希腊化的发明。在亚历山大时代，印度和巴比伦无人知晓象塔；但在亚历山大死后的希腊化时代，象塔就变得很常见了。古科夫斯基追溯象塔的发明时间在公元前 300 至前 280 年间，并倾向于将此成果归功于皮洛士（Pyrrhus）和他手下的工匠。设置象塔的目的是克服大象快速行进时——用古科夫斯基的话说就是“飞驰”——战士们难以保持平衡的困难。不过，大象不可能真的飞驰，它们行动时必须始终保持 3 只脚着地。

大多数印度学家认为象轿在早期就存在了，并不知道古科夫斯基的文章。因此，如何发明象轿的问题没有引起关注，充其量只是得到了拙劣的解释；我也不能回答这个问题，但是能清楚地提出这个问题也是一种收获。

古科夫斯基认为，印度人根据自身需要改造了希腊风格的象塔，将其变成现代的象轿；[31]该过程可能是在塞琉古王国的巴克特里亚总督辖区内完成的。但是，由于没有提供来自当时印度的证据，所以他的理论缺乏佐证，不能证明印度的象轿来源于希腊。而且，他的解读是建立在希腊和马其顿的战士缺乏骑乘大象技能的基础之上的，这一技能在印度一直是军事教育的特有部分；因此印度人似乎没有明显的动力去借用希腊式的象塔。另外，语言学的证据不仅不支持这种借鉴，而且还提出了一种完全不同的研究脉络。

印地语中的“象轿”（*hauda*）一词源自阿拉伯语“*haudaj*”；这意味着该词是在穆斯林入侵印度时或之后相对较晚的时期形成的。同时，这个词在阿拉伯语中最初指代骆驼背上供哈里发或者妇女使用的平台。[32]这意味着，象轿不仅起源要晚得多，还与希腊式象塔的功能有所不同。后者是一个坚固的平台，供不擅长无鞍具骑乘大象的战士使用，而象轿的作用，准确地说是为贵族提供一个尊贵的座位。

对于这些来自印度的证据，相关研究很少。霍普金斯认为，史诗中提到的象轿可能是后来添加的；他引用《摩诃婆罗多》中的一处段落，称象轿为“*vimāna*”，但该段落在校订版本（Critical Edition）中没有出现，因此霍普金斯认为这段文字可能是更为晚近时期的产物。[33]另外，我也没有在字典中找到“*vimāna*”的释义。早期，这个词是指神明的空中战车——一种名副其实的飞行宫殿，可以在空中飞翔。这个词确实在史诗中出现过，并与一些神明和罗波那有关。罗波那七层的维摩那（*vimāna*）就被称为“飞天马车”（*puṣpaka*），并被装饰以花朵。[34] 那么，象轿（howdah）一词在梵语中对应着哪个词呢？霍普金斯给出了“*varaṇḍaka*”这个后来出现的词。字典可以证实这一点，但都是古代词汇，除此之外没有其他用例。[35] 特纳（Turner）的《印度 – 雅利安语对照词典》（*Comparative dictionary of Indo-Aryan*）没有给出梵文“*vimāna*”或“*varaṇḍaka*”在现代语言中表示象轿之意的对应词汇。[36] 因此我们发现，史诗中没有提到象轿，字典中没有引用后来的梵语文献，现代印度语言中也没有一个梵语单词对应象轿之意。相比之下，印地语使用的单词起源于阿拉伯语，毫无疑问也在其他语言中得到使用。所有这些情况都需要进一步的探讨，并且也有必要考察几个世纪以来战象在印度雕刻和绘画中的视觉形象，以确定其出现的时间。[37] 就目前而言，我并不是说象轿是阿拉伯人发明的，只是有可能其发明时间正是阿拉伯军队接触印度之时。如我们所见，[38] 象轿明显出现在 12 世纪吴哥窟刻画高棉军队的浮雕上。画面中，象轿的确是充当了国王及其将领使用的尊贵座位，而不是普通战士使用的座位。

我们需要研究的不是大象在军队中的使用，而是使用大象时的后勤保障问题。这场长达 300 年的军备竞赛如何获得足够多的大象才能得以持续？还有，他们如何获得那些使战象制度得以实行的技术性和实用性知识呢？他们既需要了解有关大象供应的信息，也必须掌握饲养大象且在战争中使用大象的相关知识，这些都集中体现在战象制度上。因此，有必要将大象供应和大象知识两个问题分别加以讨论。

首先，供应的来源是明确的。被亚历山大带到巴比伦的大象约有 200 头，后来为人所夺取并在继承者战争中使用。公元前 317 年，东方地区的马其顿重要官员欧德摩斯（Eudamus）杀死了波鲁斯并夺走其全部大象，将总数120头的象群投入继承者之间的战争；欧德摩斯因此被称为“大象霸主”。[39]但最引人注意的大象来源是塞琉古，他从孔雀王朝的旃陀罗笈多那里取得了500头；旃陀罗笈多控制着印度大象数量更多的东部森林，这一点在《政事论》中已经提到。这些大象为塞琉古带来了财富。有人对这批大象的数量之大持怀疑态度，因此需要进一步仔细审查。

阿庇安（Appian）在他的《罗马史》中讨论了叙利亚的战争。他说，安提柯（Antigonus）在亚历山大家族最后一位成员死后自立为王。塞琉古、托勒密和其他人结成同盟对抗安提柯。塞琉古掌握了弗里吉亚（Phrygia）内陆和自幼发拉底河至地中海的整个叙利亚。随着时间的推移，他还征服了美索不达米亚、亚美尼亚、塞属卡帕多西亚（Seleucid Cappadocia）、波西斯（Persis）、帕提亚、巴克特里亚、阿拉伯、塔普里亚（Tapouria）、粟特、阿拉霍西亚、希尔卡尼亚（Hircania），“以及已臣服亚历山大的邻近民族，直到印度河一带”。这意味着，“除亚历山大之外，塞琉古帝国的疆域是亚洲最广阔的”。这片广袤的领土与旃陀罗笈多正在扩张的孔雀王朝相邻。“从弗里吉亚到印度河的整个区域都臣服于塞琉古。他跨过印度河，向生活在河畔的印度国王安德罗科都斯（Androcottus，即旃陀罗笈多）发动了战争，一直持续到双方达成和解并缔结姻亲关系为止。这些功绩有的是在安提柯死前完成的，有的是在其死后。”[40]斯特拉博详细说明了塞琉古与旃陀罗笈多签订的和平条约的条款：塞琉古割让阿拉霍西亚、格德洛西亚、帕洛帕米萨达（Paropamisadae），可能还有阿里亚（Aria），而旃陀罗笈多则要给他500头大象。[41]

这发生在公元前301年那场决定性的伊普苏斯（Ipsus）战役之前，当时塞琉古还在世。而那500头大象正是塞琉古在那场战役中取得胜利的法宝。在此情形下，塞琉古被戏称为“大象的统治者”（*elephantarches*），仿佛说其统治下的大象比人多。[42]他拥有的大象无疑是他面对庞大人口时巩固统治的手段。

旃陀罗笈多推翻了难陀王朝的统治，并接管其帝国。在亚历山大时代，难陀王朝仅限于印度东部，未扩张到印度河流域。阿庇安的佐证暗示，旃陀罗笈多此时向西扩张到了印度河，而塞琉古向东扩张也许是想夺回亚历山大在印度的领地，因此开始对抗孔雀王朝的国王。他们后来达成了和解，这对双方都有好处。塞琉古割让了一大片领土，包括现在阿富汗的大部分地区以及巴基斯坦南部，即今天的喀布尔（帕洛帕米萨达）、坎大哈（阿拉霍西亚）和赫拉特（Herat，即阿里亚）地区；还有巴基斯坦俾路支省（格德洛西亚）的莫克兰（Makran）海岸。[43]然而，塞琉古保留了巴克特里亚的领地，这成为其继任者进入印度的通道。他割让给旃陀罗笈多的领土之广引起了某些学者的怀疑。文森特·史密斯（Vincent Smith）梳理了研究资料，坚信割让领土的情况是真实的。[44] 1958年在坎大哈（古代亦称“亚历山德里亚”）发现了旃陀罗笈多之孙阿育王的一块用希腊文和阿拉米文（Aramaic）书写的铭文，确认了古代记载的真实性。[45]作为交换这片广阔土地的条件，塞琉古获得了很多大象。这确保了他在伊普苏斯战役中实力增强并最终取得胜利。500头大象确实很多，但是，如果我们想到孔雀王朝的故乡盛产数量最多的（也是质量最好的）大象，同时依据麦加斯梯尼的记载，国王掌握了大象的垄断权，那么这个数字也并非不可能。[46]

从此，孔雀王朝似乎成为塞琉古王朝大象的常规供应地。[47]另一次直接提及塞琉古王朝与孔雀王朝之间大象贸易的记录出现在一个世纪之后，即公元前212至前205年期间。塞琉古国王安条克三世（Antiochus III）努力维护他对东部辖区的权威。在此时期，他和巴克特里亚的欧西德莫斯（Euthydemus）之子德米特里乌斯缔结和平，“接受了属于欧西德莫斯的大象。他越过高加索山脉（Caucasus），* 并深入印度，恢复了和印度国王索法伽色努斯（Sophagasenus，亦作‘幸军王’）的友谊；他获得了更多的大象，其总数高达150头；在军队再次获得更多的补给后，他又亲自率军出发。同时，让基齐库斯的安德罗斯提尼斯（Androsthenes of Cyzicus）负责把这位国王许诺给他的财宝带回家”。[48]从印度的资料看，我们无从得知索法伽色努斯是谁［是否就是沙布伽辛那（Subhagasena）？］。但是，作为印度的国王，他毫无疑问是孔雀王朝的皇帝，而不是小邦国王。

孔雀王朝向塞琉古王朝提供大象不太可能仅限于这两次。例如，公元前221年，安条克三世在面对米底（Media）总督莫伦（Molon）的叛乱时，已经拥有了10头大象。而在公元前217年的拉非亚战役中，他却有102头大象，几乎损失殆尽。在这期间，他必定从印度获得了更多的大象。或许如波利比乌斯暗示的那样，安条克三世恢复了与孔雀王朝的友谊。更早的时候，或许在公元前277年，安条

---

* 此处应为兴都库什山脉。作者引述的是古希腊作家的表述，而在古希腊的一些地理和历史著作中，经常将喜马拉雅、喀喇昆仑、兴都库什、拉达克山等山脉并称为“印度 - 高加索山脉”。从希腊本土前往东方的通道依次是高加索山脉、兴都库什山脉、喀喇昆仑山脉和拉达克山脉，并且这些山脉大体上彼此相连。因此，古希腊人习惯用高加索山脉指代这一系列山脉。——编者注

克一世紧急派遣其巴克特里亚地区的总督去获取 20 头大象。我们能推测出这些大象基本上来自孔雀王朝。巴比伦的《天文学日志》还记载了公元前 273 年另一次从巴克特里亚总督那里运送 20 头大象的情况。[49]

塞琉古王朝至少向孔雀王朝派遣了两名使节：[50]麦加斯梯尼被派送到旃陀罗笈多身边，而第马库斯（Deimachus）则被派到其子宾头沙罗（Bindusāra）身边。两位使节都记述了印度的情况，但是只留传下来一些残卷。如我们所见，麦加斯梯尼的残卷非常丰富；《印度记》非常关注军队的结构，王室对大象、马匹和军队的垄断，以及捕捉野象的方法。因此总体而言，通过保持与孔雀王朝的外交关系维持来自印度的大象供应，这对塞琉古王朝来说有重大益处。在这种情况下，塞琉古王朝尽管自身很可能不产野象，但是可以充分利用巴克特里亚辖区的优势——它毗邻印度，有助于把捕获的大象运送至巴比伦。大约在帕提亚人——亚洲内陆的伊朗语游牧民族——入侵并占据波斯之时，巴克特里亚辖区最终成了一个独立王国。帕提亚人对大象的兴趣有限。他们在印度大象和印度以西民族之间筑起了一道屏障，尤其影响了依赖大象的塞琉古王朝。

托勒密和塞琉古曾经是一起对抗安提柯的盟友，但是一旦共同的敌人消失，他们就必然反目。争夺的目标是富饶的叙利亚南部海岸，这里被称作柯里叙利亚（Coele-Syria）；他们及其后代都曾为此地而打仗。塞琉古王朝可以通过其统治的巴克特里亚辖区直接前往印度，而埃及的托勒密王朝无法获得印度大象——除非通过战争。因此，托勒密王朝在与塞琉古王朝的战争中明显处于劣势，急需解决大象的供应问题。托勒密二世（Ptolemy II Philadelphos）是埃及托勒密王朝建立者的儿子和继承人。传说他曾派一位名叫狄俄尼索斯的使节前往印度。此事可能发生在宾头沙罗时期，更有可能是在阿育王时期。这次出使行动的目的是什么？普林尼乏味地写道，狄俄尼索斯是为了撰写关于这片土地的情况。[51] 但是，鉴于托勒密获得并训练非洲象的动力，我认为卡森（Casson）的观点似乎有道理。他认为，托勒密需要从印度搜罗猎象师和驯象师来帮助他建立大象部队，但此时通过陆路获得印度大象的方式被切断了。[52] 这就如同亚历山大在印度所做的情况一样，花费大量精力让印度的猎象师把在阿萨西尼亚流浪的大象围捕起来。

文献资料清楚地表明了印度驭象人的存在。最为重要的信息是，希腊化时代习惯于将象夫称为“印度人”（*Indos*）；也就是说，“印度人”一词被赋予了“象夫”的专门含义。这种用法在亚历山大时代还不存在，因为亚历山大时代的历史学者使用的是另外的术语。在亚历山大死后的希腊化时代，“印度人”一词成为历史学者称呼象夫的固定用语。在狄奥多罗斯的作品中，我们没有在讲述亚历山大历史的第十七卷发现“印度人”这种用法；但是到了第十八卷，在讲述希腊化时代历史的时候，我们发现了这种用法。[53] 在一些关于希腊化时代战争的记载中，大象和它们的“印度人”可独立组成一个军事单位，用来摧毁防御工事或在步兵中散播恐怖气氛。不过更多时候，在描述战场情况的文字中，我们读到的是战象载着两三名战士——或是马其顿人，或是希腊人——再外加上“印度人”。赫西基奥斯（Hesychius）的字典解释“印度人”一词时说，“他引导着来自埃塞俄比亚的大象”，[54] 这表明托勒密王朝曾经有过捕捉和训练大象的行动。因此毫无疑问，这一时期的国王会雇用印度人负责大象事务。

这是最有说服力的一个证据，证明希腊化时代的国王会借助印度象夫、猎人和其他人获得驾驭大象的必要知识——但没有象兵战士，因为战士由马其顿人或希腊人担任。如我们所见，古科夫斯基认为，由于大象在快速移动时，骑手们在象背上难以保持平衡，所以发明了象塔以提供一个稳固的战斗平台。

至于象夫，赫西基奥斯的字典记录了两个与象夫所用工具对应的希腊词语：一个是常见的驭钩，另一个是表示与驭钩相同或相似事物的词语“*kandara*”。[55] 还有其他源自印度语言的、有关军事的希腊语词汇，例如与梵文“*niveśana*”相对应表示“军营”之意的词。然而，梵文“*mahāmātra*”这个词，赫西基奥斯的字典没有将其定义为象夫，而是解释为“印度人中的将军”，以希腊文复数形式“*mamatrai*”出现——此意可能有点儿类似于总督，即一种兼管民政和军事的官职。[56] 正如一些学者的主张，当地人最终或许可以经训练成为象夫，而其他民族的象夫也仍然会被称为“印度人”，这是军事意义而不是民族意义上的称谓。在如此远离印度的地方，建立足够大的印度驭象人群体让他们自行延续是非常困难的，从印度获取新的驭象人也同样困难。但是，我们必须设想印度象夫向当地学徒传授了他们的实用知识，就像战象制度最初从起源地传播到印度次大陆其他王国时发生的那样。

而后，托勒密二世沿着红海沿岸建立了狩猎站，开始捕捉并训练厄立特里亚、埃塞俄比亚可能还有利比亚的非洲象。他们沿海岸线中段建立起托勒梅厄斯城（Ptolemais Theron），作为狩猎出发的站点。大象通过海运被带到这里。人们已经发现了乘船沿红海而上将大象运送至首都的路线。[57]

据阿伽撒尔基德斯*（Agatharcides）记载，沿着河岸生活着各种部落民族，他称其为“食鱼族”（Icthyphagoi）。而在内陆还有其他部落，包括“食象族”（Elephantophagoi）。不同的食象族使用各不相同的狩猎方法。其中有两种方法看起来一贯可行：一种是用斧子砍断大象的腿筋，另一种是使用毒箭。第三种方法似乎有些荒谬，是基于对大象生理特点的错误认知。阿伽撒尔基德斯说大象喜欢倚着树睡觉，因为它们的腿上没有关节，如果它们碰巧倒下就不能再站起来了。猎人可以把树锯掉，这样一来倚树睡觉的大象倒下后就起不来了。[58] 在欧洲中世纪的动物寓言中，该故事深受人们喜爱：人们认为“大自然没有赐给它可以弯曲的膝盖”，只要人们没见过活的大象，就会对此深信不疑。[59]

不管怎样，阿伽撒尔基德斯写下的一段文字，恰好呈现了猎象食肉与猎取象牙两种社会习俗的差异。“埃及国王托勒密颁布法令，命令这些（食象族）猎人节制杀象，以便他能够获得活象；而且他还许诺，如果食象族遵守这项法令就给予重赏。但是，托勒密非但未能说服他们，却得到回复，他们不会为了整个埃及王国而改变自己的生活方式。”[60] 托勒密二世试图强制实行一种类似于《政事论》中有关大象森林的社会习俗，即保护野象不会因为食用象肉和获取象牙而被猎杀，以便它们能够被活捉并训练成为战象。同样值得注意的是，猎人们即便奖励丰厚也不愿意放弃他们的生活方式：狩猎

---

* 阿伽撒尔基德斯，约活动于公元前 2 世纪前后，历史学家、地理学家和语法学家；曾在托勒密五世宫廷中担任私人秘书。——编者注

采集者拒绝了整个埃及王国——换言之，就是拒绝了农业、王权、文明。这种试图让森林民族停止猎象取食的举措，其内在逻辑与《政事论》中主张的政策相一致。虽然托勒密王朝失败了，他们无法将自己的意愿强加给森林民族，但是该政策的逻辑，及其在印度和埃及这两个相距甚远的地方均有出现的事实，证实了这样一种假设：战象制度促使人们摒弃了猎象取食和猎象取牙的古老习俗。

尽管食象族拒绝合作，但是为战争而猎象、驯象的情况仍在继续。几乎可以肯定，托勒密王朝在此过程中得到了印度象夫的帮助，可能还有猎象师和驯象师的协助；他们还任命了希腊官员来掌管此事。另外，位于尼罗河第五瀑布之上的内陆王国麦罗埃（Meroe）拥有野象，他们很可能就是在印度象夫的帮助下捕获并训练这些大象的。我们从麦罗埃遗址中获得了一块浮雕，上边描绘了其中一位国王未用鞍具跨骑在大象身上（如图 6.3）。麦罗埃人的用象文化很有可能反映了托勒密王朝的情况，不禁使人想到，他们可能一直是托勒密王朝获取大象和象夫的来源。遗憾的是，虽然麦罗埃的铭文采用的是一种已知的书写系统，但就像伊特鲁里亚*（Etruscan）铭文一样，我们无法解读出来，因为我们不知道这些铭文使用的是哪种语言。[61]

一旦托勒密王朝在与塞琉古王朝的战斗中让非洲象与亚洲象正面交锋，两者之间的区别就会一目了然。与我们的判断相反，希腊化时代的史料通常会记载，亚洲象比非洲象更庞大、更强壮。波利

---

* 伊特鲁里亚文明是伊特鲁里亚地区（今意大利半岛及科西嘉岛）于公元前 12 世纪至前 1 世纪所形成的文明。该文明全盛时期为公元前 6 世纪，后因古罗马的崛起而衰落，最后被罗马文明同化。——编者注

图 6.3 麦罗埃遗址浮雕中国王骑乘大象的图像

比乌斯记述了第四次叙利亚战争中的拉非亚战役；公元前 217 年，此战发生在托勒密四世*和安条克三世之间，其中托勒密带来 73 头大象，而安条克则有 102 头。波利比乌斯这样记述道：

大象的战斗方式是这样的：它们的象牙被紧紧地锁在一起，互相纠缠着，并用全身的力气推搡对方，每头象都试图让对方退让，直到最强壮的那头把其他大象推到另一边为止。然后，一旦它想让对方的大象转身，就会用长牙刺过去，就像公牛用牛角攻击对手那样。现在，托勒密的大多数大象都害怕加入战斗中，因为这是非洲象的习性，它们不能忍受亚洲象的气味和声音。我觉得它们也是被

* 此处英文原文 Ptolemy V Philopater 有误。根据托勒密王朝世系表，此时在位的国王应为托勒密四世菲利普提（Ptolemy IV Philopator，前 221 年—前 205 年在位），而托勒密五世的名字是 Ptolemy V Epiphanes。——编者注

亚洲象巨大的体形和力量吓到了。当靠近亚洲象时，非洲象就会立刻逃跑。这就是当时的情况；因此，在托勒密的大象陷入混乱并退回到己方队列时，托勒密的精锐骑兵（Agema）在这种动物的压力下也溃败了。[62]

从古至今，人们都认为印度象（或亚洲象）比非洲象更大。到19世纪末，欧洲人了解到撒哈拉以南的热带稀树草原存在更为庞大的非洲象，上述说法才得到更正。但是，如高尔斯（Gowers）在两篇经典文章中的说法，非洲有两种大象而非一种，分别是非洲森林象和热带草原象。前者确实比亚洲象小，不过后者明显更大。我们有充分的理由认为，厄立特里亚、埃塞俄比亚和苏丹的大象属于非洲森林象，还有阿特拉斯（Atlas）山脉的山麓一带的大象也属此种；迦太基人曾效仿埃及托勒密王朝，捕捉和训练这种大象。[63]

在上述引文中我们看到，大象间的战斗遵循着雄性野象之间的打斗方式，以头对头正面交锋，尝试攻击敌方侧翼迫使其调头转身。在战场上，象夫会引导大象按照野外习性作出同样的本能反应，服务于人类的战争。

迦太基

迦太基（Carthage）位于今天的突尼斯，曾是腓尼基人的城邦。这是一个不断壮大的帝国，控制着北非大部分地区、西班牙、科西嘉岛，以及西西里岛的部分地区。罗马通过联盟的方式统治着意大利半岛。两个日益壮大的强国必然会发生冲突。经过一个多世纪的激烈斗争——公元前264至前146年的3次布匿战争（Punic Wars），罗马最终胜出并消灭了对手。

早在公元前262年，迦太基与罗马发生冲突前，他们已经在使用大象作战了。迦太基从努米底亚和毛里塔尼亚（Mauretania，现在的阿尔及利亚和摩洛哥）——阿特拉斯山脉的山麓一带——获取并训练大象。如前所述，这些大象可能是非洲森林象，它们类似于在撒哈拉以南的刚果盆地发现的种类。[64] 人们认为，在上一个冰河时代结束后，气候条件不断变暖、变干旱，导致撒哈拉沙漠形成并扩大。这使得沙漠以北的非洲森林象种群，与沙漠以南湿润森林地带的主要象群相分离。

我们并不了解迦太基人如何掌握捕捉并训练野象的技艺，但可以推断，他们效仿了托勒密王朝，可能还得到了后者的帮助。他们肯定还得到了印度象夫的帮助，这些象夫可能也源自埃及。无论如何，从结果来看，迦太基人捕获并训练大象的行动规模和熟练程度都令人印象深刻："他们决定这样做之后就大规模地行动：到公元前263年，他们已经拥有50头至60头大象。在将这些大象输给罗马后，他们在公元前256年又获得了100头大象，在前255年又获得了140头。无论人们如何看待哈斯德鲁巴*（Hasdrubal）带到西班牙的大象有200头之多，以及据说迦太基人在其城墙上建造了可容纳300头大象的象厩，很显然迦太基人一旦采用这种新装备，便决定充分利用它。"[65] 更重要的是，他们以某种方式成功地通过海路将大批大象运送至西西里岛和西班牙。这种前所未有的长途行军，有赖

* 此处英文原文为Asdrubel，有误，应为Hasdrubal，?—公元前207，迦太基将军。——编者注

于他们的海军和大象管理人员。于是，迦太基人能够将大象带到西班牙和意大利作战以对抗罗马人。

关于迦太基人使用大象作战，最令人惊叹又闻名遐迩的战例发生在汉尼拔（Hannibal）指挥的第二次布匿战争。他带着37头大象从西班牙跨过罗讷河和阿尔卑斯山进入意大利。这两个地方的地形十分险峻。汉尼拔准备了筏子让大象渡过罗讷河，用土覆盖在筏子上，还用雌象引诱雄象上木筏；但是，大象们害怕了，有的坠入河中。不过，大象擅长游泳，因而渡过了河流。由于地形崎岖且气候酷寒，翻越阿尔卑斯山也很困难。不知道汉尼拔的大军用了什么办法，成功让这37头大象以及他的步兵和骑兵通过了此地。

阿庇安在描述一次交战时说，汉尼拔趁罗马士兵正在睡觉时袭击了富尔维乌斯（Fulvius）的军营，仅使用了大象和象夫，而没有骑乘大象的战士。

然后，他命令手下的印度人骑上大象，采取任何可能的方式穿过开阔的空地和堆叠的土堆，攻入富尔维乌斯的营地。他还指挥许多号兵、号手近距离地跟随战象。当印度士兵快进入堑壕时，其中一些人会被命令四处奔跑以引起巨大的骚动，这样看起来会显得人数众多。而其他能说拉丁语的士兵则呼喊：罗马将军富尔维乌斯命令军队撤退并占领临近的山丘。[66]

如果这个计谋得逞了，就会让罗马人陷入埋伏。我们无从知晓这些会说拉丁语且被称为印度人的象夫是否来自印度；他们可能是从印度象夫那里习得驭象技能的北非象夫。

这些大象为汉尼拔在特雷比亚战役（Trebia）中的胜利发挥了重要作用，但许多大象都被敌人杀死了，其他大象则死于寒冷。象群逐渐减小，最后只剩下汉尼拔本人骑乘的那一头。罗马人在费边（Fabius）将军的指挥下避免正面战斗，依靠伏击和小规模的游击行动使战争陷入僵持。汉尼拔和他的军队滞留意大利 16 年，从公元前 221 到前 204 年。他既得不到部队支援，也无法被击败。汉尼拔破坏村庄，却不能夺取城市。罗马人也无法驱逐汉尼拔，只能避免与其激战，并骚扰其部队。最后，罗马人进攻了汉尼拔的本土迦太基，迫使其撤离意大利。迦太基人在他们最伟大将军的领导下，在首都附近的札马（Zama）的一场战役中被大西庇阿（Scipio，后来因其胜利而被授予"阿非利加征服者"的称号，也就是 Africanus）指挥的罗马军队打败。迦太基人不得不接受罗马人提出的和谈条件，其中一项条款就是交出他们所有的大象并承诺不再捕捉和训练大象。大象没有出现在第三次布匿战争中，那也是最后一次布匿战争。战争结束时，罗马人摧毁了迦太基城。

在罗马人中间，最著名的迦太基大象名叫苏鲁斯（Surus），虽然几乎可以肯定这是一头印度象，但这个名字可能为"叙利亚"之意。这头大象因为有一颗断牙可以被一眼认出，并且因其在战斗中十分勇猛而闻名。这头大象是从埃及获得的，而且有可能就是汉尼拔在意大利战役中骑过的那头大象。[67]

迦太基人通过猎取和训练大象，开创了极大的成就，展现了出色的组织技能。他们设计了有效的海上运输方法，将大象运送至前人未及的远方，还在战争中成功使用了这些大象。

希腊和罗马

皮洛士（公元前 318—前 272）是伊庇鲁斯（Epirus）的国王，也是亚历山大的表亲。他通过联姻与马其顿、埃及托勒密王朝和西西里岛的叙拉古建立联系，并被认为是古代杰出的将军之一。但他也成为谚语“皮洛士式的胜利”的来源，即一种因付出沉重代价而跟失败没什么两样的胜利。皮洛士还是纵欲无度和刚愎自用的典型。

伊庇鲁斯紧邻意大利南部希腊人定居点大希腊地区*（Magna Graecia），坐落在罗马同盟扩张的要道上。公元前 281 年，那里的一座希腊城市塔林顿（Tarentum）希望皮洛士领导他们进行反抗罗马的斗争。为此，皮洛士和马其顿结盟，组建了一支军队。该部队从托勒密二世那里获得的 20 头大象，在皮洛士对抗罗马人的战斗中效果显著。他在赫库兰尼姆战役（Herculaneum，前 280）和阿斯库伦战役（Ausculum，前 279）中收获惨胜。随后，西西里岛的希腊城市希望他从迦太基人手中解救他们，皮洛士也接受了。但是，战争旷日持久，他为了筹集军费而强取无度，导致一些希腊城市倒向迦太基人。皮洛士实行军事独裁统治，事实证明这极不得人心；随后，罗马招募了新兵并扩充军队，皮洛士则前往意大利对抗罗马的扩张。在贝内文托战役（Beneventum，前 275）后，皮洛士被迫放弃意大利返回了希腊。他成功从安提柯二世（Antigonus Ⅱ Gonatas）手中

---

* 大希腊地区是指从公元前 8 世纪到前 6 世纪，古希腊人在安纳托利亚、北非以及南欧的意大利半岛南部创建的一系列殖民城邦的总称。其中最著名的当属安纳托利亚的艾菲斯以及地中海岛屿的城邦。——编者注

夺回了马其顿的控制权，却没能把一个傀儡克莱尼姆斯（Cleonyms）送上斯巴达的王位。最终，皮洛士死于入侵阿尔戈斯（Argos）的战争，他介入了当地的纷争。当时，皮洛士的大象惊慌失措，堵住了阿尔戈斯狭窄的城市街道；一名妇女俯瞰街道时扔下一块砖头，击中了皮洛士的头部，他就这样被杀死了。[68]

由于皮洛士，罗马人第一次接触到战象，这在一定程度上为罗马随后在布匿战争中应对迦太基的战象做好了准备。在赫库兰尼姆战役中，罗马人被击败。于是，他们发明了带有各种装置的马车来对抗大象；其中有一种车，直梁上有可横向移动的杆，此杆末端装有三叉戟、尖刺和镰刀，可以在安全距离内攻击大象。这些方法并不十分有效，不过罗马人继续设计反制措施，在反复遭遇大象后，他们不再对这种动物感到惊奇和恐惧了。

皮洛士必须带着他的 20 头大象和 2.5 万名士兵到达意大利，奥塔兰托（Otranto）海峡最窄处也有 75 公里，这成了这一行动的瓶颈之处。斯卡拉德认为，这可能是当时海路运送大象所能达到的最长距离，技术难度极高。[69] 在此之后，托勒密王朝才开始在红海运送非洲象。结果，皮洛士在跨海过程中遭遇了暴风雨，许多大象不得不游上岸，但是包括战象部队在内的整支军队基本上完好无损。如我们所见，在随后的时代，迦太基人在海运大象方面取得了更多的成就。

布匿战争期间，罗马人通过战斗俘获了战象，并在第二次战争结束时没收了迦太基的全部大象并拒绝归还。但是，直到第三次布匿战争结束，罗马在非洲建立行省，他们才有了捕获野生大象的可靠渠道。此后，他们从努米底亚和毛里塔尼亚获取非洲象。直到此时，罗马人才开始在战斗中使用大象，利用它们对抗其他使用大象的强国，在希腊化世界进一步扩张。他们发现，少量来自盟友努米底亚的大象就可以有效地抵挡那些从未见过大象的蛮族，尤其是在西班牙的凯尔特伊比利亚*（Celtiberians），以及后来成为罗马行省（法国普罗旺斯）的高卢南部地区。根据一些真实性有待确定的记载，恺撒和克劳狄（Claudius）曾在遥远的不列颠使用过大象，给当地原住民留下了深刻印象。但这些大象并非作为战争工具，而是作为王室的坐骑，即梵文中的“*raja-vāhana*”。[70] 如果这一记载属实，那么这里就是印度王权模式影响到的最远的地方。

已知的罗马人最后一次使用大象作战是在公元前 46 年，恺撒在塔普苏斯（Thapsus）对抗庞培（Pompey）。恺撒和罗马取得了对北非的控制，并很快消灭了那些希腊化王国，包括曾使用大象对抗罗马的塞琉古王朝和托勒密王朝。在东边，来自中亚使用伊朗语的游牧民族帕提亚人拥有以骑兵为基础的军队，他们对战象不感兴趣。帕提亚人建立起自己的帝国，取代了塞琉古王朝，同时与崛起中的罗马帝国斗争。帕提亚人阻碍了印度与地中海世界之间的联系，结束了从印度进口大象的贸易。斯卡拉德说：“罗马人最后一次在战争中使用大象已经过去大约 300 年了。”[71] 三个世纪后，罗马帝国迎战萨珊人。萨珊人是帕提亚人的继承者，在伊朗恢复使用战象，但在与罗马人交手的多次战役中均未使用大象。军备竞赛最初的刺激因素就是从印度获取的亚洲象。这些亚洲象让塞琉古王朝和其他王国拥有了抵抗托勒密王朝的优势，而托勒密王朝也将非洲象驯化

* 此处英文原文 Beltiberians 有误，应为 Celtiberians。——编者注

成战象，以此来对抗亚洲象。而罗马人一旦消灭了敌人，就会停止使用战象，并且也不会再次使用。

因此，罗马人跟东部的帕提亚人作战时不需要战象，与托勒密王朝需要捕获并训练非洲象来对抗塞琉古王朝的亚洲象有所不同。不过，由于罗马人已经掌控了非洲象的产地，还获得了使用大象的专门装备，本来可以延续这个业已形成的复杂体系，但他们却任其消亡。如此一来，罗马人即使想重新开始使用战象，在几个世纪后也难以抵抗萨珊人的战象。值得思考的是，为什么罗马人在掌握且利用了北非战象的制度后却将其废除？

我只能说，罗马人似乎更热衷于制定防御措施来抵抗战象，而不是利用战象发起进攻。这种态度可以解释为什么在罗马人掌握使用大象的整个专门体系时反而停止使用大象，因为罗马人通过摧毁使用大象的迦太基人、托勒密人和塞琉古人已经达到他们的目的。希腊人、罗马人以及印度人都知道，战象是一把双刃剑：它可能反过来影响己方的军队，造成踩踏混乱。引发大象内乱本身就是一种军事策略，就跟给大象穿盔甲进行防御一样。所有使用战象的人都必须有应对这种潜在问题的方法，包括防御性和进攻性的。罗马人似乎比其他人更加重视战象的弱点，他们对战象持怀疑态度，因此不愿意在战场上使用这种动物。

这种态度似乎也解释了这样一个事实：在罗马帝国扩张到北非和中东并消灭了使用大象的希腊化王国以后，不仅战象从战术手册中消失了，而且新的战术手册也没有继承并传递出有关战象的任何信息，只是说战象已经过时了。“阿里安在哈德良时代论述战术的著作中写道，鉴于战象已停用很久，没有必要介绍战象部队和战象指挥的内容。”[72]

本书认为，罗马人拒绝使用战象，因为他们低估了战象的价值；并且，研究罗马和希腊历史的现代学者已经接受了罗马人的这种评价。这就解释了为什么在过去的两百年，只有阿尔曼迪和斯卡拉德的两本书讨论了这个主题。

如今，“马戏团”（circus）这个词是指在罗马圆形竞技场上（Roman Circus Maximus）举行的娱乐活动——大象是其中的佼佼者。正是以这种非战争的方式，罗马人在他们的世界里给大象找到了一个位置。

萨珊王朝

对于伊朗人来说，使用大象的历史很长，但并不连续。首先，正如我们从泰西阿斯的记载中所了解的，阿契美尼德王朝与印度保持着外交关系，可以获取包括大象在内的异域动物。我们在阿契美尼德王朝找到了一些战象存在的证据。在亚历山大短暂露面后，塞琉古王国出现了。他们贪婪地使用着战象，其亚洲象供应链横贯伊朗。接着到来的是帕提亚人，他们是说伊朗语的中亚游牧民族，对战象没有兴趣。最后是萨珊人，有大量的证据证明他们既使用战象，又与印度国王建立了实质性的友好交流。

帕提亚帝国又叫安息帝国（Arsacid，前247—224），拥有漫长的历史。但对我们来说，这个帝国产生了两个负面影响。第一是帕提亚人阻碍了印度通向中东的战象贸易。最开始它封锁了印度向塞琉古王朝供应大象的通道。公元前250年，狄奥多托斯一世

（Diodotus I）和狄奥多托斯二世宣布巴克特里亚总督辖区从塞琉古王国中独立出来，这件事与帕提亚人的出现发生在同一时期。我们已注意到，巴克特里亚一直是塞琉古王朝获得印度大象的重要通道；而当时，受制于巴克特里亚希腊统治者的独立和邻居帕提亚人的压力，塞琉古王朝的大象供应岌岌可危。从长远看，巴克特里亚的希腊人被游牧民族赶出了巴克特里亚，被迫进入印度，在旁遮普成为一些小王国的印度教或佛教统治者。帕提亚人则巩固了自身的统治，扩张到现在伊朗和阿富汗的大部分地区。

第二个负面影响是他们拒绝接受战象制度。我认为，帕提亚人知道战象的存在，也有能力获取并维护战象，但他们最终放弃了。帕提亚的国王偶尔会骑大象，还会将大象的形象铸在他们的钱币上。他们控制着印度西北的部分地区，包括塔克西拉（Taxila）。早在亚历山大时代，甚至可能更早，塔克西拉就已经开始使用战象。不过，帕提亚人没有这样做，而是偏爱先前以骑兵为中心的中亚式作战风格。这一点体现在他们流传至今的一项文化遗产上，即“帕提亚箭术”（Parthian shot）；它通常被称为“回马箭”（parting shot），也就是在快速撤退的时候，骑在马背上的弓箭手向后射出弓箭，这显然是一种重要的中亚战术。但是，帕提亚军队将波斯式重装骑兵——希腊人称之为“铁甲骑兵”——和中亚风格的轻骑兵组合在一起；前者在战斗中承担了大象的作用。

然而，萨珊王朝（224—651）让战象在伊朗再度流行起来。在萨珊王朝与亚美尼亚人、罗马人以及最终征服他们的阿拉伯人的战争中，大象发挥了重要作用。大象还在萨珊王朝的王室狩猎中占据显要地位。这些大象可能来自印度，因为在他们的领土上没有野象的生存记录，除了后来向东扩张到印度的地区。萨珊王朝占领了古代贵霜帝国的部分领土，该帝国领土横跨印度和中亚。萨珊王朝东部地区的属地被称为“贵霜沙”（Kushan–shahs），意为贵霜人的统治者。有充分的证据表明，伊朗和印度之间恢复了外交往来，恰好与萨珊开始使用战象的时间相吻合。在印度西北的阿旃陀（Ajanta），有一幅描绘外国使节的壁画，这些使节被认为是波斯人，也就是萨珊人。在伊朗的东部，[73]巴格达的艾尔–阿德利（al–Adli of Baghdad）在其论述象棋的专著中盛赞了印度人对世界的三项原创性贡献：象棋、动物寓言集《卡里来和迪木乃》（梵文版本称为《五卷书》）和使用0作为占位符号的记数方法。这些都是经由波斯萨珊王朝从印度传到阿拉伯，再传播到全世界的。萨珊人在这一过程中留下了明显的痕迹。例如，一篇传奇故事记载印度国王提婆萨尔摩（*Devaśarma*）和萨珊国王通过外交往来介绍了象棋的相关情况；此外，人们还发现了巴列维语版本的《卡里来和迪木乃》。这一切都表明，印度和伊朗之间关系更为紧密，国王之间的沟通和交流也更多。可以肯定，伴随这种外交往来，印度国王向萨珊国王输送战象的贸易渠道得以建立。这就是萨珊王朝使用战象的大背景。菲利普·兰斯（Philip Rance）和迈克尔·查尔斯（Michael Charles）[74]对此进行了深入的调查和分析。

在亚美尼亚的编年史中，人们发现了第一位萨珊国王阿尔达希尔一世（Ardashir I）及其抵抗亚美尼亚的最早记载，但对这些记载的可信性存疑，因为编年史上经常描述敌国波斯拥有众多战象。据此，兰斯认为，阿尔达希尔抵抗亚美尼亚的战争记述有可能是文学上的反向映射。[75]然而，文学修辞本身就是重要的资料，也是萨珊王朝使用战象的充分例证。4 至 7 世纪，萨珊国王在与亚美尼亚人的战役中数次使用战象。他们将战象带到了大象栖息地以北的地区。亚美尼亚人不可能采用战象回击。波斯人为了使用这些战象，不惜花费巨大代价将它们从被捕的森林运到遥远的战场上，部署它们对抗无力还击的对手，从而占据了优势。亚美尼亚人以前从未见过大象，就像生活在今天的西班牙、法国和英格兰的凯尔特语民族，罗马曾经在对抗他们时使用战象。

罗马帝国与波斯帝国的帕提亚王朝和萨珊王朝两个时期有着相同的边界，并在这条边境线上进行了长达七个世纪的战争。罗马人在公元元年前就已放弃使用战象，帕提亚人也没有使用战象，但萨珊人却在同罗马的战争中使用了战象。因此，罗马军队在几个世纪后再次遭遇战象。

在兰斯的分析中，与希腊化时代相比，萨珊王朝的战象更多地用于攻城而非野战。大象也经常用于在崎岖的地形上筑路、运输辎重，以及《政事论》中提到的许多其他场景。相较于希腊语和拉丁语的早期记载，大象在野战中出现的次数更少，至少在印度本土的形象刻画上是这样的情况。

显然，萨珊国王在统治初期就开始收集大象，并经常将它们用于战争。如在塔克伊·布斯坦（Taq–i Bustan）浮雕（如图 6.4）中所见，他们也会在王室狩猎中使用大象。在这块详细描绘狩猎场景的浮雕中，大象占据了重要地位。在左边，有不少于 12 头大象，它们被分为 5 组。画面显示大象将野猪赶向国王，而国王从湖中的船上用弓箭射杀。在国王下方还有 5 头大象，它们也在驱赶着猎物。每头大象背上都有 1 名象夫和他的助手，他们前后簇拥着地位高贵

图 6.4　塔克伊・布斯坦浮雕中萨珊王室用象狩猎的图像

的骑乘者，骑乘者的身份可以根据衣着判断出来。驱赶狩猎发生在一片广阔的方形空地内，由带图案的织物构成的幕墙包围。幕墙用杆子支撑并用绳子固定在灌木丛中。在右边幕墙外，猎物被猎杀后由 5 头大象带走。这些大象为工作人员所骑乘，而不是由驱赶狩猎活动中地位高贵者所骑乘。整幅浮雕刻画了至少 22 头大象以及参与人员，显示王室狩猎的场面气势宏大。这是萨珊王权的精彩体现。从印度获得并维持大象所耗费的巨大财力强化了王权的显贵。

大象不仅出现在萨珊王朝的雕刻中，也出现在他们的对手罗马的雕刻中。在毕沙普尔三世（Bishapur III）时期的一块萨珊浮雕中，罗马人和贵霜人出现在波斯国王面前并拿着赠礼；贵霜的赠礼包括 2 只拴着束带的野猫（也可能是老虎）和 1 头大象。[76] 在这块萨珊王朝的雕刻中，大象是印度的标志；而在罗马的雕刻中，虽然大象确定源自印度，但其形象象征着波斯。例如，希腊塞萨洛尼基的一座凯旋门上刻有庆祝罗马皇帝伽勒利（Galerius）在萨塔拉（Satala，298 年）打败波斯人的浮雕（如图 6.5）。在一块雕刻中，[77] 萨珊人物带着赠礼，包括 3 头由象夫骑乘的大象和 1 只大型猫科动物；这幅雕像再现了毕沙普尔时期贵霜人向萨珊王朝的赠礼。在另一块被称为巴贝里尼（Barberini）的象牙雕刻（图 6.6）中，中心画面呈现了庆祝胜利的查士丁尼皇帝，旁边还有敬献礼物的波斯人形象。礼物包括 1 头大象、1 只巨大的长牙兽和 1 只看起来像老虎的动物——这些都是印度的典型物产，被当作波斯的标志，正如罗马人对它们的理解一样。

萨珊王朝到灭亡前都在使用战象，最终被早期伊斯兰哈里发的军队征服。塔巴里（Tabari）记述的卡拉斯战役（al–Qarus，634 年）、

图 6.5　希腊塞萨洛尼基的伽勒利凯旋门上的波斯人进献贡品浮雕

图 6.6　巴贝里尼象牙雕刻中波斯人敬献礼物

布瓦卜战役（al–Buwayb，635 年）和卡迪西亚战役（al–Qādisiyyah，637 年）中都出现了萨珊王朝的战象身影。经过以上战役，哈里发的军队消灭了萨珊王朝。[78] 伊斯兰教获得成功的直接影响就是伊朗使用印度战象的制度走向终结。而在穆斯林王国中，第一个采用战象的是伽色尼王朝。

伽色尼王朝

中亚民族有时会建立起一个征服性的国家，其领土横跨印度和阿富汗。帕提亚帝国就是这样一个例子。另外两个例子是公元 1 世纪的贵霜帝国和 6 世纪的嚈哒帝国。但是，只有伽色尼王朝（962—1186）——由突厥人在阿富汗伽色尼城建立的王朝——将他们在对印度的战争中获得的财富和战象作为一种资源，用以对付他们在中亚的突厥敌人。通过这种方式，他们能够将战象部署到远离栖息地的地方，用来对抗那些从未见过战象，也从来没有在战斗中反制过大象的人，就像罗马人和萨珊人曾经做过的那样。伽色尼王朝是第一个大规模使用战象的穆斯林王国，而且他们还在战术理论中给战象留了一个明确位置。[79]

伽色尼王朝从印度获得大象，并将它们当作贡赋或战利品。C. E. 博斯沃思（C. E. Bosworth）在史料中记载了伽色尼王朝从战争中夺取的大象数量：从卡瑙杰（*Kanauj*）获得 350 头大象；1018 至 1019 年从马哈班（*Mahāban*）获得 185 头大象，1020 年从甘德王公（*Rājā Ganda*）处获得 580 头大象；因为苏丹马哈穆德（Mahmūd）想要特殊品种的“山地象”（“*śailāmani*”，“属于山地”之意，很明显指的是喜马拉雅山或温迪亚山的山地象），所以在1014至1015年向塔内萨尔（Thanesar）远征；另外，“还有一次苏丹垂涎属于夏尔玛（Sharma）统治者钱达尔·雷伊（Chandar Rāy）的一头著名的良象，所以他用50头普通大象做了交换。”[80]因此，伽色尼军队中拥有数量庞大的大象。苏丹马哈穆德有一次视察了1 300头大象，还有一次视察了1 679头。在首都伽色尼城，有一个能够饲养1 000头大象的象厩（*pīlkhāna*），由象厩监督者（*muqaddam-I pīlbānān*）领导着一支由印度人组成的员工队伍。[81]

与很久以前的孔雀王朝以及后来的众多印度王国一样，有充分的证据表明，伽色尼王朝和当时的其他王国都倾向于对大象进行王室垄断经营：“未经允许使用大象的行为等同于叛乱。”[82]在分配从印度诸王国缴获的战利品时，1/5的大象归苏丹所有。大象也是王室的礼物。

从初代苏丹苏布克特勤（*Sebüktigin*）到末代苏丹马苏德三世（*Mas'ūd III*），伽色尼王朝始终在战争中使用大象，甚至远至北方的呼罗珊（Khurasan）和里海地区（见图6.1）。博斯沃思说：“在印度和阿富汗的山区有许多石质建筑。一场战役的关键往往是占据城镇要塞或据点，而不是和敌人正面对抗。”[83]在兰斯看来，这可能是萨珊军队使用战象模式的关键，即大象的作用更多地体现在攻城而非野战之中。

伽色尼王朝被一个突厥人建立的古尔王朝（Ghurids）所取代。他们的将领们在印度建立了一个王国，即德里苏丹国，自1208年统治印度北方长达三个世纪之久，直到被莫卧儿帝国取代为止。突厥人的苏丹同伽色尼王朝一样源自中亚，但他们统治的印度领土包括野象生活的地区，于是就把大象纳入以骑兵为基础的军队中。就此方面，突厥人不仅采用了印度的军事制度，还将此用途传给了随后进行统治的莫卧儿帝国。[84]

西蒙·迪格比认为，建立德里苏丹国的突厥人将自身成功的原因归结于拥有控制印度北方大象与马匹相互贸易的能力。这一点在本书开头已经提到，也充分地体现在苏丹巴尔班（*Ghiyāth al-din Balban*）的信中。信中显示，在巴尔班将孟加拉省授予儿子布格拉汗（*Bughrā Khān*）时，他说："孟加拉的统治者应该继续赠礼、上贡，并派遣可靠且亲善的使者前往德里，这样德里苏丹就不会视远征拉赫纳瓦蒂（Lakhnavati）王国（孟加拉）为当务之急。他应当定期向德里输送一定数量的大象，这样德里的苏丹就不会关闭（从西北地区沿阿拉伯海一带）到孟加拉的贩马商路。"[85]

* * *

大象的使用情况如下：虽然获取、维持和部署大象需要承担代价和麻烦，但是古代的一些伟大的将军却对此充满热情，诸如塞琉古、汉尼拔和皮洛士。相反，罗马人则对战象缺乏热情，他们的将领在面对大象时似乎更喜欢防守。在征服了希腊化诸王国、迦太基和希腊这些使用大象的对手后，他们便在战场上停止使用大象。此后，罗马人面对的是不使用战象的帕提亚帝国，军事手册也将有关大象的内容剔除。数个世纪以后，萨珊王朝恢复了波斯人使用战象的制度；大象出现在罗马战胜波斯的庆祝活动中，却没有出现在军队中。斯卡拉德说："尽管有不确定性，尽管饲养大象和运送饲料要耗费大量财力和人力，但依然有许多国家继续使用战象，而像塞琉古这样头脑冷静的将军则认为，一支庞大的大象军团比控制印度西北地区更有价值。”[86]但罗马人基本上持不同的观点。古典文献普遍认为，如果大象受惊，它们就会成为己方的严重威胁。这似乎一直是罗马人的主流观点。

这似乎也是现代历史学家的主流观点。阿尔曼迪试图在他的著作中补充这一缺漏。但一个多世纪后，只有一位后继者研究出这个惊人的事实：自亚历山大至恺撒，大象出现在古代大多数重要战役之中，也出现在一些名将的军队中；另外，它们还在萨珊王朝和伽色尼王朝的战争中再次出现，而这里远离大象的栖息地。也许，正是因为罗马人对战象丧失兴趣、认为使用大象作战的性价比很低，导致现代历史学界普遍忽视了这个涉及范围很广、持续时间很长的历史现象。

第七章

东南亚

印度教化的国家、印度化王国、进行印度化的王国

进行印度化的王国和大象

东南亚的印度史诗

神话中的军队和现实中的军队

印度模式的巅峰、终结和来生

印度的战象制度当时向西扩展到没有野象的国家。在这些新领土上，使用战象作战意味着要从印度引进驯化的大象，或者使用印度的技术来捕获和训练北非的大象。这个过程始于阿契美尼德时期，约为公元前 500 年。当时，印度部分地区被波斯统治，使用战象也成为北印度国王们的普遍理念。随着亚历山大的到来，战象制度在印度西部迅速扩展，并在小亚细亚和北非停止使用战象后长期延续，这得益于伊朗的萨珊王朝和中亚的伽色尼王朝。这就是阿尔曼迪记载的发展过程。

但是，在印度之外，历史上还有其他曾使用战象的地区——东南亚。阿尔曼迪仅了解东南亚使用战象的最后阶段，因为直到阿尔曼迪之后，也就是法国人、荷兰人和英国人统治东南亚大部分地区之后，欧洲人才开始研究印度化王国的早期历史。斯卡拉德的研究局限于希腊和罗马世界。现在是时候将东南亚纳入战象的历史了，特别是因为该地区具有比较的可行性；随后再考虑中国，因为中国确定了战象的东方边界。

现在，我们将目光转向东南亚，特别是拥有大量野生大象的中南半岛和印度尼西亚的苏门答腊岛，试图补全战象的历史。不过，尽管东南亚在野生大象数量上占有自然优势，但这里开始捕捉并训练大象作战的时间比印度以西地区晚很多，并且出现在印度发明战象制度的数个世纪之后。起步晚这一信息非常重要。在东南亚长达千年的青铜时代，战象完全不存在。[1]但大约在公元1世纪，王国一经出现，战象也随之而来。这也支持了我的观点：战象制度与王权紧密相连，并且正是在王权的影响下产生的。战象在东南亚的出现正好与王国的崛起处于同一时期，而且仅见于王国中。

另外，东南亚使用战象的王国都采用了印度的王权模式，受这些国家影响的临近王国也同样如此。我们有充分理由认为，东南亚民族并没有自发地再次发明战象；相反，有关战象的观念和技术来自印度。这促使我必须探讨“印度化国家”（Indianized states）这个棘手的问题。考虑到我的研究涉及战象源于印度的论点，“印度化国家”是一个无法回避的争议性话题。

印度教化的国家、印度化王国、进行印度化的王国

研究东南亚的历史学者会谈论“印度化国家”这个概念。该词源于乔治·科德斯（George Coedès），出现在他有关此概念的历史著作《东南亚的印度化国家》（*The Indianized states of Southeast Asia*，1968）的英文版书名中。迈克尔·维克利（Michael Vickery）对科德斯的著作做了全面而详尽的评论，还提醒我们，该书法语原版使用的书名是《印度教化的国家》（*états hindouisés*，Coedès，1964）。法语原版的书名强调了该现象的宗教特性，但在翻译过程中被世俗化了。科德斯是研究东南亚早期王国最重要的历史学家。他通过解

读柬埔寨的梵语铭文重构了这些国家的历史。依据这些梵语铭文，我们得到了这些国家可靠的年表和王朝更替信息。他的书综述了自己以及其他学者有关重塑东南亚早期历史的研究成果，在该领域具有重要的权威地位。

印度化国家的范畴往往是一个王国，并且具有明确的特征：他们的国王会采用梵文名字，信仰来自印度的宗教；纪念性的砖石建筑采用印度式风格，属于佛教或印度教信仰；铭文采用印度的婆罗米（Brahmi）文字书写，而华丽的宫廷诗歌则用梵文书写，被称为"美文体"（*kāvya*），用来赞颂国王的事迹和记载授予印度教神庙和佛教寺院的土地情况（通常用当地语言添加详细信息）。

实际上，印度婆罗米文字的变体为东南亚语言提供了书写形式，并通过这些王国在东南亚传播了印度的文学体裁和雕塑、舞蹈形式；其中，以《摩诃婆罗多》和《罗摩衍那》为代表的作品至今在东南亚都有很重要的地位。因此，有关印度王权的诗歌仍然鲜活地留存于受到印度史诗熏陶的东南亚各国，无论是梵文版还是用东南亚语言的新版。王权制度中更为技术的方面可见于《政事论》，更可见于后来的文献，比如加曼达格论述王权的作品《处世精要》。[2] 最重要的是，这类王国出现了战象及其所属的印度式结构：四军、作战阵形和作为国王坐骑的大象。

总之，这就是所谓的印度化国家。为了理解这种历史形态，梵语学习和基于梵语的东方学研究是必不可少的；这样，我们才有可能构建出可靠的东南亚早期王国编年史。这种解读工作主要发生在殖民统治时期的法属印度支那（包括今天的越南、老挝和柬埔寨）、荷属印度尼西亚以及部分英属缅甸、马来亚、新加坡和（拿破仑战争时期的）爪哇。殖民统治为欧洲的东方学研究提供了条件，使得东南亚的历史可以被真实、清晰地构建。正是在这样的历史背景下，法国著名的梵语学者西尔万·列维（Sylvain Lévi）以“印度文明”为题目记述了东南亚的印度文化。他将印度文化作为一个先例，试图证明法国文化同样可以用来教化当地。

这项学术成果至少在历史知识的“框架”层面获得了永久性的收益。这项研究为我们提出了“印度化国家”的概念，让我们获得了大事记年、王朝更替和建筑风格演化的宝贵框架。但是，在第二次世界大战以后，东南亚各国纷纷独立，摆脱殖民统治，建立起国际通行的政权形式——民族国家，因此这项学术研究包含的意识形态色彩和历史解读就不再站得住脚。这就需要对古代历史做出新的解读。这些解读针对“印度化国家”这一范式，认为“印度化国家”概念将东南亚社会看作是印度化的客体，仿佛在一张白板上写字，是完全的被动接受者，或者是接受外来文明教化的野蛮人。去殖民化时代的重新解读更强调东南亚的本土文化因素，这些因素影响了东南亚王国接受印度文明元素的方式，也让东南亚人在创建自己王国的过程中发挥了能动作用。本土主义和能动性作为一种新的关注方向，印度化的力量和“厚度”在新一代历史著作中被逐渐弱化。在极端情况下，印度化被弱化成附着于本土文化根基上的“装饰”。[3]在迈克尔·维克瑞论述柬埔寨早期国家的专题研究中，阅读王室铭文中涉及高棉的内容可以了解非精英阶层及其文化；另一些学者侧重研究精英阶层，将印度化进行了重新解读，认为是本土观念选择了印度文化中的某些部分来装饰自身。

“装饰说”（Veneerism）是对“白板说”（blank-slateism）的反证，

是对本土主义的适度发展。维克多·利伯曼（Victor Lieberman）就此问题已经给出了最好的历史学分析。[4]他区分出两种理论进路——“外因论”和“内生论”，前者强调是外部主体潜在引发了东南亚的变化，后者更强调是东南亚的主体自发催生了变化。他表明，目前受欢迎的内生论史观，包括本土主义，从另一个角度看可能并不符合史实：这种观念倾向于假定在印度化装饰的表象下，存在一个一成不变的东南亚文化。他提出了一条更关注过程的中间道路。利伯曼的分析极其冗长而细致，如果我们将其简单概括，他强调的是东南亚各国在应对外部变化和本土动态时会持续地迈向整合。

为了更好地表达研究对象的过程性质，我借鉴了利伯曼的研究，重新定义了研究概念。

很明显，我们正在讨论的“印度化国家”专指采用了印度王权模式的王国，而不是所有类型的国家。在标准的表述中，“王国”应该代替“国家”一词；因为“王国”一词更具体，不会给人留下任何一种国家都能推行印度化的印象。这也提醒我们，“印度化”的核心不仅是印度的宗教，还包括印度的王权模式。当然，在谈到战象时，这种表述也更恰当，因为战象正是在王国中发挥了重要的作用。

因而，准确的术语应该是“印度化王国”（Indianized kingdoms）而不是“印度化国家”。但是，这一概念的批评者极为恰当地指出，推动印度化的主要力量来自东南亚的国王，而不是或不仅仅是传播宗教和王权的印度本身。我认为，这种自发进行印度化的现象和过程，可以通过改变原有概念的定语得到更好的表达，也就是将“印度化（Indianized）王国”改为“进行印度化的（Indianizing）王国”。这就是我随后将要用到的术语。

首先需要注意的是，印度半岛和斯里兰卡在采用印度王权模式以及相关宗教方面具有相似性，印度半岛与东南亚之间也存在同样的相似性。更具体地说，在东南亚内部，战象制度传播过程与其在南亚内部的传播过程非常相似。这一过程与战象制度在印度以西缺乏大象的王国，即斯卡拉德书中所记述的希腊和罗马世界的传播过程则有所不同。

进行印度化的王国和大象

研究进行印度化的王国面临一个悖论：有关他们早期历史的资料大多来自中国而非印度。虽然印度是这些国家的宗教（印度教和佛教）和王室制度的主要来源，但他们一直与中国保持着外交关系。东南亚的国王会采用梵语名字，并且会在纪念性的建筑上刻上梵语铭文。在这些王室铭文里，印度一直都是这些王国的参照对象。有一块铭文提到柬埔寨国王的名声已远播至南印度的甘吉布勒姆（*Kāñcīpuram*），[5] 还有铭文记载一位国王已征服了远至印度河流域的土地。[6] 另一方面，印度的资料将东南亚描述为“黄金之地”（*suvarṇabhūmi*）或“黄金大陆”（*surarṇadvīpa*），但除此之外就很少提到东南亚国王和王国了。我们不得不依靠中国的外交报告以及诸王国的梵语和本土语言铭文了。

进行印度化的王国最早可能是出现于公元 1 世纪的扶南国（Funan），它覆盖了现在中南半岛的越南和柬埔寨南部的湄公河三角洲。[7]“扶南”听起来是一个中国式的名字，那是因为我们是通过中国的资料来了解扶南国的，但其实，“扶南”之名可能对应着高棉语中的“*phnom*”一词，意为山峰或丘陵，如同今天柬埔寨的首都金边（Phnom Penh）。有一份资料表明了扶南进行印度化的特征，其中提到该王国是由一位名叫憍陈如（*Kauṇḍinya*）的婆罗门建立的，他迎娶了该国的一位公主。她是一位那伽（*nāga*）的女儿，而那伽为“眼镜蛇”或“龙”之意。但是，这份资料出现的时间远远晚于它所述事件的发生时间，而且可能是在事件发生很久后才形成的普遍共识。我们掌握的关于这些国王自身情况的梵语铭文，也要比王室谱系推算出的公元 1 世纪要晚很多。不过，这个时间与湄公河三角洲扩大的定居点的考古遗迹相一致。王国进行印度化的时间持续了很久，长达 1 500 年甚至更久，并产生了延续至今的影响。

进行印度化的王国拥有非常珍贵的书面记载和纪念性的建筑实物，现在又有大量考古记录作为补充。这些资料不仅包含进行印度化的王国本身的历史，还包括东南亚青铜时代的史前记录。有了这些资料，我们可以更好地理解前国家社会采用印度王权制度的背景，以及进行印度化的王国的形成过程。

我们不清楚印度王权制度如何被东南亚新兴的王国采用，但很了解王权制度形成的历史条件。青铜器和纯铜器制造，以及水稻栽培，是王国兴起的两个主要先决因素。海厄姆（Higham）对东南亚的青铜时代做了非常重要的研究综述；根据他的论述，前者约在公元前 2500 年传到中南半岛，后者约在公元前 1500 年才开始出现。

在中南半岛，铜和锡都很普遍，青铜器很早就开始在此地制造了，而冶炼和铸造技艺可能源自中国北方，那里广泛使用着青铜器。东南亚青铜器的生产质量非常高，其中鼓和锣更是制作精良。这些器物属于东山文化（Dongsonian），得名于越南北部第一次发掘出青铜器的东山（Dong Son）遗址；海厄姆将东山文化的时间跨度确定为公元前6世纪至公元1世纪之间。这些鼓和锣可能是东南亚独特音乐传统的开端。如印度尼西亚的乐团，人们使用名为"甘美兰"（*gamelan*）的乐器；这些乐器具有地区特色，与中国和印度的音乐截然不同。这些铜鼓制作得非常精细，使用脱蜡法以黏土制范铸造，然后装饰上反映自然和社会生活（如战争）的形象。在考察了整个东南亚青铜鼓的资料后，我发现一条有用的线索，可以了解战象在该地区的兴起情况。

赫格尔（Heger）发表了第一篇有关165面金属鼓的系统性研究，到了另一位学者帕门蒂尔（Parmentier）的研究中，已知铜鼓的数量增至188面；到郭鲁柏（Goloubew）参与研究的时候，东山遗址已被发掘，郭鲁柏可以将青铜鼓等金属制品和其他文物建立起概念上的联系。[8] 分析这些出版物中的铜鼓插图，我发现鼓上有许多动物的形象，尤其是各种各样的鸟类、鱼和鹿，但只有1例有大象，而且明显是野象，因为它和其他野生动物在一起。[9] 刻画人类活动的场面也非常丰富，既有和平场景也有战争场景，但没有一个出现了马和大象。在战争场景中，披着羽毛的战士步行或乘船，拿着矛、棍和盾。有些场面是写实风格，但还有许多是极为矫饰的风格，导致图案变得华丽而几乎难以解读。因此，在有关青铜鼓的早期研究中，人们研究了大量作品，发现描绘战争的场景中完全没有出现马和大象。这证实了我的观点，即战象在东南亚开始出现是在进行印度化的王国兴起之际。

然而，印度尼西亚发现了大量装饰精美的青铜鼓，这些青铜鼓显然是同中南半岛进行远程海上贸易所获得的商品。这些鼓的主人给它们起了名字，其中有一种被称为“马卡拉毛”（Makalamau）的青铜鼓，来自小巽他群岛（Lesser Sundas）中松巴哇岛（Sumbawa）以东的桑吉岛（Sangean），现已被收藏在印度尼西亚国家博物馆中。该鼓提供了有关大象的丰富证据，如图 7.1 和图 7.2 所示。[10] 鼓身底端的环形条带纹饰上有 20 幅画面，其中 1 幅已损毁；在剩下的 19 幅中，有 11 幅出现了大象的形象，其中一头大象的背上驮着一个人，还有一个人抓着一头大象的耳朵试图爬上象牙坐到象颈上。这是印度象夫特有的一种登象方式，到了今天还能看到。这种登象方式需要大象积极配合，因此也暗示着这头大象是以印度的方法进行训练的。青铜鼓上还出现了马的画面，由一个人牵着缰绳，马身上配有马鞍或马褥子；另一匹马上骑着一个战士，还有一匹马正在吃食槽里的东西。这种鼓的制作工艺和装饰风格属于东山文化，并且是在中南半岛制造的——可能就是越南，然后通过贸易到达印度尼西亚。有两个因素表明该鼓出现于这种文化类型的晚期阶段：第一，在之前的考察中，青铜鼓上大象的形象十分罕见，也没有人类骑乘驯象的画面；第二，此鼓距离中南半岛的生产地非常遥远。这两点暗示着，该鼓出现在中南半岛的王国开始进行印度化之后，远远晚于扶南和其他早期王国和原始王国的时期。

同青铜器制造一样，水稻种植似乎是东南亚王国兴起的另一个先决因素。水稻种植开始于中国南方，即长江中下游地区，后来向南扩展至中南半岛，主要沿海岸线延伸。水稻种植深刻改变了中南半岛的人文景观。在水稻种植被引入前，东南亚的人群主要为采集民族，生活于内陆；之后，人们在河流入海的沿海地区定居，人口迅速增长，尤其是红河、湄南河和湄公河的沿岸及三角洲地区。水

图 7.1　马卡拉毛鼓

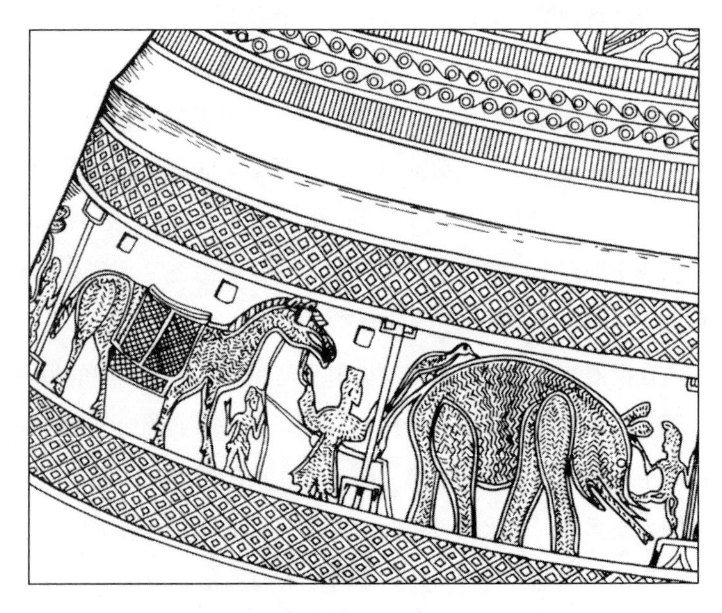

图 7.2　马卡拉毛鼓的细节显示出马和大象及其随行人员

稻种植带来了定居的农民群落，通过首领又聚集成更大的聚落。

在这种背景下，一条海上国际贸易路线在公元前1世纪甚至更早的时候出现了。这条路线将印度向西与罗马连接，向东与中国连接，还途经今天柬埔寨和越南南部的早期水稻种植社会。这条路线必然承担着奢侈品贸易，因为只有奢侈品才付得起高额的长途运输费用。同样，长途奢侈品贸易也与王权的兴起紧密相关，因为王权需要等级划分：一方面国王居于等级体系的顶端，另一方面奢侈品因其稀有且源自国外而显得更加贵重，因此奢侈品成为王权的标志之一。东南亚得益于这种国际奢侈品贸易并参与其中，尤其是湄公河三角洲地区；同时他们也获得了各种商品，这些商品都是建立王权的资源。该过程还出现在讲泰米尔语的南印度地区；在那里，我们发现了来自地中海地区的红酒、红珊瑚和金币，正是这些商品强化了注辇、潘地亚和哲罗的王权。

总之，这就是进行印度化的王国兴起的背景；它们始于湄公河流域，即现在的柬埔寨和越南南部。我们已讨论了国王的情况，现在可以讲讲大象的问题了。

如今在中南半岛上，野生大象主要分布在缅甸、泰国、马来西亚、老挝、柬埔寨和越南等国家，上述国家按野生大象的数量降序排列。在东南亚的岛屿上，大象仅分布在印度尼西亚的西部，并长期存在于苏门答腊岛，以及加里曼丹岛的加里曼丹省，但这里的大象是被历史上曾使用大象的国王引进到此地的。在人类到来前的很长一段时间内，中南半岛和大部分岛屿都是大象的栖息地。由于大多数岛屿位于巽他陆架（Sunda Shelf）的浅海中，到了全球变冷时期，海水就会凝固，使得海平面下降，让岛屿和大陆得以连接。在更为遥远的过去，大象的分布会因海平面的升降而时聚时散；因此，在人类到达这里前，大象已在此地广泛分布。在王权兴起前，大象已经持续在东南亚散落分布了很长时间，但从未被投入战争中。即便人类曾经猎取过它，我们也没有找到大象参与战争的证据。总的来说，只有在进行印度化的王国的历史记载中才开始出现大象，即从公元 1 世纪的扶南国开始。在此之前没有相关的历史记载。

东南亚的印度史诗

《摩诃婆罗多》和《罗摩衍那》在东南亚极受欢迎，这使得源自印度的王权思想得以维系。印度的史诗在东南亚鲜活地存在着，并成为众多不同的艺术形式进行创造性改编和表演的题材。简单概述这一情况，我们可以据此推断出印度王权诗歌对东南亚王权实践的影响程度。我会将讨论限定在东南亚的史诗这种文学表达形式上，首先是铭文中的内容，然后是公开朗诵的文本。

柬埔寨的梵语铭文借鉴了印度史诗和《往世书》中的形式，与印度的铭文十分类似。其中，大部分是印度教徒和佛教徒向宗教机构捐赠的记录，而且开篇都是对众神的祈祷和对执政君王的颂扬（*praśasti*）。文章会赞颂君主的英雄气质，认为他可以与诸神和过去的英雄相媲美。因此，在公元 952 至 961 年左右的一块铭文上，国王因陀罗跋摩（*Rājendravarman*）被描绘为“战斗中的阿周那”，[11] 而在另一块铭文中，敌人瞻波王被比作罗摩的对手罗波那。[12] 还有一位同样名为因陀罗跋摩的先代君王，他从公元 44 年便开始执政，据说已征服了因陀罗守卫的四方；而阿周那只征服了一个地区——北方，此时他的兄长坚战正在举行加冕典礼。[13] 在另一篇铭文中，诗人将一位国王与毗湿奴、罗摩相提并论，毗湿奴在“众鸟之王”迦楼罗的帮助下杀死了一个出身低微的人［可能是魔鬼波那（*Bāṇa*）］；罗摩在猴王须羯哩婆（*Sugrīva*）的帮助下杀死了罗波那；而高棉国王则单枪匹马，在一场实力悬殊的战斗中用武器杀死了一个出身高贵的敌人。[14]

大象经常出现在这些颂词中，也会偶尔出现在宗教机构礼物清单的铭文上。比如，公元 881 年一篇关于因陀罗跋摩的铭文上记载，伴有随员的大象（*dviradendrās sagaṇikā*）是礼物中必不可少的一部分。[15] 在另一篇可以追溯到 676 年的关于阇耶跋摩五世（Jayavarman V）的铭文中，它的高棉语部分提到了国王的大象首领（*sāmantagajapati*）的礼物，还提到了国王阇耶跋摩三世曾来到村庄附近的森林捕获过一头大象。[16] 同我们在《摩诃婆罗多》中看到的情况一致，大象是稀有且最高级的王室礼物，而且它们主要用于战争。回到关于第一位因陀罗跋摩国王的描述，我们读到这样的句子：“他的士兵、战象和骑兵聚集在一个地方陪同着他，如同天兵渴望战斗一般，他也渴望征服敌人。”[17] 这表明，国王的军队为结构庞大的四军，战象是其中一个组成部分，就像史诗和《政事论》中描述的那样。

然而，铭文是处于独特位置的独特文本，它们用梵文书写，意味着只有少数学过这种语言的人才能读懂。在一些寺庙中，这些史诗每天都被诵读，懂得梵语的人还会对其深入研究，但这种诵读和研究对社会的影响却很小。不过，正是因为梵语的影响范围狭隘，为印度史诗通过东南亚语言产生更为深远的影响力和社会传播力提供了一种基础。印度史诗和梵语铭文使用的婆罗米文字成为东南亚文学创作的媒介，而印度史诗则提供了最早且最为人熟知的创作主题。

爪哇文学就是一个突出的实例。[18] 卡维语（Kawi，源自梵语“kavi”一词，为诗人之意）是一种高度凝练且规格崇高的古爪哇语，语句中充斥着梵语外来词汇。卡维语文学拥有庞大的史诗作品，被称为“卡嘉文”诗歌（kakawin，源自梵语“kāvya”，为宫廷诗歌之意）。这些诗歌以精致的梵语宫廷诗歌韵律书写，包含诸如“春天的珠宝”（*vasantatilakā*）、“老虎游戏”（*śardūlivikrīḍita*）等意象。柬埔寨和印度的梵语铭文都以相同的韵律书写，但这里使用的却是完全无关的一种语言。例如《罗摩衍那》的宫廷诗歌版本《卡嘉文·罗摩衍那》（*Kakawin Ramayana*）、《摩诃婆罗多》的宫廷诗歌版本《卡嘉文·婆罗多战争》（*Kakawin Bharatayuddha*）；还有更多的例子，如《卡嘉文·阿周那的婚姻》（*Kakawin Arjunawiwaha*）、《卡嘉文·阿周那的征服》（*Kakawin Arjunawijaya*）。在此类文学中，阿周那是最受欢迎的人物，他被认为是品德高尚和英雄主义的典范。

《卡嘉文·婆罗多战争》成书于1157年，是一部拥有约700节的诗歌。它对《摩诃婆罗多》这部伟大的史诗进行了再创作。同时，诗歌中反复提及四军，使用了梵语中表示马（卡维语为 *aswa*，梵语为 *aśva*）、战车（卡维语为 *rata*，梵语为 *ratha*）和大象（卡维语为 *gaja*，梵语为 *gaja*）的外来词汇。而作战阵形和破解阵形（*vyūha* 和 *prati-vyūha*）也是再创作时的重要部分。

在拿破仑战争时期，英国人接管了荷兰在印度尼西亚的据点（1811—1814）。当时担任爪哇岛总督的是托马斯·斯坦福·莱佛士

（Thomas Stamford Raffles）。他在懂爪哇语的学者的帮助下，[19] 第一次用英语对这部作品进行了非常全面的描述，包括整个作品的翻译和转述。该文献令人惊奇之处在于，诗歌中出现的城市和国家与爪哇岛、马都拉岛（Madura）上的城市和国家相一致。因此，这个印度故事中描述的情境与听众熟悉的地理环境完全一致，也就是说，原本发生在印度的故事被印度尼西亚化了。"人们深深地相信诗歌中的故事发生在爪哇"，这给莱佛士留下深刻印象。[20] 另一方面，人们认为《罗摩衍那》的故事没有发生在爪哇，但爪哇却有哈奴曼（Hanuman）的行迹。罗波那死后，哈奴曼便逃往爪哇岛，到一座名为坎达利·萨达（Kandali Sada）的小山上避难。在《罗摩衍那》中，哈奴曼苦修的地方就是这里，而且"周围的居民还有这样一种迷信说法——他们从不在小山附近表演《罗摩衍那》的故事，以免哈奴曼用石头砸他们"。[21]

在爪哇，用卡维语的诗歌表演印度史诗的艺术已经非常普遍了。这些表演借用各种类型的戏剧形式（*wayang*），特别是目前仍在流传的皮影戏（*wayang kulit*）和宫廷舞剧，因此十分生动，一直延续至今。特别是皮影戏，宫廷文学基本上正是以这种形式渗透到爪哇岛、巴厘岛以及印度尼西亚其他岛屿的文化之中。直到最近，每个村庄都还有皮影戏师傅和甘美兰乐队，他们会在特殊场合演出。在进行印度化的王国，宫廷文化自上而下地渗透进社会体系中；这使我们想到了古典文学和歌剧在意大利社会中的广泛传播，当地的公交车司机可能都会唱一段意大利歌剧的咏叹调，或是凭借记忆背诵但丁的《神曲》。也就是说，虽然进行印度化的王国的宫廷文学深刻地渗入社会层面，还适应了印度尼西亚当地的风情，但它仍需要通过表演来展示它的当代性。在这种表演中，故事的背景时间、现场的表演时间以及介于两者之间的时间，被压缩在一起了。我曾经观看过来自印度尼西亚梭罗市*（Surakarta）的剧团在密歇根大学的演出：他们用皮影戏描绘国王的军队，有马匹、大象、步兵、火炮，还出现了今天印度尼西亚的国旗；不过皮影傀儡所展示的阿周那的战车是18世纪荷兰式的马车，根本就不是战车，但阿周那还是在这驾马车上表现出他作为一个伟大的战车武士应有的英勇。[22]

在中南半岛的文学作品中，两部史诗都得到了表现，不过《罗摩衍那》的地位尤其重要。在柬埔寨，有高棉语的《罗摩的传说》（*Reamker*）；在泰国，有《罗摩的故事》（*Ramakien*）；在马来人中，有《圣人罗摩纪事》（*Hikayat Seri Rama*）；在老挝，有《圣主罗什曼那和圣主罗摩》（*Phra Lak Phra Lam*）；在缅甸，有《罗摩剧》（*Yana Zatdaw*）。这些作品不只是对蚁垤创作于印度的梵文版《罗摩衍那》的翻译，而是对故事的再创作；其中包含了很多新内容，既有新的叙事陈述，又有诗歌修辞。[23] 与印度尼西亚的情况一样，这类文学作品也成为当地绘画、宫廷风格的戏剧舞蹈和皮影戏的创作基础。它们非常受欢迎，受众绝不仅局限于国王宫廷中的一小部分精英。

经历了多次再创作，这些史诗就有了众多版本。在一篇经典的文章中，F. 马提尼（F. Martini）展示了罗摩的故事在蚁垤的《罗摩衍那》原著与柬埔寨版本的《罗摩的故事》之间的差异。吴哥窟的浮雕描绘的罗摩生平场景，不是源自梵语版本而是源自高棉语版本，

---

* 梭罗市，亦称“苏腊卡尔塔”，印度尼西亚爪哇文化中心之一，处处可见舞蹈、音乐和皮影戏。——编者注

证明了后者在当时已经存在，而且有很大的影响力。

东南亚文学让《摩诃婆罗多》和《罗摩衍那》直到今天仍然鲜活生动。例如，在印度尼西亚，史诗的主角已是家喻户晓，还被用来描述现实中人们的性格特点。[24]两大史诗在东南亚流行，并未因上座部佛教在缅甸、泰国、柬埔寨和老挝的传播以及伊斯兰教在马来西亚和印度尼西亚的传播而受到阻挡。

印度的情况也与此相似，每个地区都有当地语言版本的史诗故事。例如，杜尔西达斯（Tulsi Das）所著的印地语版本《罗摩功行录》（*Rāmcaritamānas*），坎班（Kamban）所著的泰米尔语版本《罗摩衍那》。还有依据上述版本的表演，如以杜尔西达斯的作品为基础的罗摩节仪式（*Rāmlīlā*）舞剧。近来，这两部史诗都被拍成多集电视连续剧。我敢说这在当时是全世界拥有观众较多的电视节目——依据波拉·瑞奇曼（Paula Richman）的调查，约有 8 000 万观众；更不用说漫画和那些几乎从印度开始出现电影起就存在的被称为“神话片”[25]的电影版本了。

印度史诗有能力在不同语言环境下创造出大量相互关联的文学作品。解释这种现象，单纯说印度文化在东南亚是一种装饰显然是不够的。更令人满意的分析来自谢尔顿·波拉克（Sheldon Pollock）；他说，这种文学创造了一个“梵语宇宙”。在这个世界，梵语成为一种标准，对其他语言的文学起到规定性的作用；更准确地说，梵语通过规定什么是文学而创造了其他语言的文学。

通过这些史诗，印度的王权模式得以在东南亚实行，有着很强的吸引力和传播力。同时，印度王权模式也被重述、改变并适应于当地的风土人情之中。

神话中的军队和现实中的军队

因此，战象弥漫于东南亚那些进行印度化的王国的想象空间，与其他重要结构——四军、王室坐骑和作战阵形——一起构成了这些王国的形态。让我们看看能否辨别出实际应用可能是怎样的。这不是一项简单的任务，因为资料将史诗故事及有关的战争叙事完全置于东南亚的风土人情之中，还将史诗的背景时间与当下压缩在一起，我们很难透过这些滤镜来理解实践中的真实情况。

爪哇这一案例有助于我们理解王权诗歌与实践之间的差距。爪哇岛在近代已无野象，所以那里的大象肯定是从苏门答腊岛捕获的大象。因此，我们在阅读创作于 1365 年的作品《爪哇史颂》（*Nāgarakṛtāgama*）——那是一部使用卡维语来赞颂满者伯夷国王哈奄・武禄（Hayam Wuruk）的宫廷诗歌——时，会发现详细描绘王室出行的诗歌中，保留着印度原本的叙事模式，但人物的行动却与印度不同。所以，国王、王后和贵族都坐在轿子里，行李则由牛车驮运。轿夫和牛车的数量显示着他们主人的地位。而马和大象尽管都提到了，但却语焉不详。所以我推测，马和大象实际上并不是王室巡游制度的重要组成部分，出现在这里只是为了给语言画面增加色彩和威严。[26] 虽然战象遍布于卡维语文学及其戏剧表演之中，但在现实中可能只发挥了很小的作用。

另一方面，当我们转向大象随处可见的柬埔寨，情况就完全不同了。

关于东南亚的战争实践，有两部研究作品。H. B. 柯立芝・威尔斯（H. B. Quaritch Wales）撰写了开创性的著作《古代东南亚战争》（*Ancient South-East Asian warfare*），该著作虽然在当时有很强的外因论色彩，但至今依然很有价值。另一部是迈克尔·查尼（Michael Charney）的《1300—1900年东南亚战争》（*Southeast Asian Warfare, 1300—1900*，2004），它是对晚近时期进行概述的优秀著作。两者对研究战象和东南亚采用战象的背景具有重要的价值。

然而，就我目前的研究方向而言，米歇尔·雅克-赫尔格劳奇（Michel Jacq-Hergoualc'h）撰写的更为专业的研究性著作《吴哥的军队：高棉人的军事结构和武器》（*The Armies of Angkor: Military Structure and Weaponry of the Khmers*，法语版1979年，英文版2007年）对本书的研究有所帮助。这部重要的作品仅限于对三处遗址中那些描绘柬埔寨军队的浮雕进行深入研究；就方法而言，该著作并未考察有关神仙军队或神话意义上的军队的描述。三处浮雕中的第一处是苏耶跋摩二世（Sūryavarman II，1113至1150年在位）时期的遗迹吴哥窟；它那长长的围墙上刻有描绘军队和战斗的精美浮雕。第二处是阇耶跋摩七世（Jayavarman VII，1181至1218年在位）时期的巴戎寺（Bayon）；它的外墙上刻有一些战斗场景的形象。第三处还是阇耶跋摩七世时期的建筑——班台奇马寺（Banteay Chmar）；该寺的墙上刻有浮雕，有几处已坍塌，而剩下的浮雕因通道上遍布倒下的大块墙体巨石，通常也很难靠近。虽然相关的修复工作让我们有机会再次对其进行研究，但目前只能依靠德贝里（de Beylié）将军拍摄于1913年、现收藏于巴黎吉美博物馆（Musée Guimet）的照片了。吴哥窟和巴戎寺宏伟的浮雕得到了很好的修复，目前可以直接用于研究。这些浮雕已经被多次拍照，有助于我们对比雅克-

赫尔格劳奇的著作分析过的不同的形象，进行细致的比较研究。自从雅克–赫尔格劳奇的研究发表后，扬·彭卡（Jan Poncar）及其同事拍摄的吴哥窟围墙和巴戎寺的优秀彩色照片也陆续发表出来。[27]

柯立芝·威尔斯和雅克–赫尔格劳奇都将注意力集中在这些浮雕上柬埔寨国王的军队形象，几乎没有提及史诗中有关天神和恶魔战斗的场景。但是，考虑到我们的研究方向，观察史诗中出现的神仙军队并和现在的军队加以比较，会对我们的研究有帮助；这样，我们就能估量出现实中的吴哥王朝军队与《往世书》和史诗传奇中记载的理想军队之间的差距。吴哥窟的浮雕由各种各样的战斗和军队构成，而它们对本书的研究特别有帮助。下面，让我们快速浏览这些浮雕。

参拜一座印度纪念性建筑物，标准方向是从左向右或者沿顺时针方向环行，也就是让建筑物总是在你右侧，这样的方向被认为是吉祥的。吴哥窟的浮雕似乎遵循着这样一种叙事历程——从创世开始，然后到诸神之争，接着到《罗摩衍那》和《摩诃婆罗多》的场景，再到苏耶跋摩国王和柬埔寨军队，最后是对灵魂的审判及其在天堂和地狱的命运。奇怪的是，这种过程明显以不吉利的逆时针方向呈现。很久以前，让·布兹拉斯基（Jean Przyluski）认为，这是因为吴哥窟为苏耶跋摩二世的纪念性建筑，而他死后被奉为神明，遗址中的铭文显示他被神化后的名字叫帕腊玛毗湿奴*（*Paramaviṣṇuloka*）；由于这里是座坟墓或至少是纪念逝者的建筑，因而以逆时针方向环行，与葬礼习俗相适应。无论出于什么原因，

---

* 帕腊玛毗湿奴，意为“至尊毗湿奴”，苏耶跋摩二世以毗湿奴化身自居。——编者注

从创世到前生、现世、来生这种大致的时间顺序，引领我们按逆时针方向观看这些浮雕。

在西墙的右侧，通过搅动乳海的故事描绘了创世的情景，这是一组奇妙的形象：天神和恶魔分别从大蛇婆苏吉（*Vāsukī*）身体的两端拉扯，而大蛇则盘绕在一根由毗湿奴撑起的柱子上——这是搅动乳海的核心；上方有飞天仙女（*apsara*，阿普莎拉）在舞蹈，下方有鱼、鳄鱼和以其甲壳托着柱子的神龟。在大蛇的两端，拉扯大蛇的天神和恶魔身后都站着各自的军队。我们可以辨认出天神，因为他们戴着高棉头饰（见图 7.3）；而恶魔则戴着可能为占婆人（Chams）的异族头饰（见图 7.4）。这两支神仙军队中都有拿着长矛的步兵，配有驭象人和驭钩的大象、坐在象轿中全副武装的贵族，以及由马匹牵引的战车。我们没有看到骑兵，但我把这里出现的大象、马和人的形象等同于先前看到的四军的简化表现。如格罗斯利（Groslier）的观点，此处和其他地方的战车，造得非常像柬埔寨的牛车。[28]

接下来的三块浮雕展示了神话中的宇宙军队，他们看起来特别像史诗故事中的四军，但有所强化。移步西墙右侧，我们看到了东光国的战斗——黑天奎师那（*Kṛṣṇa*）大战那罗伽（*Nāraka*）。而在拐角处（北廊，右侧）的浮雕则刻画了奎师那击败恶魔波那的索尼多国（*Śonitapura*）的战斗；上边的铭文表示这段浮雕未完成，而是很久以后在另一位国王的统治时期，即 1546 至 1564 年才完成的。在这些展现军队斗志的描绘中，四军的全部元素都有所体现。根据华盖暗示的人物地位，我们可以看出地位高贵的战士在战车和大象上作战。要表现神圣而可怖的强大力量，艺术家们在形象上加以强化，如用一头狮子牵引战车，持矛的战士骑在孔雀上，或者火神阿

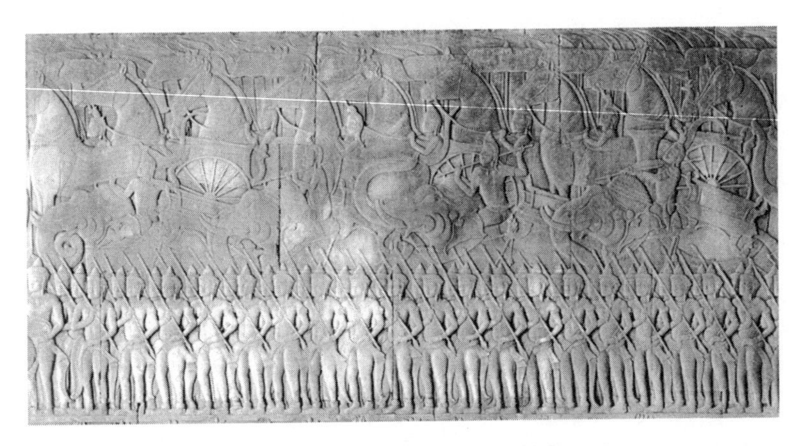

图 7.3　12 世纪吴哥窟浮雕上天神的军队

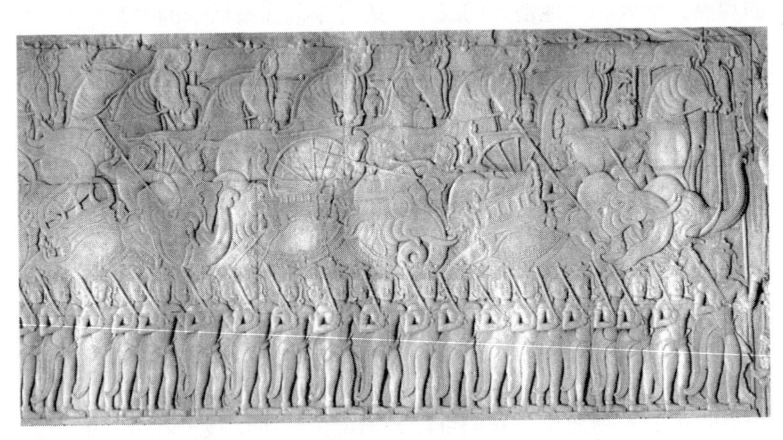

图 7.4　12 世纪吴哥窟浮雕上恶魔的军队

契尼（Agni）骑在犀牛上。在剩余的浮雕上（北廊，右侧）刻画的是毗湿奴击败恶魔迦罗尼弥（Kalanemi）的陀罗迦曼亚（Tarakamaya）战争，而这块浮雕显示出对四军模式的强化。

东廊专门展示两部史诗的战争场景，左边浮雕表现的是《罗摩衍那》，右边为《摩诃婆罗多》。前者描绘楞伽战争；前文已经提到，这是一场不对等的战争，因为罗摩处在流放中，他的军队是由猴子构成。虽然那些猴子强壮得超出常人，但敌人却拥有一支庞大的四军。长着10个头的罗波那拥有众多军队和由一对狮子牵引的战车，被罗摩射出的箭所抵挡。后者描绘了般度族领袖坚战杀死俱卢族领袖沙利耶（*Śalya*）的战役。整个场景是两支以战车武士为领袖的军队，刻画得非常接近人间，仅对四军做了最低限度的强化效果，而战车则处在画面中的最前面。

从史诗时代的故事开始，接下来的浮雕展示柬埔寨国王及其军队的形象，位于南廊左边。首先，可以看到国王苏耶跋摩二世坐于王座之上，身边簇拥着的是他的官员和侍从；一块高棉语的铭文写道，"至高无上的陛下，帕腊玛毗湿奴居于希瓦帕达山（Mount Śivapāda）之上，指挥着军队下山。"[29]再往右，可看到军队在平原上行进；他们主要是由持矛的步兵、坐在象轿中的贵族——由坐在象颈的驭象人陪同——组成。这些都是王国的重要人物，置于其上的华盖显示出他们的显赫地位；而这种长柄华盖由地面上的侍从擎着。此外，借助简短的高棉语铭文可知，他们都是拥有头衔名姓的特殊人物。其中许多人都是特定辖区的统治者，拥有诸如伐罗辛哈跋摩（*Vīrasiṅghavarman*）和檀那阇耶（*Dhanañjaya*）这样的梵语名字。乘象人端坐于象轿内，一只脚在里边而另一只则在外边。这让人想起《摩诃婆罗多》中有关舞蹈的描述和诗歌的比喻，即战士们“仿佛像跳舞那样”（*nṛtyan iva*）走向战场。从王冠可以看出，国王骑乘在位于军队中央的大象身上，而他的大象头上也有着类似的装饰；根据铭文，国王的祭司（*rājahotṛ*）走在他的前面。先锋部队则由一位巴满（*Pamañ*）带领；这是一个非梵文名字，意为“猎人”，而他的随从则被称为暹罗人（*Syāṃ Kuk*，Siamese）。正如他们首领的名字暗示的那样，这些人是森林民族；他们与高棉战士的区别在于发型不同且队列混乱。他们看起来是在寻找穿越森林的路线。军队只有几匹马而没有战车。下一块也是最后一块浮雕在南廊右边，展现的是死神阎摩*（Yama）对死人的审判。

尽管持不同的观点，但柯立芝·威尔斯和雅克－赫尔格劳奇一致认为：虽然天神和恶魔的军队以及史诗中的英雄在战斗中使用战车，但历史上高棉军队却并不使用战车，而且马匹也少有，骑兵亦可忽略不计。在印度，战车约在公元1世纪的贵霜时代便已从战场上消失；[30]它们被保留在史诗的文学创作和艺术形象中，但在形式上越来越不像过去战场上的战车了——四轮战车取代了两轮战车。因此，和吴哥王朝的情况一样，四军的观念是一种附着于印度过往传奇中的理想化的军队。与柬埔寨未出现战车相一致的是，记载柬埔寨历代国王的梵语铭文既未提到战车，也未称呼国王为伟大的战车武士，尽管这些梵语铭文通常会将国王比作史诗中的英雄以赞扬他们尚武的品质。

我认为，伟大的战车武士理想无声无息地消失还产生了另一种

---

* 阎摩，印度教神话中掌管死亡及审判亡灵的神明。——编者注

影响（当然，在英雄史诗中还存在战车武士的形象）。从有关《摩诃婆罗多》的分析中可以看到，由于战车武士理想的卓越地位，大象往往与东方人、蛮族和森林民族之间存在关联；它们被地位低微的大象战士所骑乘，只是偶尔才被国王骑乘。以吴哥窟浮雕（如图 7.6）上苏耶跋摩的军队为例，根据华盖和其他暗示地位的信息以及简短的高棉语标示铭文判断，很明显王国之中的个别贵族是全副武装的大象战士。在印度，中亚式的骑兵崛起造成战车从战场上消失，而这使得战象的地位得到了提高。在东南亚，环境条件让战车的应用变得不切实际，而出身高贵的人能够获取大量的大象。我们在吴哥窟、巴戎寺和班台奇马寺的浮雕场景上，并没有发现普通战士骑乘于大象肩上的情况。

雅克－赫尔格劳奇倾向于将印度的实际影响降到最低，并且严格区分柬埔寨王国的印度化形象和其军队的实际情况。他的著作纠正了人们的观念。例如，我们可以看到，柬埔寨军队使用的武器是兼容并蓄的，绝不是完全印度化的，如高棉人使用的可追溯到史前时代的战斧（*phkā'h*），以及独特的中式双弩；这两者都与战象有关。雅克－赫尔格劳奇对象夫和驭钩的分析更具价值，但却默认两者起源于印度，而这违背了他对印度影响程度的怀疑。象夫坐在象颈上，盘腿或是将腿放在任意一侧，通常还会手持一个防身用的盾牌，而且总是拿着驭钩。吴哥窟浮雕中的象夫都有统一的发型样式，而巴戎寺和班台奇马寺的则多种多样——其中一些与占婆族有关。实际上，在不同时期，占婆族与高棉的国王或敌或友；他们也热衷使用战象，似乎也被认为是非常优秀的象夫，曾被高棉军队雇用。

图 7.5　12 世纪吴哥窟浮雕上苏耶跋摩二世的军队

图 7.6　手持战斧的柬埔寨贵族骑乘战象

那么，印度的战象制度如何在这些进行印度化的王国中传播呢？

我们已看到，关于希腊化王国中的印度战象，书面证据源自亚历山大的史学家的希腊语和拉丁语著述。印度的文献资料富含描述战争的诗歌和有关大象管理的散文，但有关当时战争的记述却很贫乏。然而，我们可以从现有的资料确定，战象制度及相关的使用知识主要在国王之间进行传播，包括王室礼物交换、战场捕获、榨取贡赋以及类似的方式。最明显的例子是，旃陀罗笈多·孔雀用 500 头大象向塞琉古交换了东方辖区庞大领土；虽然其中未看到有关驭象人、象夫和驭钩的描述，但从后来的情况我们可以了解，象夫也是这笔交易的一部分，因为在后来的历史中可以清楚地看到，他们及其后继者被称为"印度人"，在雕塑中也确实拿着印度式的双尖驭钩。

东南亚王国的战象习俗与印度是否也存在这样的关联？很可能不是。虽然托勒密人和迦太基人在战象问题上处于比较有利的地位——因为他们可以获得野生的非洲森林象，但是塞琉古人在采用战象制度时，并未拥有野象、大象森林或在其王国内熟悉野象的森林民族。另一方面，东南亚的国王们拥有众多的野生大象、森林和部落民族，因此他们本可以自发地再次发明战象。一些情况显示了其中的原因。第一，东南亚和印度之间存在着长期的贸易往来；第二，罗马、印度、东南亚和中国之间兴起奢侈品贸易，而这种贸易首次出现时很可能加快了柬埔寨南部和越南地区新兴王国的出现；第三，这些王国吸收了印度的书写体系、宗教和王权制度。考虑到所有这些因素，战象在新兴王国中的出现不可能不受印度模式的影响。在此发现的驭钩就是一个确切标志。就所有这些方面而言，东南亚的王国与南印度和斯里兰卡的王国相似，而与印度以西使用战象的民族不同。

有鉴于此，我们认为，传播到东南亚的是印度（可能是南印度）的猎象师、驯象师、驭象师和医师所掌握的知识，而不是大象本身；我们还可以推测，这些知识的传播途径是国王之间的交易——战象制度同样如此传播至其他国家。历史学家对印度模式传入东南亚的途径存有众多争论，但令人惊讶的是，大家从未讨论过上述这些机制。很久以前，人们就提出了印度入侵这一观点，但遭到质疑。贸易，尤其是国际奢侈品贸易，无疑是其中的一种途径。来自印度婆罗门的直接“印度化”一直最为人接受，但东南亚的国王和印度的国王之间的外交关系与其他往来并未被列入讨论。原因也很简单，那就是几乎没有这方面的直接证据；相反，在中国的历史记载中，有大量证据表明东南亚的国王与中国之间存在外交关系和军事往来。最直接的证据就是，早期唯一记载了扶南王国出现来自印度的王室使节的资料，便出自当时在场的中国使节之手。显然，即便偶有间断，东南亚的王国和印度的王国之间也一直存在这种联系。在如此有利且可接受的条件下，移植战象制度并不费事。这将是那种把战象带到南印度和斯里兰卡的相同过程的又一个例子。

还有其他可能性吗？东南亚拥有大量的野生大象和熟悉它们的森林民族。掸族（Shan）及其语言相近的民族在历史上似乎特别擅长驯养大象，其他几个族群也是如此。但是，考古记录显示，世界上任何地方在王权制度兴起前，均未出现捕获并训练大象的情况；而在东南亚，这种驯化与早期的各王国之间存在着确切的联系。这些王国采用印度模式，普遍存在着战象，以及尖端分叉的印度式驭钩，这些都无不证明着，战象制度不可能是被二次发明的。

印度模式的巅峰、终结和来生

“在东南亚，没有一种动物比大象更能代表王权。”[31] 在吴哥王朝垮台后，中南半岛、苏门答腊岛和爪哇岛上出现了许多王国；他们不仅在战争中使用大象，还将其用于国王的坐骑。马已经非常好了，但在坐骑等级中，大象的级别最高。在缅甸人和马来人中，等级最高的贵族骑大象，级别稍低的骑马，级别最低的则步行。在苏门答腊岛的亚齐（Aceh），只有国王才有权授予贵族乘象出行的特权。[32] 在佛教王国中，白象拥有巨大的价值，如同吴哥窟浮雕上因陀罗的白象伊罗婆陀，它拥有 3 个头，暗示其非凡特性；而这头白象名字的阴性形式就是伊洛瓦底江（Irawaddy）的名字。几乎所有建立了王国的民族都这样使用大象，如缅甸人、暹罗人、孟族人（Mon）、高棉人、占婆人、马来人、亚齐人、爪哇人；他们的王室编年史中就有大量的相关记载，而近代的葡萄牙语、荷兰语和英语的记述也证实了这些情况。即使粗略地查看这些编年史，我们也可以从中看出一种与斯里兰卡《大史》非常相似的情形：在战争中经常使用大象，某些在战争中表现出色的大象，它们有名字且声名远播。国王们会经常参加捕捉野象的行动。捕捉方式跟印度一样，即将大象驱赶进围栏或用驯化的雌象引诱雄象。

正如柯立芝 · 威尔斯最先发现的那样，在印度的作战阵形理论的影响下，战象制度在东南亚发展到了顶峰，而这一点在东南亚显而易见。至少在一块高棉早期的梵语铭文中就已提到作战阵形："在马亨德拉（Mahendra）地区，敌军用环形阵防御，而他已将其粉碎，并变阵为迦楼罗，渴望夺取胜利的果实。"[33] 这里提及的迦楼罗很可能暗示一种破解环形阵的反制阵形。我们知道有一种阵形被称为迦楼罗，下文将看到相关内容。

爪哇的《婆罗多战争》使用卡维语，是对《摩诃婆罗多》的再创作，其中特别关注并提到了敌对双方采用了阵形和反制阵形。然而，令人惊讶的是，莱佛士发现了晚至1500年马塔兰（Mataram）王国的军队使用摩伽罗阵（*makara*，即海怪阵）的绘画（如图7.7，见注释）。[34] 摩伽罗是一种类似鳄鱼的海怪，这里演变得更像一只龙虾。莱佛士的插图上编号的数字指示不同的指挥官负责的军队。柯立芝·威尔斯给出了这些阵形的暹罗图示，即迦楼罗阵、鹰阵、水牛阵（*mahiṣa*）、海怪阵、狮子阵（*siṅha*）、莲花阵（*padma*）、环形阵、鬼魔阵（*preta*）、瞋怒阵（*krodha*）、太阳阵（*sūrya*）和千光阵（*sahasrāṅgśu*）；所有对应的梵语名称大多数都能在《摩诃婆罗多》和《政事论》中找到。[35] 据说纳黎萱王*（Naresuan）在1592年同缅甸作战期间，在扎营时就已使用莲花阵了。[36] 据巴利文佛教文献和梵语文献记载，缅甸军队也已使用莲花阵、车轮阵、牛车阵、公牛阵、蝎子阵、云彩阵和其他阵形。[37] 虽然在莱佛士和柯立芝·威尔斯的著作中阵形绘图出现很晚，但是毫无疑问，作战阵形在东南亚有着悠久的传统。

---

* 纳黎萱王（1555—1605），暹罗阿瑜陀耶王朝（大城王朝）皇帝（1590年至1605年在位），暹罗五大帝之一。——编者注

印度式的作战阵形理论可能隐藏在欧洲人总结东南亚军队战斗的记述中。查尼认为，拉卢贝尔（La Loubère）在描述17世纪晚期暹罗军队的战场编队时，并不知道这些编队模式是可以发挥作用的：

他们将自身分为三部，每部都由3个巨大的方形军阵（Battalion）组成；而国王或他不在场时任命的将军则位于由精锐部队组成的中军（Middle Battalion），以确保其人身安全。每一军阵的特定长官都留在本人指挥的军队中；这9个军阵如果太大，就会按照整个军队编队的方式而分为9支较小的部队。[38]

显而易见，战象作为一个元素，在实际结构中被隐藏了起来。

通常来说，火药结束了战象时代，但事实并非如此。在火药时代初期，即莫卧儿帝国时代初期及其以前的突厥苏丹国时期，人们就发现经过训练大象可以忍受炮火的声音和气味。火枪手会在象背上作战。更重要的是，小型炮（*gaj-nal*）会被安放在象背上作战。有记录显示，这种方式直到1720年都在使用。这种战象驮着两个人附带两把枪。[39]印度和东南亚都曾使用过这种枪。

随着大炮和步枪的火力增强且射击精度提高，大象变得越来越容易受到攻击。大象的盔甲不得不加固，而象夫也不得不配备盔甲。这种配备盔甲的象夫被称为“*imāri*”，英语化为“amhara”。指挥官居于象背上——他可以观察战况，也会被敌军看到——这种做法在火力日益频繁使用的时期处于不利地位。“纳迪尔·沙阿（Nādir Shāh）对印度将军居于象背上的习俗感到诧异：‘印度的统治者采用的是什么奇葩习俗？在战斗时，他们竟然骑上大象，让自己成为所有人的靶子！’”[40]

最后，到了 18 世纪，大象从印度的战场上消失了。我能找到的最晚一次使用大象作战的记录是 1833 年的柬埔寨。根据高棉佛教僧侣尊者比（Venerable Pich）的记述，那一年暹罗军队使用“数量众多的大象”取道柬埔寨入侵大越（Dai Viet，越南）。骑着大象和马的暹罗军队进攻了一支 1500 人的高棉部队，杀死并俘虏了许多人。这可能是大象最后一次出现在战场之上。[41] 虽然大象仍然因参与运送沉重的枪支和辎重而留在军中服役，甚至到了越南战争时还曾在胡志明小道上运送过战争物资，但是在起源于中国的火药被用于战争后，真正意义上的战象便不复存在了。

第八章

维持平衡，展望未来

战象制度已然走向终结，但那些曾经被建构出来以维系该制度的实践关系仍在发挥着作用，只是以一种不同的组织逻辑。现在，战象制度已经不是一个活着的系统了，只能利用现存的遗迹尽可能地重构。另一方面，我们可以将战象制度看作一个未必确凿但仍算完整的整体，充分加以考察。

全面研究战象制度后，我将采用比较的视角来分析：首先，重新考察中国这片没有将大象当作战象使用的土地；之后，分析战象时代以后出现的不同组织逻辑，即那些运送原木的大象的情况，以此阐明我目前所能重构的战象制度；最后，本书要分析在民族国家体制下大象的未来。

中国

由于有了佛教弘法僧及其传来的经文，以及那些前往印度取经的中国僧人，中国人对印度战象的某些观念是有所了解的。至于有关战象的直接知识，东南亚和中国的边界是战象制度向东传播的极限。东南亚那些进行印度化的王国和中国存在着持续的外交活动；

在此过程中，许多受过训练的大象和它们的象夫曾被当作贡物送到中国。以外交和战争的途径，中国人曾经多次直面战象。正如我前面指出的那样，中国未出现战象是刻意选择的结果，即中国人拒绝了这种他们熟悉的制度。对于我们而言，幸运的是，中国人留下了丰富的历史记载；我们可借此追溯君主和人民跟大象之间的关系，以及他们与东南亚使用大象的民族之间的关系。

在第二章，本书分析了文焕然所引用的公元前 500 年以前的案例，而当时战象作为四军的一部分已普遍存在于北印度。我的结论是，虽然有一些证据表明当时存在捕捉并训练大象的情况，但是这种情况罕见且特殊，并且大象也不经常被用于战争。在此，我将分析文焕然著作中记录的整个七千年的历史情况，先从他展示野象退却的地图（见图 1.1 和 1.2）开始。

文焕然的地图是用来自中国各地区的 90 个数据点绘制而成的；它们代表着发现有大象遗骸、有活象记载抑或二者兼有的地区。根据这些数据点的年代模式，他在图上添加了特定时期内野象分布极北地区的边界线；地图上的这些线条表明了野象种群的北方边界线，并给出了不同时期分布信息简况。这些线条描绘出一幅动态的画面：在整个中华文明的发展历程及其文献记载中，野象持续向南退却，直到今天仅有数百头野象主要分布在沿着缅甸边境的云南一隅。文焕然提到，云南有 168 头大象；在被列为国家一级保护动物后，大象的数量据估计增长到大约 400 头。[1]

如何解释大象的退却？我们需要回到起点，即文焕然和伊懋可各自的观点。

如我们所见，文焕然认为，气候是主要原因，而人类活动（为农业而清除森林、为获取象牙而狩猎）则加剧了这一过程。在他看来，亚洲象已经进化出对其所处环境变化异常敏感的特性。它们在体形、鼻子长度和牙齿结构上非常特别，对温度、光照、水和食物的要求很高，但适应环境变化的能力却很差。依据文焕然的研究，虽然可能存在短暂的逆转期，但是在过去七千年甚至更远的时间内，中国气候变化的总体趋势是从较温暖变为寒冷。在这个野象总体南移的大趋势中，最北值有时会因为一些微小的逆转而出现波动。气候模式与野象活动范围极北界线南移的情况相匹配；有时，最北值会因为一些微小的逆转而出现波动。从自然史的角度对相当长的一段时期进行分析，文焕然认为，气候是大象在中国退却的首要原因。但是他认为，仅次于气候变化的因素是人类活动所导致的环境破坏，才使得大象目前处于濒危状态。对大象来说，历史上（中华文明的时间跨度内）的过度捕获和猎杀是灾难性的。

如前所述，伊懋可接受文焕然的观点，也认为野象在环境史中的特殊地位相当于"矿工的金丝雀"。他对环境变化给予了应有的重视，但将大象退却的原因更多地归结于人类导致的环境恶化。在他的叙述中，大象起着预示环境恶化的作用。这一点在著作开篇就被提出，但之后就没有再叙述；然后，他在书中转向论述中国野生动物遭受普遍困境的人为因素，而大象就是其中的典型。

应该如何准确地估量气候和人类活动两种因素的权重，以便解释大象在中国退却这一无可辩驳的事实？对此，我没有资格下定论。我认为二者皆有道理。但是，我们可以用战象的历史进一步阐明该主题。这样就可以解释大象留存的印度和东南亚与大象严重退却的中国之间的差异。

我的比较分析开始于东南亚那些进行印度化的王国和中国之间有关大象的交流情况。我们从《明实录》中获得了宝贵的资料；这是一本关于明朝（1368—1644）日常记录的非同寻常的编年史，约4万页。杰夫·韦德（Geoff Wade）已截取并翻译了与东南亚有关的段落，并公布到了网上。[2] 其中，有67处与大象有关，几乎贯穿于整个明朝。

第一处记录就带有戏剧性色彩。据记载，一位名叫陈叔明（Chen Shu-ming）的安南（Annam，即越南北部的王国）国王向明朝皇帝派遣使节并赠送大象作为贡品；但是，由于该国王与此前曾派遣使节的安南国王的名字不同，于是就有人提出了疑问。结果发现，现任国王致使前任国王自杀，前来进贡的目的是希望中国皇帝承认他为合法的继承者。于是，中国朝廷拒绝了此次进贡。[3]

向中国皇帝朝贡的使节来自安南、占城（Champa）、柬埔寨、暹罗和爪哇。除了安南以外，其他都是进行印度化的王国。学界通常认为，安南更倾向于中国的王权模式，因为它有大约一千年的漫长时期处于中国的统治之下。尽管如此，中国的记载明确显示，安南与进行印度化的各王国相毗邻，通常也会遵循这些国家采用的战象制度。安南历代国王进贡给中国皇帝的外交礼物或贡品通常都包括大象。

在东南亚国王向中国派遣外交使节的记载中，多次提到了象夫；有时，当贡品被接受后，中国朝廷向使团和国王回赠礼物时也曾提到过他们。一个来自占城的使团就是这样的例子。以下引文详细记录了赏赐的礼物和接受者相应的级别。在这段冗长的记述的末尾，我们看到了养象军士；他们和士兵一样作为整个使团中级别最低的人员而得到了赏赐：

> 九月甲寅朔，占城国王阿答阿者遣其子宝部领诗那日勿等来朝贺天寿圣节，献象五十四只，及象牙、犀角、胡椒、乌木、降香、花丝布，并贡皇太子象牙等物。诏赐其国王冠带、织金文绮、袭衣，王子宝部领诗那日勿金二百两、银一千两、织金青罗衣二袭、红罗衣二袭、绣金文青绮衣二袭、红绮衣二袭，王孙宝圭诗离班织金青罗衣二袭、红罗衣二袭、红、绿文绮衣各二袭、绮段六匹、银一百五十两，副使头目、通事等赐钞及罗绮衣段有差，并赐养象军士百五十人衣服。[4]

有时会提及象夫跟随大象一起进贡给皇帝。明朝在云南的一些部落盟友曾经有人在明军中担任象夫，这是一种荣誉；但如果是中国的官员，就是被贬为象夫。这就意味着在中国人的心目中，象夫的地位很低。这些档案中隐约可以见到象夫的身影。

明朝军队在云南的战场上经常要面对战象。这些战象由被称为“土匪”的人掌握；他们是夷族，大致等同于印度的“森林民族”。我们不应该将明朝记录中有关“土匪”的贬低言论看作事实。例如，百夷（Bai-yi）的叛乱者思伦发（Si Lun-fa）组建了一支估计有 30 万人和超过 100 头大象的军队；这是一支庞大的军队。毫无疑问，这个描述有些夸张，但这恰与对土匪的贬低记载形成强烈反差。在类似情况下，明朝时期云南的叛军由当地政权组织，一如同时代东南亚那些使用大象的进行印度化的王国。我们可以将其视作战象向东亚扩展的最远地区。

在一次战役里，一支由3万人组成的明军骑兵对阵由1万人和众多大象组成的百夷军队。后者有30头大象作为先头部队。他们的首领骑着大象，就像吴哥窟浮雕中苏耶跋摩二世军队中的将领那样。明军用某种机械装置开枪射箭施加拦截，抵挡住了敌人的大象。每头大象都披有盔甲，背上载着一个象轿；两边挂着竹筒，里边装有短矛。明军成功杀死了超过一半的大象，还活捉了37头。[5]明军奉命对残留的叛乱分子开出投降条件：支付战争费用，进贡500头大象、3万头水牛和300名象夫。[6]最后，在驯象护卫（Trained-Elephant Guard）的管理下，建立了饲养大象的官方庄园，同时遣返所有的百夷驯象师，而且在占城驯象师的帮助下将捕获的大象运送到京师。《明实录》中解释说："先是，置驯象卫，使专捕象。及西平侯沐英破百夷，获其人，亦送本卫役之，至是始罢遣。"[7]在明朝的资料中，这是与中国人训练大象以供自用最为接近的记载。重要的是，他们不得不依赖云南夷族和来自占城的象夫。大约同一时期，进行印度化的王国柬埔寨派遣使团进贡28头大象、34名驯象师和45名奴隶；而不属于进行印度化的王国的安南则进贡了4头大象和3名驯象师。[8]

因此，中国的皇帝似乎一直很乐意接受大象。毫无疑问这是为了宣示炫耀，同时也可能是希望在能驾驭大象的象夫的陪伴下骑乘出行。但是，他们只是短暂且偶然地捕捉并训练大象，然后也仅仅是为了与使用大象的"土匪"作战。中国的皇帝乐于收到象牙贡品。显然，到明朝时，中国的象牙和野象的来源基本上都局限于云南和东南亚诸王国。

这些明朝的资料清楚地表明，从东南亚进行印度化的王国和印度的王国在战场上全面使用大象的时代开始，东南亚和中国之间的边界就是战象制度传播的极限；即使中国人在战场上直接经历了同大象作战，战象制度也未逾越此边界。即使大象几乎遍布中国，中国的君王在战场上也没有选择使用战象。[9]

这么多的非印度民族都曾经采纳了战象，包括希腊化时代的波斯人、希腊人和马其顿人，迦太基人，罗马人（短暂地），伽色尼人，突厥人，以及一些东南亚民族，为何中国人不这样做？在这个问题上，中国和印度产生差异的原因是什么？

印度和中国的土地伦理

我们已经看到，《政事论》曾规定杀死野象的人将被处死；印度的国王们捕捉大象主要是为了使用它们，而不是为了狩猎娱乐而杀死它们。值得重申的是，这并非出于对野生动物的情感偏爱，而纯粹是出于国家或国王最直接的自身利益。保护野象的兴趣不可能完全有效，我们也无法衡量其有效性。但是，中国证实了缺少保护措施带来的影响。印度的国王们希望保护野象，甚至不惜损害农民的利益；而中国的君王们倾向于清除大型野生动物——尤其是大象——生活的森林，以便人们可以安全地使用林地并将其开垦为农田。

伊懋可的分析认为，利益是人类行为的关键，是利益导致了农业扩张和环境退化，而大象的退却就是上述情况的标志。但是，“利益”本身需要被仔细检视，因为它绝不是一个简单的发现对象，可以随手拿来当作工具使用——仿佛它就是为我们创造的一般。在这种观点中，“利益”是经济上的，是迫切的现实需要，因而它胜过哲学、宗教、伦理；总之，利益是那些源自人类身体本性的普遍需求的前文化（pre-culture）核心。既然如此，利益的构成就会立即显现；同时，一旦伊懋可展示出哲学和类似思想在保护环境方面的软弱无力，利益作为环境退化的缘由就会显露出来。

我不赞同这种观点。首先，利益不是一个不证自明的术语。它既与人体的长期特性有关，又与晚近的历史形态有关，例如王权和耕作农业。这些历史形态不是永恒的，而是在时间上都有一个确切的起始点和后续的发展过程。也就是说，利益本身会受到历史偶然性和变化的影响。其次，利益在人类的任何努力中都是多样的，人们为了实现自身的利益也总是需要从众多可能的妥协方案中达成某种折中。利益的最大化也总是涉及妥协：现实世界中，每一位国王和农民都是在相互竞争的利益中进行权衡，从而做出选择。这种选择总是受到环境的严格限制，但又从来不完全由环境决定。并且，一旦做出选择，这一选择可能会成为将来类似选择的持久模式。

以此为出发点，我们必须指出，一个特定人类群体的土地使用模式不单是利益的结果，而且是由各种利益形成的关系模式。现实中的选择已经成为固定模式，而且是总体性的、长期性（但非永久性）的历史形态。就当前的研究方向而言，我们可以借用奥尔多·利奥波德（Aldo Leopold）的术语，称之为“土地伦理”。

在这一点上，转向伟大的环境保护主义者奥尔多·利奥波德是恰当的，因为他通过身教和劝诫，呼吁用环境史或人类对景观的影响历史来补充和修正历史学家关于发展的宏大叙事。现在，所有在该学科子领域中撰有著述的历史学家，都遵循着源自利奥波德的传统。在一篇题为《土地伦理》的著名论文中，他还呼吁土地所有者建立与土地的伦理关系；调和经济和个人利益，因为它们常常造成可怕的环境后果；此外，他还倡导建立人类和其他所有物种的共同体意识。[10] 在这种诉求中，土地伦理是一个统一体，可以视作调节经济利益的超历史实体。然而，建立在此基础上的环境可能在资料分析前就可以大致知道结果，大概率就是伴随着经济进步而环境恶化的故事。

一部环境史，如果没有被赋予那种持久不变的力量，就会带来更大的风险。可以认为，土地使用模式是在多元利益之间权衡取舍后形成的固定结果，这也让土地伦理观念为特定人群所独有；虽然这种伦理的历史可能很长，但其性质和效果我们却尚未知晓。正如利奥波德的观点，土地使用模式同时还是伦理或道德实体。它是一种如何利用土地的意识，同时也是特定人群的特定伦理。它可以是一种工具，用来解释或更深入地描述印度和中国之间的差异，也就是两种截然不同的土地伦理之间的差异。

基于这样的理解，我们可能会问：印度王权的土地伦理是什么？很明显，动物们——包括黄牛、水牛、绵羊、山羊、马、大象和骆驼——在印度王国的饮食、兵役、运输和军事中发挥着重要的作用。在驯化方面，依据波塞尔（Possehl）的观点，吠陀时代以前的印度，即印度河文明时期，可以被认为是中东的一部分，小麦、大麦、牛、绵羊和山羊均产自中东，可能已被独立驯化了。此后，印度又出现了来自中亚的马匹，然后驯化了湿地动植物（*anūpa*），如水稻、水牛、小鸡（源自印度东北的红林飞禽）和大象。大象的驯化只是一种既存的并不断增长的模式的最后补充。这种模式在地貌景观上留下了自身的逻辑——一种特定的土地伦理。

我们可以从《政事论》中有关乡村聚落的章节了解更多细节。[11]乡村被划分为经济区域和生态区域，包括农庄、牧场、贸易路线、原木林、大象林和矿区；所有区域都通过经济交换和税收与王权所在的城市之间建立联系。在这种理想王国及其生态的模式中，农庄的首要性和规范性是显而易见的。但是，畜牧也明确成为一种特殊的生活方式；而且，牧场与农庄相互交错，村庄之间的土地会被分配用来放牧家畜。这片土地可能会受到野生动物和强盗的威胁，而放牧人可能会得到村庄中的居住用地。《政事论》显示了牧民和农民毗邻生活的景象（此处极为简化），而这在当代印度也为有关牧民的民族志所证实：在印度，动物们通常会在收割后的田地上啃食残茬，同时给农民的田地施肥。放牧也会进入森林之中，放牧人也会逐渐变成森林民族。因此，印度半岛上的牧民种姓可能被称为某种库鲁巴人（Kurumba），而森林民族则被称为杰奴库鲁巴人（Jenu Kurumba），此名称暗示他们采集野生蜂蜜；从农庄的规范性角度看，可以这么说，森林民族是另一种牧民。象夫就是从被称为库鲁巴人的森林民族中选出的。在这种情况下，居住在乡村的农民可能会放牧家畜，并在圈舍中饲养；但这些家畜也可能会被接近于农民的、专门的牧民家族大量放牧，并与农民之间存在着经济交换关系。他们可能会在森林中放牧畜群，并使森林变成有草木的开阔草地或灌木丛。这种情况本身并非滥伐森林，而是森林的退化。正如我们所见，对于大象来说，这未必是件坏事；因为它们喜欢吃竹子和其他由驯化及野生动物啃食出的食物。在这种模式下，大象在印度的环境史中并没有成为其在中国那样的标志性象征；如果有什么不同，那就是森林的退化反而有助于增加大象的数量。

我们已开始看到，中国君主的土地伦理与此截然不同。在中国的土地伦理观念下，清除森林中的危险动物是君王的一项特殊职责，而扩展农田则是另一项职责。放牧作为一种特殊的生活方式，在地理上基本与农耕相分离。特里盖尔（Tregear）在谈到这两种经济时，捕捉到这种高度分离的状况：游牧民族位于西北，而农耕民族位于大河流域的平原地带，而这两种经济区被长城分割；[12] 但是也可以这样说，由于两种经济之间存在互补性，它们之间也存在交易，这便将双方结合在了一起。西北地区非汉族的牧场上盛产马、绵羊和山羊，而汉族核心地带则少有用于放牧的土地。农耕和游牧是“两种生活方式”，彼此间互相排斥且敌对。[13] 马、绵羊和山羊过去是（现在也是）长城以北非汉族人群的主要生计来源。

我们有必要分析两种经济与印度那种捕获和训练大象的驯化模式之间的关系。古代中国，人们在描述圆满和丰收时会提到“五谷”和“六畜”。其中，六畜是指马、牛、羊、猪、狗、鸡。一些研究（Jing，*et al.* 2008）依据考古遗迹给出了这些家畜出现的最早年代，见表 8.1。

表 8.1　常见家畜出现的最早年代

家畜种类	最早出现年代
狗	距今 10 500 至 9 700 年
猪	距今 8 200 至 7 000 年
牛	距今 4 500 至 4 200 年
羊	距今 4 400 年
马	距今 3 300 至 3 050 年
鸡	距今 3 300 至 3 050 年

中国与印度的模式有许多异同，但我只评论其中一些似乎特别能说明问题的情况。上述研究（Jing，*et al.* 2008）从中国南北方各个地区确认了中国存在五个猪的亚种。[14] 这些亚种是中国家养猪的祖先；爱泼斯坦（Epstein）对此做了记录，[15] 指出有超过 100 个种类和变种。许多古代的墓葬都有祭祀使用的猪骨架。这与印度的情况形成强烈对比；从吠陀时代，猪在印度就为人所知，但是在古代文献很少被提及，并且被上等种姓的印度教徒和其他人视为不洁之物。在中国，绵羊、山羊和马在黄河流域突然出现，比最古老的驯化动物狗和猪要晚许多，并且与更为干燥、多草或森林茂盛的土地，即长城以北的次要经济区之间有着密切的联系。

可以肯定的是，在长城以南的广大农耕区，不论过去还是现在，都有用于食用、劳动和运输的驯养动物。田地上需要黄牛、水牛（南方）和驴作为役畜来耕地和运输，而且数量庞大。鸡、猪、鸭子以及其他不需要放牧的驯养动物数量更多。正如 20 世纪早期的一项经典研究中所显示：[16] 与其他国家相比，大河流域的农耕土地上家畜稀少（中国：每头动物 2 公顷农作物；丹麦：每头动物 0.4 公顷农作物），甚至比印度还少，因为印度经常有人抱怨牛和山羊有过度啃食的情况。造成这一差异的重要原因是，印度是大量生产和消耗奶制品的地方，而直到近代中国大部分核心区奶制品数量都很有限。此外还有其他的原因。在中国的平原上，运输任务在很大程度上由人力承担，依靠独轮车、扁担或背包，很少靠牲畜驮运，尽管人力运输是最昂贵的方式，这一点我将在本章下文详细讨论。中国车轮工具使用较少，驮畜和人力的使用较多。相反，印度自印度河文明时起就开始使用牛车；直到近来，大部队的调动还需要靠另外的牛车部队运送补给。另一方面，中国将大量的集体劳役花费在了开凿运河上，于是运河和水路运输高度发达。最后，中国有许多森林已经逐渐开垦为耕地。

畜力在中国军队中的作用也与印度不同。中国同时拥有马和大象的栖息地，因此自然环境提供了能够像印度那样组建四军的可能性，但中国却没有发展出四军。战象，即便在早期曾被试用过，但最终没有被确立为制度；而在随后的时代，即使直接遭遇大象，中国也仍然拒绝使用。至于马匹，战国时期（公元前 451 至前 221 年），伟大的人物都作为战车武士出场，如同印度史诗中那样；同时，他们还讲究战争文化，会占卜吉凶，还有着荣誉感很强的贵族道德准则。骑兵的引入可以精确地追溯到公元前 307 年；据史料记载，当时赵武灵王说服大臣们采用亚洲内陆风格的骑兵，即骑兵弓箭手。这样做争议很大，因为骑兵模式涉及服饰变化（就像印度需要采用贵霜的模式），会违反礼仪，遭到臣民的厌恶。然而，赵武灵王力排众议，于是中国开始采用亚洲内陆式的骑兵队列。[17] 到了战国时代末期，公元前 221 年秦国统一了各诸侯国；秦始皇的陵寝中著名的兵马俑就包括战车、骑兵以及大量的步兵。[18] 更加务实的战争态度开始取代早期的贵族化、仪式化、道德化的风气；士人开始对军事失去兴趣，可能是因为军事与游牧民族的联系日益紧密。正如在印度和其他地方发生的那样，战车最终在战场上停止使用。

尼古拉・迪・科斯莫（Nicola Di Cosmo）认为，赵武灵王采用骑兵不仅是为了防御游牧民族，也是为了进攻非游牧民族的邻邦。然而，由于马匹的供应地仍在北方，因此出现了基尔曼（Kierman）所说的“两种大致相反的战斗模式”。他说：“一种模式是直接接受主要外敌的战争方式，即胡服和骑兵。随着马镫的发展，这种情况可能在后来继续发展。另一种模式更适合以城市－农业为基础的中华文明，即发展高度组织化的步兵战术以及与之相适应的武器。”[19]

军事模式上的二重性解答了中国王权与北方和南方的不同关系。中国南方，尽管在气候、地貌、动植物、语言和民族上有所不同，但似乎总是为中华文明提供了发展空间，即便它也在此过程中发生了改变。但是，正如欧文·拉铁摩尔（Owen Lattimore）的详细描述，中国的王权与亚洲内陆民族的关系是非常紧张的，需要一支以骑兵为基础的军队抵御盛产马匹的亚洲内陆的敌人，而边境民族不可避免地在其中发挥了重要作用。同时，中国的农耕区也需要与之建立交换关系，使次要经济区能够给主要经济区提供所缺物品。他的经典著作本质上就是关于长城以北次要的游牧经济的历史研究。

依据张春树（Chang Chun-shu）的研究，“象”这个词在中国与中亚边界出土的竹简上出现了 2 处，其中 1 处涉及大象拉货车的情况。[20] 这种竹简发现于多个地点，构成了珍贵的早期政府档案。但是，在已修复的 3 万个此类记载中，只有 2 处涉及大象。这片土地喜欢农业生产，并且培育了一种倾向于减少牧场和森林的土地伦理；生活在这片土地上是大象的不幸。这种模式导致除云南少数狭小的地方之外，大象数量急剧下降。因此，印度人采用（实际上是发明）战象和中国人拒绝战象的原因，涉及早期的决策及其产生的不同的土地伦理，与某种根深蒂固的事物有关。

在某种程度上，中国和印度在土地伦理上的差异依然存在。但是，正如我们所见，中国今天也有旨在保护野生动物的环保运动；其中就包括大象，它们的保护地以云南为中心。[21] 在对待大象和其他野生动物方面，印度在政府政策和公众舆论上也发生了积极的变化。我们不该将两国长期存在的土地伦理视作不可改变的宿命。在这两个地区，现有的土地伦理都在迅速调整之中。

在伊懋可对中国土地利用模式的分析中，经济上的利己主义是一种既定事实——或许是出于人类本性，或许是基于特定形式的社会经济组织（农业、王权）。这个术语简洁直白，并且带有唯物主义色彩；它蕴含的内容清晰而令人满意，但在其他方面却存在缺陷。王室利益并非不证自明，其内容取决于所做的选择；或者更确切地说，利益模式在两种文明中对王室利益的界定相当不同。我们需要了解战象被采用或拒绝的更大背景。这个更大的背景，首先是指印度和中国更为普遍的动物驯化模式；其次是关于土地使用的更为普遍的看法。两者共同作用，为大象带来了截然不同的命运。

战象时代

近三千年来，战象是印度和其他地方使用大象的主要方式。战象的理想形式（长牙的成年雄性个体、具有攻击性、处在狂暴状态）决定了捕捉大象的合适地点以及捕捉行动的目标，在某种程度上也决定了圈养大象的体貌特征。正如我们很快会看到的那样，在战象消失后，其他种类大象——如运木象、动物园大象、马戏团大象——的捕捉方式和目标特征都发生了很大的变化。

战象的最高价值体现在野战和攻城战中，但这样的场合毕竟非常有限。我们已经知道，大象在行军和扎营时还有其他的军事功能。在战争之外，大象也蕴藏着巨大而可见的价值；在和平的游行队伍中，它们可以彰显王国的军事实力。因此，我们的分析不应该严格区分大象的军事功能和“仪式功能”。战象制度支配着这两种情况。

正如斯里兰卡编年史详细展示的那样，在战象时代，最高规格的公共游行是四军队伍，有战象参与其中。因此，这种仪式充分体现了战象理念，朝拜宗教遗物或有其他宗教目的的游行也同样如此，甚至在僧伽罗王朝灭亡后很久，如今的佛牙舍利游行中也仍然存在着战象理念。这一点说明了战象依旧在履行其他功能。在宗教方面，因陀罗是众神之王，亦是诸神的军事统帅，神象首先作为因陀罗的坐骑而出现，标志着战象的发明和标准化；而象头神伽内什是湿婆的儿子，也是排忧解难之神，直到很久以后才出现。[22] 由此可以看出，大象的形式和意义从战象转向了其他功能，也从王权转向了宗教。因此，通过关注战象，我们研究的是事物本身，而不是其次要影响；我们接近了问题的核心。

现在，既然有了这些细节作为证据，我们需要回到它们所要支撑的论点上。我的假设一直都是，战象制度让大象在印度乃至南亚和东南亚地区普遍得以留存。这是出于王室利益的考量，而不是出于非暴力理念、自然崇敬或神学上的要求，至少在一开始不是这样。

我并不是想说印度王权在本质上是“绿色环保的”。我们只要思考一下王室狩猎就能理解这一点：在王室狩猎中，除了大象以外，其他大量动物会被驱赶和杀死。塔克伊·布斯坦浮雕（见图 6.4）刻画了王室狩猎中骑乘大象的人驱赶着野猪，是一个例证；《阿克巴则例》的部分章节也是如此。我们发现大象仅仅用于捕捉和训练，而其他动物不是这样。最后，如比鲁尼*（*al-Bīrūnī*）在11世纪**的记载，在印度，那些包括大象在内的“有用”的动物，它们的肉会被禁止食用。[23]禁止食用牛肉的逻辑可能扩展到了马、骆驼、大象和其他被视为对人类有用的动物身上。《政事论》建议杀象者处以死刑。总的来说，王室对大象的强烈兴趣涉及所有权问题，孔雀王朝是一个极端的例子，王室对马匹、大象和武器实行垄断。王室的利益及其背后的逻辑非常清晰，唯一的问题就是这个逻辑是否奏效。首先，重要的是要注意到，在印度，王室的利益指向保护大象，这样做的同时，抑制了王权出现以前的史前时期为获取食物和象牙而猎取大象的古老习俗；同时，它也扭转了早期文明时期国王们使用大象而造成其数量直接减少的趋势。剩下的问题就是，衡量印度王室制度的影响力有多大。

在当时的印度，共和政体与王权政体是竞争性的政治模式。相较于共和政体，王权政体似乎能聚集资源，组织并协调专业工作人员及不同类型的知识，来建设大型工程。野象的捕捉和驯服正是运用了这种出色的能力。捕捉并驯服最为棘手的大象，这项工程规模巨大且十分复杂，让我相信印度王权是发明战象的基础，反过来也让我怀疑，战象是从森林民族的实践中逐渐演变而成的。[24]

王权对环境持续产生着影响。有许多记录显示，早期许多国家的国王对大象有着浓厚的兴趣，表现为大规模的王室狩猎、捕捉、

---

* 比鲁尼，973—1048，波斯学者，在数学、天文学、物理学、医学、历史学等方面均有贡献。——编者注

** 此处英文原文为12世纪，但结合参考文献涉及的年代和比鲁尼的生平年代，更正为11世纪。——编者注

展览、收取贡赋等形式。除了清除森林以增加农业用地外，王室的兴趣增加了野生大象种群的压力；例如，叙利亚大象在当地灭绝可能就是王室狩猎所致。但是，印度战象的发明扭转了这一趋势。重要的是，战象制度不仅仅对野生大象的数量维持产生了积极作用，而且还完全改变了王室早期的兴趣方向。

这个假说看起来不太符合直觉，因为人们会觉得印度为了战争而捕获野象会导致野象的数量减少；另外，由于圈养的战象无法自我繁殖，因此需要持续捕捉大象以补充存量。这就给野象维持种群规模带来了巨大的压力。除了当地对战象有需求以外，印度还要向西部的国家提供很大一部分战象——最早始于旃陀罗笈多·孔雀送给塞琉古的500头大象——这也会导致印度的野象数量减少。同时，托勒密和迦太基捕捉野生非洲象，并没有像我们认为的那样，对印度、南亚和东南亚当地大象的数量产生有益的影响。实际上，正是托勒密王朝在非洲捕象，导致了当地野象的灭绝，无论这是主要原因还是次要原因。但是，如我们所见，托勒密王朝至少尝试向食用大象的森林民族提供补助，试图让他们放弃捕杀野象，希望建立一种保护野象的制度。然而，他们最终还是失败了，因为托勒密王朝统治下埃及内陆地区的政治管理制度并不完善；国王们既不能持续控制野象栖息的区域，也没有维持足够长的统治时间——这与南亚和东南亚的情况相反。

捕捉野象确实增加了大象维持种群数量的压力；但是，印度的国王们也通过保护野象种群免受森林民族和其他人群猎杀食用来减轻这种压力，甚至完全改变了王室早先的做法。总的来说，这些做法对南亚和东南亚大象种群的最终影响是积极的。只需看看大象在中国的退却，就能理解这种逆转在印度王权模式下的南亚和东南亚有多重要。东南亚的人口密度远低于印度和中国——可能仅为后者的 10%，这样一来，即便不考虑战象制度的影响，东南亚大象种群数量也会更为庞大。

大象种群的地理分布是检验该假说的另一个考量因素。我们已经看到了亚洲象现在和以前的分布地图（见图 1.3）。可以想象，大象在分布区域两端最偏远的地方种群最稀少，而在中心地区最稠密。大象的灭绝可能始于分布区域的两端，也就是叙利亚和中国，而位于中心区域的南亚和东南亚有着数量最多的野象。事实就是如此。因此，大象在南亚和东南亚留存的原因在于其位于该物种分布的地理中心。

毫无疑问，总体而言这是正确的。但一旦深入细节，我一直试图阐述的情况就变得显而易见了。中国的情况最能说明问题，这些原因很好地解释了大象为什么从其分布的最北端（中国北方）退却，但是却不能解释为什么华南地区的大象也几乎完全消失了。那里有类似于南亚和东南亚的季风森林可供大象繁衍生息。华南地区的一些地名暗示这里曾经分布着大量的野象。毕夏普列举了中国南方与大象有关的地名。[25] 中国秦朝伟大的统一者秦始皇将帝国最南端的辖区命名为“象郡”。在汉朝的统治下，广西南部被称为“象郡”。四川有“大象关”和“小象关”（Great and Little elephant pass），云南有“象脖子”，广州附近有“象山”，这些全都位于华南。中国的君王有意清除掉大象，把北方的模式强加于南方。中国人拒绝战象制度并没有拯救野象，恰恰相反，这导致了大象不可避免地退却。

要证实我所提出的假设，总体困难在于，尽管我们可以阐明政策的选择、制度及其发展方向的逻辑，但很难将大象的数量与这种趋势联系起来。我们能做的就是逆向推理——从结果推论出原因，从影响推断出强度。在此问题上，《政事论》(见图 1.4)、《阿克巴则例》及与莫卧儿帝国有关的资料（见图 1.6）能够帮助我们。这些资料表明，在近两千年的战象史上，大象的活动范围基本保持不变。不过，《大象问题工作组报告》(见图 1.5）却显示，大约在 1800 年以后，随着英国人到来并统治印度绝大部分地区，猎象成为一种运动，人口数量暴增，土地伦理也从根本上发生了改变，这些都导致大象的分布范围缩小，种群数量也急剧减少。

运木象的短暂盛行

虽然战象时代在 19 世纪末走到了尽头，但是故事延续到过去的两个世纪还是有所收获。首先，它为我们提供了一个与战象进行比较的材料，使我们能看到大象后来的用途结构有何不同，尤其是运木象以及现代动物园和马戏团的情况。其次，在过去的两个世纪里，也就是战象消失而运木象盛行的时期，产生了大量关于捕获、训练、管理和医疗护理的英文文献[26]。这种文献有助于我们解读古代和中世纪的资料，但需要明智且审慎地使用，以便理解不同背景下大象用途的改变。

在战象制度消亡后，运木象脱颖而出。国王们为了公共游行和狩猎活动时可以骑乘而继续饲养大象；神庙因宗教仪式而继续保留大象；军队尤其是在经过崎岖地形时则用大象驮运行李和大炮；大型建设工程中也依然使用大象；而且，因为动物园和古罗马式马戏团的复兴，外国人也开始寻求大象。最重要的是，大象被用于木材作业中。长期以来，大象一直被用于采伐木材。但是，19 世纪，由于铁路的建设需要大量的枕木，当地和国际上对热带硬木的需求都在急剧上涨；蒸汽船也需要硬木甲板。因此，使用大象从其生活的森林中运输木材的需求也迅速增加。运木象开始成为南亚和东南亚大象用途的重要类型。运木象时代相对短暂，大约历经两个世纪。最近，除了缅甸在缅甸木材公司这一国营实体下依旧全面使用运木象以外，运木象在大多数国家已消失。

就我的研究方向而言，英属缅甸和独立后的缅甸使用运木象的情况是一个特别好的案例，因为这里的运木象出现得早且持续时间较长；此外，大量使用大象的既有如邦巴缅甸贸易公司（Bombah Burmah Trading Corporation）这样的大型私人公司，也有国家的林业部门；最后，围绕运木象用途还产生了一系列有价值的文献。其中有三部著作特别有价值。埃旺的《大象及其疾病：一部大象专著》（*Elephants and their Diseases：A Treatise on Elephants*，1910，众多版本）。该著作对 20 世纪初期英属缅甸的大象捕获、出售和使用情况给出了详细描述，其中还涉及大象的医疗护理信息，既有养护人员掌握的传统治疗方法，也有他们的雇主从欧洲带来的方法。托克·盖尔（Toke Gale）在退休后撰写了回忆录《缅甸运木象》（*Burmese Timber Elephant*，1974）；从 1938 至 1966 年，他与运木象一起工作了 28 年。该书从作者自仰光大学毕业后加入一家英国木材公司担任森林业务助理开始写起，之后经历了第二次世界大战（和日本占领缅甸时期），然后在国家木材委员会下担任森林业务经理，之后又担任森林业务副主管。这本书特别有价值，因为作者出身于一个为政府服务的显赫家庭，并且来自独立王朝时期的首都曼德勒，他参考了更为古老的论述大象的著作，还经常将当时的情况和缅甸君王统治时期（也就是战象时代）的情况进行生动的比较。最后，凯吴玛（Khyne U Mar）撰写了一篇博士论文《缅甸运木象的数量统计和生活史策略》(The demography and life history strategies of timber elephants in Myanmer，2007)。[27] 她利用1910年至2000年期间捕获的8 006头大象的"血统簿"进行总结，[28] 其中5 292头大象的信息足够完整，可以被纳入研究材料中。这些著作和其他作品，[29] 构成了英属缅甸和独立后的缅甸运木象的优秀档案。

首先，我们发现总体背景已发生了很大的变化。20世纪初，大象为私人自由拥有，不受王权力量的束缚，可在市场条件下自由买卖；实际上，缅甸王权已被英国人废黜。在国际木材贸易中，大象成为营利的重要资产，尤其是当时以煤炭为动力的蒸汽驱动船只的甲板所需的柚木贸易。掸族、克伦族（Karens）以及其他非缅族人为了骑乘和其他目的而捕获、训练大象；它们要么作为贵重物品为首领们大量持有，要么在君王的掌控下被出售。大象沙沙作响的脚步声随处可闻，尤其是沿着泰国的边界；一头被越境盗取并在泰国售卖的大象可能被再次偷走，然后被卖到缅甸。[30]

造成这种走私模式的部分原因是运木象在森林中工作，并处在森林民族的地盘。这也是木材行业夜间放养大象这一做法的结果。它们也许带着脚链或松弛的阻行物，在夜间进食时不会走得很远。天刚亮甚至更早时，象夫（缅甸语为"*oozie*"）就开始寻找自己的大象，然后回到营地拴好大象，吃完早饭后开始一天的工作。夜间放养的做法极大地降低了饲养成本；而饲养则需要为圈养在象厩中的每头大象配备两名割草叶的师傅，[31]另外还得用大象运饲料。此外，夜间放养还提供了驯养大象之间或驯养大象和野生大象之间交配的机会。因此，工作的雌象可能会怀孕，然后分娩。在短暂的间隔后，雌象身边带着一头幼象回来工作。幼象会在雌象身边跑来跑去，还会吃奶。

在这种情形下，一些大象生来就被驯养；但是，由于工作量大，雌象生育的间隔期较长，所以野象的繁殖速度（妊娠期约 20 个月；独胎，很少有双胞胎；怀孕间隔期相当长）更为缓慢。因此，驯养大象的数量无法以自身的出生数量进行种群更替。一直以来，存栏大象不得不依靠持续捕获野象来补充数量。然而，人们目前正在努力结束野外捕象，并使驯养的大象能够自我繁殖。

运木象的工作非常艰巨，还有很多要求。工作季每天工作 8 个小时，中午休息，可以憩于树荫下，也可以喝水。正如我们所见，埃旺明确表明，吃饭几乎占据了野象醒着的绝大部分时间，以补充吃草和四处走动寻找食物所消耗的能量。运木工作占用了吃饭时间，还额外增加了能量消耗，由此造成的能量缺失必须通过煮熟的或其他加工后的更高能量的食物来补充，还需要包括盐和罗望子果 * 在内的能量混合物（相当于《政事论》中说的给役畜提供的滋补性饮料，*pratipānam*）。工作季每年大约有 160 至 180 天，有时在 11 至 12 月有两个月的休息时间。同时，在雨季来临前最热的季节，即 3 月至

---

* 罗望子果，学名酸豆（*Tamarindus indica*），别名酸角、九层皮、泰国甜角、酸梅树、亚森果，热带乔木，原产于非洲东部，但已被引种到亚洲热带地区、拉丁美洲和加勒比海地区。果肉味酸甜，可生食或熟食。——编者注

5月，为大多数大象受孕的时期。托克·盖尔也认为，即使竭尽全力确保大象不会过度劳累并能获得充分的休息，依然有重要的数据表明，繁重的工作对它们造成了伤害。但是，他给出的数字并不能证明这一点，反而表明大象在最年轻和最年长的年龄段中的死亡率最高，即年工作量最少或没有工作的年龄段。[32] 运木象在套轭时会有意外死亡和心脏衰竭的风险。如果逐月检查死亡率，就会发现大象在最热和最冷的月份情况会更好一些，因为此时它们会得到长时间的休息。[33] 总的来说，这些情况与论文作者的观点有些相左，尚不清楚工作压力是否会导致大象死亡。凯吴玛列出了导致死亡的“主要风险因素”，如营养不良、热应激反应、夏季缺乏优质饲料、狂暴期、捕猎、驯化以及与工作有关的压力。其中，她认为捕猎给大象造成的压力最大。[34]

运木象需要凭借身体上的大量“特征”来筛选。其中一些继承自君主时代（战象时代）就已高度发达的“特征”体系。从体貌特征上看，大象脊柱的构造分为5种类型。[35] 最适合运输木材的大象，长有“像香蕉树一样垂下来的背部。其他的则是背部平直的大象、背部形状像猪一样的大象、背部类似淡水鲱鱼的大象、背部似乎断裂又急剧向后弯曲的大象。古代缅甸的作家认为，如果大象背部长着几个如公牛那样的背峰，那么它们会给主人带来贫穷的运势。”[36]

雄象的长牙分为许多类型。[37] 有两个完整长牙的大象称为“长牙象”（*swe-zone*）；有一个长牙的为“独牙象”（*tai*），有一个短长牙的为“短牙象”（*tan*）；没有长牙的称为“无牙象”（*haing*，*makhna*）。“为了弥补长牙的缺失，无牙象有着更为发达的象鼻；与长牙象相比，它们肯定能举起更重的柚木，脾气似乎也更加暴躁。”拥有一对长牙的大象也可分为若干类别，例如“塔贝克长矛”（thabeik–pike），“如同佛教僧人拿着乞钵的双手”。[38]

木材行业有办法评估这些传承下来的有关大象身体特征的知识，其中雄象的长牙最引人关注。由于长牙在运输重型原木时发挥着作用，却可能威胁到养护人员和其他大象，因此，“去尖”成为常规做法，即每 2 到 3 年要锯掉长牙尖，恰好到牙髓腔（锯掉牙髓腔可能导致神经损伤并使象牙受到感染），以降低打斗可能造成的伤害。实际上，与战象文化完全相反的是，运输木材的劳役工作将大象的攻击性降至最低。狂暴期是一个需要得到解决的问题，而不是古代印度史诗中描述的优点。

这一原则在捕获大象的实际行动中得到了明确的体现。

在托克·盖尔的书中，缅甸有 5 种捕获大象的方式：围栏法（*Kheddah* 或 *Kyone*），也就是驱赶野象进入围栏；套锁法（*mela-shikar* 或 *kyaw-hpan*），用皮革锁具捕获；诱饵法，用雌象引诱长牙雄象；陷阱法；麻醉法。陷阱法只在第二次世界大战期间日本占领缅甸时使用过。1968 年，使用带有埃托啡盐酸盐的飞镖的麻醉法被引入缅甸；从此，这种方法因死亡率低而成为首选方式。[39] 我将描述这些方法，以便获得运木象的种群特征，并与战象的种群特征相比较。下面我将详细分析栅栏法。

围栏法在英属印度和英属缅甸得到广泛使用。这个方法是，将巨大的树干牢固且有间隔地固定在深坑中，形成一个 Y 形结构，制造一个漏斗通向底部的围栏；而围栏的宽度刚好能够容纳一群大象（5 至 10 头）排成一列，没有转身的空间。围栏入口有一扇用树干制成的滑动门，它被一条延伸到笼子后面的绳子拴着，使得滑动门悬于10米高的空中。当猎人将野象驱赶入笼子时，领头的猎人用一把像剑般的大匕首（*daw*）割断绳子，大门就坠落下来，将带尖的前端插入地下，这样就关闭了围栏。捕获的大象会尽快从围栏中被移走，以降低对其他大象和将要照顾它们的人员的危险。“每当大象被关进狭窄的围栏时，它们都会疯狂地挣扎，用前额撞击或者用尽全力以后腿踹围栏的两面墙或栏杆，希望能重获自由。每当它们这样做时，猎象人员就会用长矛刺它们的前额或大腿，以防止它们弄倒围栏的木桩。”[40]同时，某些大象会被释放或杀死：

非常老迈的或怀着幼崽的雌象会被释放。有时，碰巧捕获了长牙象，如果它在围栏中极力想获得自由而威胁到其他大象的生命，人们会谨慎地在近距离使用a.450型来复枪，毫不费力地杀死这只动物。漏斗中的其他动物最终会找到返回丛林的路；虽然精神受到一些冲击，但除了耳朵被撕裂，长鼻和前额受到擦伤，还有一些脚趾受伤，它们的身体状况并没有因为这次经历而变差。[41]

大象从出口被一个接一个带出围栏，进入单独的笼子或被集体关押；一直关到不再愤怒，可以接受训练。这是一个困难的过程，可能会持续几天，一般通过饥饿和剥夺睡眠的方式来达到让其平静的目的。驱象围捕发生在11月至次年2月这段较为凉快的时期，而一个季节中可能有3次；据说从1910年至1927年的17年间，有7 000头大象以此方式被捕获。[42]

有相当数量的大象因年老、身体状况不佳或怀孕晚期等不利情况而或死或被释放；出于这些原因，托克·盖尔将1945年至1967

年这段时期被捕获大象的死亡率确定为12.4%。[43]凯吴玛将围栏法捕捉造成的死亡率认定得更高，达到30.1%。[44]捕获和驯化大象当然非常困难，而且猎象人也处于致命的危险中。埃旺给出了他那个时期（约1910年）缅甸的大象被捕后的死亡率，大概在10%到20%。虽然不清楚这个数据是基于实际统计还是学术猜测，但与托克·盖尔给出的结果相一致。炭疽热等疫病是导致驯养大象死亡的原因，而接种炭疽热疫苗或其他疫苗可能会降低死亡率。[45]

现在我们来探讨由此方法得出的大象种群特征这一至关重要的问题。盖尔向我们展示了18年来2 556头被捕获的大象的身高，充分地呈现了用围栏法捕获的大象的体貌特征。我们本想知道有关捕获大象年龄结构的信息，但无法直接获悉，而大象的身高信息是一个很好的替代指标（见表8.2）。

表8.2　不同身高的大象比例

身高	百分比（%）
3ft—3ft 11in	4
4ft—4ft 11in	13
5ft—5ft 11in	26
6ft—6ft 11in	25
7ft—7ft 11in	26
8ft—8ft 11in	5
9ft 及以上	1

注：ft—英尺；in—英寸。

围栏法的结果和猎人的选择十分显而易见。该模式是一种批量围捕的方式，捕获所有年龄层次的整个象群。但是，由于象群是由雌象及其子女组成，成年雄象在象群之外独自生活，所以我们可以推测，捕获的象群通常是由成年雌象和未发育成熟的雄象、雌象构成的；如果围栏中捕获到一头长牙象，那么它就会如我们已看到的那样被射杀而亡，而人们不期望也不想遇到这种状况。挑选大象时要将年老、虚弱或怀孕的大象释放，据此可推断成年雌象和它们的幼崽会被留下来。身高图表证实了这种模式：相当多的大象年岁不大甚至非常小，竟然有那种肩高只有 3 英尺的大象；成年象即成年雄象极少见。与战象用途的需求十分不同，这种种群特征有利于从事运木作业。

其他较少使用的捕捉方式可以更为简短地描述如下。

套锁法（*mela-shikar* 或 *kyaw-hpan*）就是使用一条用皮革编织的特别长的绳子来捕获大象。猎人们骑在驯化大象的背上混入野象之中，然后在目标大象的象鼻上套上锁具，再拴住象头。这头大象被套上锁具后会突然狂奔，而猎人会跟着它，直到它筋疲力尽。其他猎人会向大象的后腿处套上一条套索，然后把套索另一端紧绑在附近的树上。在泰国，某些说高棉语的森林民族仍在使用这种方法。[46] 逐个捕捉意味着捕获的大象数量更少，但是它不像围栏法那样需要提前准备大量人手。当然，该方法会在实施捕捉前筛选目标。在大多数情况下，捕获目标多为年轻大象，小于猎人们所骑乘的成年大象，并且这种方法不适宜捕获成年大象。[47] 套锁法与缅甸北部偏远地区之间存在关联；包括使用民歌在内的训练方法，与尼古拉斯·莱内所描述的印度东北部森林民族捕获未成熟的大象并使用摇篮曲训练的情况类似。

最后还有诱饵法，即用一头驯化的雌象引诱一头野生雄象。这种方法特别适合捕获战象；如托克·盖尔所述，“在过去的缅甸，此法专门用于捕获战象”；这也是麦加斯梯尼所记述的、孔雀王朝两千年前使用的方法。托克·盖尔对诱饵法的准备工作的描述值得引述：

> 缅甸的国王们会派遣一支侦察队去观察森林中象群的动向。当找到一头优秀的长牙象时，这支队伍就会立刻通知王室象务专员（Sin-wun Sit-ke）。他将亲自查验相关情况，然后写成报告呈交国王。在仔细研究报告后，国王会派遣专门研究大象的画师和专家前往森林。画师将详细绘制大象的显著结构特点，而这些画作及专家的陈述随后将提交给国王。如果对野生长牙象的描述和画像符合王室大象的优良特性，而国王也对此满意，那么，9至15支猎象队伍会在奥克阿温（Auk-a-wun）的带领下实施捕获大象的艰巨任务。[48]

在此我们看到，上述方法适合捕获理想的战象：一头庞大的长牙雄象，独居且不适合以围栏法捕获，但性欲强烈，因而可以顺从地跟着雌象，然后被捕捉。这种方法很少用于木材行业。

在获取大象的5种方法中，只有陷阱法在第二次世界大战期间日本占领时期使用。该方法被认为是一种粗糙的应急手段，而且极有可能会导致大象死亡。诱饵法所捕获的大象无法满足木材行业所追求的种群特征。围栏法是主要的方式，其次是套索法。但是，这两者都因大象的死亡率过高而在1985年被缅甸政府禁止，并采用新方法——使用飞镖麻醉枪，让大象停止活动。

这些做法的总体结果反映了该行业对大象种群特征的需求，这与战象时代需求雄性成年长牙象有着截然不同的标准。木材行业的大象的性别比显示，该行业明显偏好雌象。因此，在凯吴玛的大样本研究中，3 313 头圈养出生的大象的资料显示性别比平衡（雄象 1 527 头，雌象 1 562 头）*；但是，在 2 161 头捕获的野生大象中，雌象数量是雄象的近 2 倍（雄象 766 头，雌象 1 395 头）。缅甸运木象的性别统计数据显示，总体上 60% 为雌象，40% 为雄象。[49] 近年来，动物园也偏好雌象：在 354 座动物园的 1 087 头大象中，18% 为雄象（200 头），82% 为雌象（887 头）。[50] 林林兄弟马戏团（Ringling Brothers Circus）1968 至 1978 年的象群记录显示，除了有 1 头雄象外，在大多数年份里大象都为雌性，因此，我们可以判断，马戏团非常明显地偏爱温顺的雌象。[51]

由于国际环保运动和动物福利的倡导，以及保护严重减少的森林的需要，印度、老挝和泰国政府采取措施，正式结束了运木象时代。而在缅甸，运木象依旧存在；如同理查德·莱尔（Richard Lair）所言，这里是伟大的运木象时代的一座活生生的博物馆。[52] 运木象不可能毫无改变地持续下去。麻醉法已取代了旧有的捕获方式。鉴于国际上反对捕象的舆论，人们正尽一切努力促进圈养大象的繁殖并停止捕捉野象。[53] 即使如此，这种情况似乎也不太可能无限期地持续下去。在世界各地，使用化石燃料的机器正在取代运木象。

大象和民族国家

1862 年 2 月 3 日，美国内战正酣。亚伯拉罕·林肯曾致函暹罗

---

* 此处数字相加为 3 089 头，与总数 3 313 头不符，英文原文如此，特此说明。——编者注

国王拉玛四世（Mongut Rama IV），以感谢国王前一年（1861 年 2 月 14 日）寄来的信件和随信寄来的礼物：“用昂贵的材料和精湛的技艺制作的剑 1 把；国王陛下及其爱女的肖像照片 1 张；还有大象的长牙2只，其长度和大小显示它们只可能取自暹罗本土的大象身上。”但是，他礼貌地拒绝了国王提出的在美国南方森林繁殖大象的建议：

> 我非常感谢陛下善意的提议——要为本政府提供一批大象，以便我们可以在自己的土地上饲养大象。如果这样慷慨的提议在美国当前的条件下可以发挥实际作用，本政府将毫不犹豫地对此加以采纳。
>
> 然而，我们的政治管辖范围还没有达到可支持大象繁殖的低纬度地区。同时，在陆地及水面上，蒸汽设备已成为我们国内贸易中最好且最有效的运输工具。[54]

当时，南方的森林不在美国联邦政府的控制之下，而是被已经脱离联邦的南部邦联所掌握。因此林肯有理由拒绝这一提议。

拉玛四世的信上印有三头神象伊罗婆陀的形象；它是众神之王因陀罗的坐骑，深受东南亚进行印度化的王国的统治者喜爱。[55] 他想用珍贵的畜力资源来造福于这个年轻的民族国家。这并不是一个稀奇古怪的提议；美国极大依赖着畜力，而且如拉玛四世在信中指出的那样，美国曾试图进口骆驼以沟通西南的干旱地带（但未实际尝试）。但是，美国越来越依赖蒸汽，以及其他形式的动力和运输，这些能源都来自化石燃料。美国内战在一定程度上已经借助于工业，通过铁路和蒸汽船将大量人员和物资运送至战场。畜力正在消失。

此外，尽管在1862年情况好像并非如此——那时在全世界范围内王权占据优势地位，而共和国几乎不存在，但是民族国家即将成为典范。我们的世界是一个国王越来越少的世界，这里没有战象，各种各样的畜力都行将消亡。因此，蒸汽动力带来的技术经济力量和民族国家的政治形式已经共同重塑了大象的生存环境。

为了将这项研究与当下联系起来，我需要谈谈这两种转变：一是从畜力向蒸汽动力的转变，二是从王权国家向民族国家的转变。我还需要展示全球环境保护和动物福利运动所带来的土地伦理的变化，以及那些持续威胁大象留存前景的不明危险。

人们对蒸汽动力的发展历程了如指掌，但是这种新技术的经济影响却鲜为人知，尽管这是我们所处时代的重大现实：由于化石燃料产生的蒸汽动力，交通运输突然变得非常便宜。20世纪初的中国就很好地说明了这一点。巴克（Buck）统计了20世纪30年代中国农村的经济数据：当时，人力运输非常普遍，畜力使用范围有限，而蒸汽动力运输正在兴起。而斯金纳（Skinner）从巴克统计的资料中得出以下对比数据：按1英里内运输1吨货物的成本计，船运为21美分，畜力车为40美分，独轮手推车为63美分，驴驮为71美分，人扛扁担为1.39美元。如我们所预料，水运最便宜，人力运输最贵，而仅有的畜力运输形式驴驮则介于两者之间。但是，借助新的运输方式，运输成本大幅降低：蒸汽船为8美分，铁路为9美分。[56] 新技术的成本优势巨大。因此，只要新能源的成本保持低水平，就一定会取代畜力和人力。现在这已经实现了。在此情况下，大象以及牛、驴、骆驼等畜力需求必定减少，而采用牲畜工作的农田和牧场也会大量减少。

谈及亚洲象生活地区的政治转型，也就是南亚和东南亚从王权国家向民族国家的过渡，一个显著特征就是这种转型始于欧洲列强入侵并建立其亚洲殖民帝国。在此过程中，该地区一些进行印度化的王国被灭亡。锡兰王国在沿海地区先后被葡萄牙人和荷兰人占领后退却到康提高地，1815 年被英国占领后彻底灭亡。1885 年，英国结束了缅甸王国；1945 年，越南保大帝（Bao Dai）被废黜，其王国灭亡；1975 年，老挝王国被巴特寮（Pathet Lao）灭亡；近至 2008 年，尼泊尔王国被议会终结。

英属印度的情况更为复杂。对于那些与英国人结盟的印度土邦来说，王权得以留存，但实际权力被大幅削弱了。印度王公继续统治着印度 2/5 的领土，而英国直接统治剩余 3/5 的区域（那里人口更为密集）。战败的势力会被遣散，其王国会被废除，如同 1857 年起义的莫卧儿王朝那样。1947 年，英属印度实行印巴分治；印度和巴基斯坦分别建立起民族国家，结束了土邦王公的地方权力，并将他们以前的收入转换成由国家支付的土邦王公年金。1974 年，印度共和国通过宪法修正案废除了土邦王公年金，最终从法律层面正式终结了印度王权。

这种情况对驯养大象产生了重大的影响。在英国统治下，幸存的印度各王国再也养不起大象。他们清空了象厩，将所有权交给饲养人员，然后让他们离开。[57] 国王的大多数大象都失去了固定工作，通过临时租用或参加庆典活动，如婚礼、生日、寺庙节庆、广告宣传、乞讨，来为饲养人员赚取收入。（然而，在喀拉拉邦，拥有大象以便在寺庙节庆期间出租，已成为后王室时代富人们的一项“面子工程”。）实际上，1974 年标志着印度的国王与大象之间关系的终结。

不丹、泰国、柬埔寨，以及马来西亚和爪哇岛的一些苏丹国仍然保留着王权政体。新的王国没有再出现。三千多年前印度诸王国发明的用象文化正在消退，仅留存在历史、文学和艺术之中。

英属印度的解体和新兴民族国家印度、巴基斯坦的建立，在亚洲、非洲和加勒比海地区掀起了打击欧洲帝国主义、建立新兴独立国家的浪潮；帝国转变成了独立自主的民族国家，并使民族国家形态成为世界的规范。野生大象则受到民族国家的保护。它们的生存状况依赖于民族国家在国家森林公园中保护大象的意愿和效果。国家对私人圈养大象进行了严密监督和控制，其数量也在不断减少。

可能的未来

大象的生存前景堪忧。对于非洲象，我们很难持乐观态度，因为东亚地区的象牙需求正在急剧增长；内战和叛乱导致装备精良的私人武装需要资金；为获取食物和象牙，普遍存在盗猎现象；这些国家无力应对这些挑战。亚洲象的数量要少得多；尽管有许多令人担忧的情况，但是它们的前景稍好。为了预料亚洲象未来可能的命运，我们有必要研究近代以来导致亚洲象退却和留存的因素。

如我们所见，根据公元元年（《政事论》记载的时代）至约公元 1800 年各个不同时代野象分布的地图显示，在战象时代的最后两千年，野象在印度的退却程度相当有限；这与文焕然所记录的大象在中国发生急剧且持续的退却截然不同。另一方面，在 1800 年以后，印度大象数量减少达到峰值，这与英国殖民统治扩张的时间相吻合。

大象为什么会加速退却呢？欧洲人的狩猎运动是主要原因。尽管诸如《罗摩衍那》和泰米尔桑伽姆诗歌等古代文献中就有森林民族捕猎大象的记载，目的可能是娱乐、食肉或获取象牙，但这样的例子其实很少见。大多数情况下，野象都受到保护；捕获大象的目的是要活捉它们，将其用于战争、狩猎、驱赶猎物，或作为射击时的坐骑。随着英国统治印度、锡兰、缅甸和马来亚，这一模式发生了改变。英国人带来了欧洲的狩猎运动、动物标本、战利品记录以及大量记录狩猎成果的文学。[58] 19 世纪，个别猎人杀死了数百头大象，其中一位杀死的大象超过 1 000 头。除了捕获大象用于劳作外，殖民统治加上步枪火力不断增加，给野生大象造成了前所未有的伤害。用象脚做成的伞架既是殖民时代的标志性遗物，也是大象被剥夺生命的卑微结局的表现。

人们庆祝威尔士亲王杀死一头大象的场景（如图 8.1），可以作为那个时代的象征。在亲王前往印度的旅途中，人们在锡兰为他组织了一场狩猎；这也正是上述场景的由来，是由一位仰慕亲王之人在一本已出版的亲王旅行日记中绘制的纪念图画。[59] 为确保预期的结果，参与此次活动的人数多达 1 200 至 1 500 人。上午 9 点，亲王站在一块很高的岩石上，直到下午他才亲手杀死猎物。这支象群由 1 头年老的长牙象领着 3 头雌象以及另外的 7 头雌象构成，它们没有协作配合。人们努力让大象往预想的方向前进，但他们都失败了。于是，助猎人员被要求去放火，还要向大象臀部射击。亲王先是射中几头大象，但并不致命，最后才杀死它们。根据图 8.1 中的尸体，那头大象“不是可怕的长牙象”，换言之，他杀死的是一头雌象。他“登上了这座肉山”，以英雄的姿态塑造了一幅象征性的画面；随后，“按照惯例”割掉了大象的尾巴。[60]

图 8.1　1876 年威尔士亲王在锡兰射杀大象

除了狩猎运动以外，导致亚洲象减少的其他原因都来自单一根源，即人口数量迅速增长以及对土地的需求，这个问题从殖民时代开始，并一直延续到独立后的时期。在过去两个世纪，地球上的人口已从 10 亿增长到 70 亿。在印度，伴随着 19 世纪以来的人口增长，大象快速退却。人口增长导致人类居住范围和包括牲畜用地在内的农业用地快速扩张，蚕食了大象的栖息地，将其分割成孤岛，使大象种群彼此隔绝。在印度，牧地和森林已经保存了几千年，但是大量的驯养动物和野生食草动物在这两种地貌上觅食；在过去的两个世纪，这些压力急剧增加，导致森林严重退化。

在殖民时代，为保护森林，人们建立了国家森林公园体系。遵循法国和德国的模式，森林中的人类定居区被清除。因此，保护森林的重担落到了森林民族身上，而他们的定居区也从森林中被清除出来，转移到森林的边缘，他们在森林中狩猎、采集的权利也被削弱或消减。[61] 最近，根据国际环境保护界的主张，为木材作业而捕捉大象的行为已被禁止。私人拥有大象的情形依旧存在，但越来越受到法律的限制，也因大象数量减少的影响而逐渐缩减。目前的总体趋势是终结驯养大象，并保护那些清除了人类定居点的森林和公园中的野象。

目前的情况很复杂。全球性的环保主义和动物福利运动，以及反对驯养大象、反对将大象用于伐木作业的行动，都在促使着大象得以留存。强大的力量正在保护已清除定居人口的森林中的大象。而保护资金通常来自生态旅游。相反，有两种因素威胁到亚洲象在印度的留存：国际象牙贸易和人象冲突。

欧洲和美洲过去曾对非洲象牙有着巨大的需求，用其制作钢琴键、台球和奢侈品。但是现在已经有其他材料取代象牙，这种贸易基本已经结束。通过 1986 年《野生动物保护法》和 1991 年禁止从非洲进口象牙的禁令，印度已终结了其古老的象牙雕刻传统。[62] 但是，东亚地区对象牙的需求庞大且日益增长，象牙价格飙升也加剧了偷猎行为。这些因素正在破坏非洲野生大象的种群，也已经引发了印度和东南亚地区对雄象的偷猎热潮，甚至有一名罪犯锯掉了巴黎标本博物馆里的象牙。[63] 如果象牙价格继续上涨，那么，每一件象牙制品被盗的可能性都会增加。

印度的象牙偷猎（以及部分地区新兴的象肉贸易）在 20 世纪 90 年代迅速增长；偷猎者使用的武器种类繁多，从毒箭和长矛到前膛装填步枪（其中一些是自制的），再到半自动武器。[64] 这些问题不可能一劳永逸得到解决，但是可以通过良好的监督和警方的行动加以管理。

然而，随着人口的增长，人象矛盾必然会加剧。颇具讽刺意味的是，人象矛盾加剧正是由于保护野象的措施非常成功，在一定程度上促使大象数量有所增加。这是一个至关重要的结构性事实，因为这意味着解决此问题将会更为困难。

人象冲突历史悠久。其中的关键在于大象会掠夺庄稼，尤其是成年雄象；因此，随着农业的兴起，这类情况大规模出现。婆罗迦毗仙人首次驯化大象并确立象学具有象征意义，因为根据这个故事，在毛足统治鸯伽王国时期，大象正在破坏庄稼。[65]只要有农业生产，人们就一直需要存在保护庄稼不受野生动物尤其是成年雄象破坏。而骚扰大象可能会激怒它们，这对大象和农民来说都是危险的。

如我们所见，2007 年大象问题工作组将此问题的严重性以数字形式展示出来：每年有 100 头大象和 400 人死亡。其中一些大象死于意外事故，如火车或卡车撞击，或触碰输电线而死。人类死亡的情况中，有的是象夫被自己的大象杀死，而更多的是由于大象掠夺庄稼以及农民和大象之间持续进行的小规模冲突所导致。由于与农民发生过摩擦，掠夺庄稼的大象身上通常会留有轻型武器的子弹（0.12 英寸和 0.22 英寸口径）。一年中每天都会有一两起死亡事件，要么是人，要么是大象，抑或二者兼有。这种新闻居于报道的显著位置，连城市中的人都关注到了人象冲突。

随着驯养大象逐渐被强制停止，上述压力将持续增加。在泰国，停止使用运木象引发了更为严重的问题。由于立法禁止伐木，这里有一半的运木象和它们的象夫突然失去工作。它们成为城市中的乞讨象，所处状况比原木营地要糟糕得多——因为根据惯例，大象要在夜间被放回森林。[66]由于国际动物福利团体的积极行动，马戏团和动物园拥有的大象数量也在下降。公众舆论可能也不允许实行选择性的捕杀政策以保持大象数量维持在一定的水平。我们不得不寻找其他方法来应对大象数量的上升，否则冲突就会增加。这种方法可能看起来有点儿像动物园，但是场地范围更大，更像野生动物园。目前已经有了为需要救助的大象提供避难所的模式。未来的避难所或许会类似于《政事论》中的场景。

* * *

王权制度曾经是印度和世界上许多地方政治组织的规范模式，如今已经近乎消亡，再也不可能重现；而且，伴随王权制度消亡的还有战象制度。但是，战象制度在印度和东南亚留下了一份遗产，即大象虽然总体数量下降但仍然得以留存。正是因为战象制度，野生大象才能得以幸存，并进入民族国家时代。更为广泛地讲，印度一直坚持放牧家畜，这有助于保护森林和森林中的野生生物，虽然牛、羊这些驯养的食草动物会啃食森林，严重的话还会让森林退化为灌木丛。

从近来印度野象数量增加的情况看，如果民族国家做出承诺并付诸实践，就可以保护大象的未来。可矛盾的是，我们成功地保护了大象，反而增加了人象冲突的概率；所以，我们面临的主要挑战将是寻找方法，应对这种成功带来的后果。但是一直以来，人口数量的增长是更大的问题：人类作为一个物种取得了灾难性的成功。我们需要找到方法保护自己的未来，并在此过程中保护与我们共存的生物的未来。

注 释

第一章　大象的退却与留存

1. Sukumar，2011：319.

2. Varma，2014；根据瓦尔马等人（Varma，*et al.*，2008，2009）的调查。

3. Sukumar 2011：217–218.

4. 同上：278。

5. Hathaway 2013.

6. 我非常感谢查尔斯·桑夫特为我翻译《大象的退却》这本书的相关章节（15、16、17 章），详细内容参见 Wen Huanran，1995。

7. 详见第八章。

8. Wen 1995：185–201.

9. Elvin 2004：10.

10. 同上：11。

11. Sanft 2010.

12. Elvin 2004：9–18.

13. 同上：471。

14. 这些早期文明和大象的相互作用将在第二章详细论述。

15. 参见第五章关于成书时期的争论。

16. 关于 8 个大象森林的文献：《政事论》注解，瑜伽玛（Yogamma）的《政策制定》（*Nītinirṇīti*，又称 *Mudgavilasa*），成书时间不详，源自 12 世纪的手抄本；高陀婆罗弥施罗（Godāvaramiśra）的《哈里哈拉吒图兰迦》（*Haribharacaturaṅga*），16世纪奥里萨（Orissa）国王普拉塔帕鲁德拉杰瓦（Prataparudradeva）的大臣，其头衔为“加贾帕蒂”（Gajapati）或“大象之王”；两本称作《象经》的手抄本，一本来自泰米尔纳德的萨拉斯瓦蒂·玛哈尔（Saraswati Mahal）图书馆，另一本源自马哈拉施特拉邦的阿恩德王公图书馆，这两部书得以传世，归功于婆罗迦毗仙人（Pālkāpya），相传他将象学知识授予人类（但这可能是较晚近的事情，见第五章）；最后是国王娑密施伐罗三世遮娄其著成于1131年的《心智之光》。

17. 特劳特曼（Trautmann，1982）的著述分析了原始资料文献中有关边界的详细情况。
18.《大象问题工作组报告》，2010。
19. 该书将在第五章与《政事论》一起讨论。
20. 详情参见第六章。
21. Carrington 1959：23，引自 Osborne。
22. Alvarez & Alvarez，*et al.* 1980。
23. Sukumar 2011：17–20.
24. Shoshani and Eisenberg 1982；Nowak 1999，2：993–998；Sukumar 1989.
25.《大象问题工作组报告》，2010：39。
26. Sukumar 1989.
27. 详见第二章。
28. 实际上，只有人类全身遍布汗腺，可以迅速降温，这种情况在哺乳动物中并不常见。有些人认为这体现了进化的适应性，与捕猎技巧有关，如人类可以猎捕那些有皮毛但没有汗腺，因而不能长时间被追赶的哺乳动物。
29. Eisenberg，*et al.* 1971；Poole 1987.
30. Martin 2005；Martin & Klein eds 1984.
31. Surovell，*et al.* 2005.
32. Fisher 1987，2001，2008，2009. 使用这种方式分析大象长牙可以获得众多信息，无论怎样重视都不为过。尤诺等人（Uno，*et al.* 2013）的研究显示，人们能够很准确地从新近获得的象牙中检测出大象死亡的年份，这种检测是一种法医式分析，可以用来打击（近期的）非法象牙贸易。

33. Surovell，*et al.* 2005.

34. Dobby 1961.

35.《吠陀索引》，1912：259–260。

36. 西尔比，2003。

37. Reid 1995.

38. Sukumar 1989：67–68，71–74；Varma 2013.

39. 该领域的经典著作包括：Stebbing 1922；Champion & Seth 1968；以及Puri 1960。与森林有关的社会历史文献则有所不同，近期开始出现，主要著作包括：Guha & Gadgil 1989；Gadgil & Guha 1993；由格罗夫等人编纂的文集（Grove 等，1998）；以及塔克尔（Tucker，2011）的论文。还有文集《森林的社会生活》（*The Social Lives of Forests*，由 S.B. echt，K.D. Morrison，C. Padoch 编纂）。

40. Spate & Learmonth 1967：73. 关于相邻的亚洲季风区域，费希尔（Fisher，1964：43–4）提出了相同观点："在原始状态下，几乎整个东南亚都是森林，而如今这一区域与印度和中国不同，很多森林已经永远消失，成了耕种的农田；仅有相对少量的森林，主要位于爪哇岛、吕宋岛中西部、马来亚西部以及中南半岛上环境较好的河流或沿海低地区域。另一方面，大部分遗留下来的自然植被因人类活动有不同程度的变化，尤其是在中南半岛和东南亚岛屿上的广大地区，由于耕作者不断迁移，原始森林已经被灌木丛林和次生林替代。"

41. Mukherjee 1938：103.

42. 伍德伯里（Woodbury，1954：8）在一本生态学教材的开篇中写道："（互动体）这一原理假定一个生物群落处于动态平衡中，因为相关的互动体彼此大体处于平衡，所以组织在动态平衡中得以保持完整。如果一个互动体的效能发生变化，那么生物群落的构成将会持续变化，直到达到新的平衡。这种变化被称为‘演替’。如果平衡形成，那么就出现了我们所谓的‘极峰’阶段；在这种平衡中，主要的生物群不会被新的入侵者颠覆。”

43. 费尔黑德和利奇（Fairhead & Leach，1996）对西非几内亚共和国和法属殖民地也有许多类似的“地貌误读”。尼古拉斯·斯威特（Nikolas Sweet）提醒我注意这部著作。

44. 马上就会说到莫里森。还有一本最新的生态学教科书（Smith & Smith，2009：256–262）专门有几页介绍“演替”，但没有介绍“极峰”，这一点与伍德伯里 1954 年的教科书不同。

45. Menon 2009：38–51，60–63.

46. Schaller 1967.

47. Possehl 2002：23–24，27–28.

48. Kosambi 1956，1965；Agrawal 1971.

49. Lal 1984；Erdosy 1988.

50. Lal 1984：9.

51. 以宗教术语表述：在阿契尼（火）焚烧后，土地便适合用于祭祀。《百道梵书》，1.4，14，15，16。

52.《提毗往世书》（*Devīpurāṇa*），74。

53. Lal 1984：14.

54. 同上：16。

55. 同上：14–15。

56. Erdosy 1988.

57. Lal 1984：83.

58. Erdosy 1988.

59. Sharma，*et al.* 2004，2006.

60. Sharma，*et al.* 2006：976.

61. 莫里森的论述即将在后文出现。

62. Schaller 1967.

63. *kṛṣṇāsāras tu carati mṛgo yatra svabhāvataḥ* |

sajñeyo yajñiyo deśo mlecchadeśas tv ataḥ paraḥ | |

《摩奴法典》，2.23。

64. Zimmerman 1987.

65. Armandi 1843：26–29.

66. 有关印度军事史的著作列于参考文献中，其中有 Date 1929；Chakravarti 1972（1941）；Dikshitar 1944；Singh 1965；Bhakari 1981；Deloche 1986，1988，1990，2007；Digby 1971；Gommans & Kolff，eds，2001；Gommans 2002；以及 Irvine 1903。在印度史诗方面霍普金斯（Hopkins，1889）的著作必不可少。森（Sen，2005）将霍普金斯的作品和评述版史诗结合在一起。此外还有考希克·罗伊（Kaushik Roy，2010，2011）编纂了两部最新的集子。

67.《政事论》，2.31.9。

68. 印度野生动物史方面，兰加拉詹（Rangarajan，2001）在论述印度野生动物史的著作中给予进一步的证明；印度殖民时代的狩猎文化参见休斯（Hughes，2013）；奢侈品贸易参见特劳特曼（Trautmann，2012）。

第二章 战 象

1.《罗摩衍那》，2.94.10。

2. *kaccin nāga vanaṃ guptaṃ* *kuñjarāṇaṃ ca tṛpyasi* |

同上：2.94.43。

3. *Bhīmāś ca mattamātaṅgāḥ*

prabhinnakaraTāmukhāḥ |

kṣaranta iva jīmūtāḥ

sudantāḥ ṣaṣTihāyanāḥ | |

svārūDhā yuddhakuśalaiḥ

śikṣitair hastisādibhiḥ |
rājānam anvayuḥ paścāc
calanta iva parvatāḥ ||
《摩诃婆罗多》, 4.30.26–27。

4. *tāv ubhau sumahotsāhāv*　　*ubhau tīvraparākramau* |
mattāv iva mahākāyau　　*vāraṇau ṣaṣThāyanau* ||
同上：4.14.20。

5. *Gajendraṃ ṣaṣṭihāyanam*，《摩诃婆罗多》, 2.49.7。

6.《象猎》, 5。

7. 亚里士多德对大象生理内容的描述非常好，但也严重高估了大象的寿命；120 年是他给出的大象寿命之一（Scullard 1974：45–46，引自 *Hist. animal.*9.46）。参见埃杰顿（Edgerton）在翻译的《象猎》（*Mātaṅgalīlā*）译本引言中的讨论，第 23 页。《阿克巴则例》中记述，根据更为古老的象学文献可以得出结论大象在 60 岁时就已发育成熟。桑德森（Sanderson，1893：56）记述，"当地人的普遍看法是在特殊情况下大象可以活到 120 岁，但更普遍的看法是大象的寿命约为 80 岁"。

8. 详见第四章。

9. Sukumar 1989：165–173.

10. 同上：苏库马尔引用资料——每天 12 至 19 小时。

11. Evans 1910：21.

12.《象猎》, 11.11。

13. Wrangham 2009.

14.《大象问题工作组报告》, 2010：19，78。

15. 该问题将在最后一章再次论述。

16. 正如我们在《政事论》中看到的；《象猎》（5.1）中记载的略有不同：大象到 12 岁都没有什么价值；到 24 岁，价值一般；到 60 岁，价值最优。

17. *vanyās tatra sukhoṣitā vidhivaśād grāmāvatīrṇa gajā*

baddhās tīkṣṇakaTūgrāvāgbhir atiśugbhīmohabandhādibhiḥ |
udvignāś ca manaḥśarīrajanitair duḥkair atīvākṣamāḥ
prāṇān dhārayutuṃ ciraṃ naravaśaṃ prāptāḥ svayūthād atha ||
śailānāṃ kaTakeṣu nirjharajale padmākare sindhuṣu
svacchandena kareṇukābhir aTavīmadhyeṣu vikrīḍitam |
smāraṃ smāram anekadhāgranihitaṃ puṇDrekṣukāṇDādkaṃ
no kāṅkṣaty atidurmanā bahuvidhair duḥkhair upetaḥ karī ||
pūrvānubhūtam aṭavīṣu sukhaṃ vicintya
dhāyan muhuḥ stimitavāladhikarṇatāLaḥ |
grāmavyathabhir adhikaṃ kṛṣatām upetya
kaiścid dinari mṛtim upaiti karī navīnaḥ ||
《象猎》，11.1–3。

18. *dāsīn dāsāñ ca bhūmyādi-dhanan tasyai pradāya saḥ* |
karīva vandhanirmmuktaś śāntaye vanam āyayau ||
《真腊铭文》，3：67，第 14 节，K225。
19.《摩诃婆罗多》，6.5.12–14。
20. Zimmerman 1987：101，214.
21. Sanderson 1893：77；引自 Evans 1910：325，以及源自英属缅甸的法律案件。
22. 详见第八章。
23. Feeley–Harnik 1999. 伦敦东区的织工被圈禁在更小的居住空间里，因而在喂养自己的鸽子的同时，他们也生长得更矮小了。
24. *nityamattaiḥ sadā pūrṇā nāgair acalasaṃnibhaiḥ.*《罗摩衍那》,1.6.23。
25.《阿克巴则例》，1.41，128。
26.《马加比书》，6.34。
27. 伊利安，13.8。
28. Scullard 1974：187–8.

29. 玄奘，1996：335–336。

30. 详见第四章。

31. 详见第六章。

32.《时令之环》(*Ṛtusaṃhāra*)，6.28，参见西尔比，2003：154。

33. 冲守弘（Oki & Ito，1991）对桑吉作了非常详细全面的摄影调查，此调查有助于该问题的研究。驯养的大象通常都会显示其伴有象夫和一位骑行者。象夫手拿驭钩，骑行者要么是普通的战士或国王，要么甚或为一位妇女和孩子（同上：pl.39，“在天堂的快乐生活”），他们跨在象背上骑行，没有象轿。这样的例子不胜枚举。桑吉雕塑中也有跨在其他动物背上骑行的情况。马身上有缰绳和马鞍毯，却没有马鞍。典型例子出现在大出离成佛这一场景中。桑吉的雕刻描绘了骑者骑在与众不同的或是稀奇的动物身上，如水牛、骆驼、山羊、狮子以及混合兽。其都显示没有鞍具。

34. 详见第六章。

35. *aṅkuśair abhicoditān.*《摩诃婆罗多》，7.65.10。

36. *bāhūyamānas tu sa tena saṃkhye*

mahāmanā dhṛtarāṣṭrasya putraḥ |

nivartitas tasya girāṅkuśena

gajo yathā matta ivāṅkuśena ||

《摩诃婆罗多》，4.61.1。

37. 感谢马达夫·德斯潘德（Madhav Deshpande）和维尔切鲁·那罗延·拉奥（Velcheru Narayana Rao）为本书提供这些例子。

38. 罗马人似乎没有完全了解这一点；根据阿尔曼迪（Armandi，1843）的研究，罗马人称钩子为“鞭刺”(*stimulus*)。

39. Evans 1910：54；Chowta，2010：61–62，116。

40.《政事论》，2.32.1，6。

41. Singh 1965：72.

42.《牛津古埃及百科全书》2001，1：467.

43. Friedman 2004。
44. 同上：164。
45. 同上：163。
46.《牛津古埃及百科全书》2001，1：467.
47. Houlihan 1996.
48. 详见第六章。
49. 感谢约翰·拜恩斯翻译了此段和随后的段落，并向我指出涉及前王朝时期的研究资料。
50. Baines 2013.
51. 约翰·拜恩斯提供的资料。
52. 早期的美索不达米亚人使用苏美尔语，他们留下了少量关于大象的文献，但是就我们的研究方向而言，其并不能说明问题。这些文献中确实有一个词形容大象，即“amsi”，字面意为“长牙的野牛”，这似乎是次要的。该词在后续的文本中与阿卡德语中的 *pīru* 再次出现。在苏美尔人赞美自我的诗歌中，国王舒尔吉（Shulgi）声称捕获了大象，而在这里称呼大象的术语为“til（1）ug”，我们也可以从其他的一些例子中得知此情况。早期闪米特语中有一个外来词“*bi2-lam*”，对应的是原始闪米特语中的“**pīl*”一词，“*bi2-lam*”与后来的阿卡德语“*pīru*”有关。我非常感谢皮奥特·米查罗斯基（Piotr Michalowski）为此提供的信息。
53. 亚述纳西尔帕二世石碑，《美索不达米亚王室铭文》，2：226，A.O. 101.2。
54.《美索不达米亚王室铭文》，2：25–26，第 59–84 行，A.O. 87.1。
55. 亚述贝卡拉，见《美索不达米王室亚铭文》，2：103，ll. 6–7，A.O. 89.7（未见于《亚述词典》的名单上）；《亚述丹二世编年史》，161，rev. l. 27；《美索不达米亚王室铭文》，2：135，ll. 68–72，A.O. 98.1；阿达德纳雷二世，见 KAH 2 84：125；《美索不达米亚王室铭文》，2：154，ll. 122–127，A.O. 99.2；沙尔马那塞尔三世，见 Ernst 1952：

473;《美索不达米亚王室铭文》，2：41，A.O. 102.6。

56.《美索不达米亚王室铭文》，2：226，II. 25b–42，A.O. 101.2。

57.《美索不达米亚王室铭文》，2：150，A.O. 102.89。

58. Wiseman 1952：31.

59. 同上：28。

50. 见第五章。

61. 萨克斯 – 洪格尔，1996，1：345；3：87。

62.《亚述学辞典》，2005：419。

63. 上述解读要归功于皮奥特・米查罗斯基。感谢他的帮助，使我能理解这些文献甚至包括亚述和美索不达米亚的全部资料。

64. Woolley & Mallowan 1976：182.

65. 同上。

66. Legrain 1946：29.

67. 同上。

68. Laufer 1925：3.

69. Li 1977：70–71；Zheng 1982：101.

70. 公元前 500 年以后的情况将在第八章进行分析。除了在此讨论的实例外，文焕然的研究还参考了其他学者的观点，即人们通过对书写的文字（包括大象这个字的汉字形式）进行推论得出的这些观点。例如有一位学者（王国维）认为汉字“魏”字源自“爪”字和“象”字，有可能是“驯服大象”之意。这种说法有些牵强并易受其他解释的影响，因此需要确凿的证据，否则站不住脚。

71.《吕氏春秋》，5/5.14，151。

72.《孟子》，1932：卷 6，96。《孟子・滕文公章句下・第九节》——译注

73.《左传》，1991：756。

74. 参见毕夏普（Bishop 1921），他认为是出于宗教原因。

75. 详见第八章。

76. Mahadevan 1977：793.

77. Mackay 1937：352，& pl. 90，no.13.

78. Mackay 1973：290，667.

79. 同上：290。

80. Kenoyer 1998.

81. Marshall 1973：70，着重强调。

82. Mackay 1943，pl. LVI，no.9.

83. Kenoyer 1998：166.

84. Sukumar 2011：31.

85. Anthony 2008.

86. 彼得·罗林（Peter Raulwing）的英文译版可以在网上获得。加里·贝克曼（Gary Beckman）热心地将其未发表的译文借给我。

87.《吠陀索引》，2：171–172；反对观点，参见 Singh 1963，1965：74–76。

88. Singh 1965：76.

89. *ā carṣaṇiprā vṛṣabho janānāṃ rājā kṛṣṭīnāṃ puruhūta indraḥ* |
stutaḥ śravasyann avasopa madrig yuktvā harī vṛṣaṇā yāhy arvāṅ ||1||
ye te vṛṣaṇo vṛṣabhāsa indra brahmayujo vṛṣarathāso asyāḥ |
tām ā tiṣṭha tebhir ā yāhy arvāṅ havāmahe tvā suta indra some ||2||
ā tiṣṭha rathaṃ vṛṣaṇaṃ vṛṣā te sutaḥ somaḥ pariśiktā madhūni |
yuktvā vṛṣabhyāṃ vṛṣabha kṣitīnāṃ kṣitīnāṃ haribhyāṃ yāhi pravatopa madrik ||3||
ayaṃ yajño davayā ayam miyedha imā brahmāṇy ayam indra somaḥ
stīrṇam barhir ā tu śakra pra yāhi pibā niṣadya vi mucā harī iha ||4||
o suṣṭuta indra yāhy arvāṅ upa brahmāṇi mānyasya kāroḥ |
vidyāma vastor avasā gṛṇanto viyāmeṣaṃ vṛjanaṃ jīradānum ||5||
《梨俱吠陀》，1966：1.177。

90. Gonda 1965；Sparreboom 1985.

91. Gonda 1989.

92. Gonda 1965：95–104. 本书即将在下一章谈到该主题。

93. Patel 1961.

94.《爱达雷耶森林书》，8.22；1920：337。

95.《爱达雷耶森林书》，8.23；1920：338。

96. Patel 1961：64–75.

97. Heesterman 1957.

98.《摩诃婆罗多》，8.17.1–4。

99. 资料来源为 Trautmann 2009：254.

100.《摩诃婆罗多》，7.25.28。

101. 同上：7.68.31。

102. 同上：7.87.16–18。

103. 同上：8.17.17–18，20。

104. 同上：8.59.10。

105. 同上：8.62.35–7。

106. *yodhānām agnikalpānāṃ* *peśalānām amarṣiṇām* |
saṃpūrṇākṛtavidyānāṃ *guhākesariṇām iva* ||
kāmbojaviṣaye jātair *bāhlīkaś ca hayottamaiḥ* |
vanāyujair nadīś ca *pūrṇāhayopamaiḥ* ||
vindhyaparvatajair mattaiḥ *pūrṇa haimavatair api* |
madānvitair atibalair mātaṅgaiḥ *parvatopamaiḥ* ||
bhadramandrair bhadramṛgair *mṛgamandraiś ca sā purī* |
nityamattaiḥ sadā pūrṇa *nāgair acalasaṃnibahaiḥ* ||
《罗摩衍那》，1.6.19–22。

第三章 用途构成：四军、王室坐骑、作战阵形

1. 详细讨论见 Hopkins 1889：198n。

2.《罗摩衍那》，1.6. 19–21。文献中对四军简略地描写很普遍，但也会引起误导。在此，四军的动物名字也被提及——人、马、大象；骑兵和战车没有被区分出来，这是可以理解的。由于这种简略式描写，人们不清楚战车何时在战场上停止使用。

3.《罗摩衍那》，6.28.4。

4. *tato droṇo'rjunam bhūyo* *ratheṣu ca gajeṣu ca* |
aśveṣu bhūmāv api ca *raṇaśikṣām aśikṣayat* | |
《摩诃婆罗多》，1.123.7。

5. *na hi me'viditaṃ kiṃ cid* *vane'smiṃś carataḥ sadā* |
caturaṅgaṃ hy api balaṃ *prasahema vayaṃ yudhi* | |
《罗摩衍那》，2.80.9。

6. 同上：6.90.4。

7. *rathā rathaiḥ samājagmuḥ* *pādātaiś ca padātayaḥ* |
sādibhiḥ sādinaś caiva *gajaiś cāpi mahāgajāḥ* | |
《摩诃婆罗多》，3.31.8。

8. 详见第五章。

9. *tais tan niṣūditaṃ viśvamitrasya tatkṣaṇāt* |
sapadātigajaṃ sāśvaṃ sarathaṃ raghunandana | |.
《罗摩衍那》，1.54.4。

10. Dikshitar 1987：165–166；《戒日王传》，1897：224–225。

11. 阿拉哈巴德石柱铭文中关于沙摩陀罗·笈多的部分，第 24 行（《笈多铭文》，1888：第 6 页及其后）。

12. 在本章节随后部分，笔者将给出可以进行详细解释的证据。

13. Macdonell 1898：125；《戒日王传》，1897：2。

14. Murray 1913；Bock–Raming 1996；Mark 2007；寻找中亚和伊朗的考古遗迹（Semenov，2007）。

15. Murray 1913：171.

16. 详见第六章。

17. 阿布勒・法兹对此做了描述（《阿克巴则例》，2：29）。

18. 阿里安，《印度记》（7），17.2–4（同尼阿库斯，残卷 11）。

19. Coomaraswamy 1942；Singh 1965：58–62.

20. Gonda 1965：95–103.

21. Goukowsky 1972；Scullard 1974：pl. XIII a，b.

22.《政事论》，10.5。

23. Hopkins 1889：264.

24.《佛所行赞》，1972，2008：绪论。

25. *bahuśaḥ kila śatravo nirastāḥ*

samare tvām adhiruhya pārthivena |

aham apy amṛtaṃ padaṃ yathāvat

turagaśreṣṭha labheya tat kuruṣva ||

《佛所行赞》，5.75。

26. Gonda 1965：102.

27. Hopkins 1889：250–251.

28. 同上：205，267n。

29.《政事论》，10.3.4–41，45。

30.《罗摩衍那》，2.104.23。

31.《巴利文专有名词词典》，参见词条"那拉基利"（Nālāgiri）。

32. Seneviratne 1978：108.

33. Ebeling 2010：79.

34. 斯特拉博，《地理学》，15.1.43。

35. Scullard 1974：图 20b，c。

36. 斯特拉博，《地理学》，15.1.41。

37.《政事论》，10.4.14。

38. 参见第七章，图 7.7 和 7.8。

39.《摩诃婆罗多》，3.269.5–6。

40. Hopkins 1889：202–203.

41. 同上：203.

42. *vyūhaviśāradaḥ.*《摩诃婆罗多》，6.77.11。

43. *senākarmaṇy abhijño 'smi vyūheṣu vividheṣu ca* |
karma kārayitum caiva bhṛtān apy abhṛtāṃs tathā ||
Yātrāyāneṣu yuddheṣu abdhapraśamaneṣu ca |
Bhṛśam veda mahārāja yathā veda bṛhaspatiḥ ||
Vyūhān api mahārambhān daivagāndharvamānuṣān |
Tair aham mohayiṣyāmi pāṇḍavān vyetu te jvaraḥ ||
同上：5.162.8–10。

44. Hopkins 1889：208.

45. 同上：213。

46.《摩诃婆罗多》，6.19.4。

47.《政事论》，10.2.9。

48. 同上：10.4.

49. 同上：10.5.

50. 同上：10.6.

51. 同上：10.6.42–44。

52. Hopkins 1889：194–195.

第四章　关于大象的知识

1. Turner 1996：572，参见 9950 *mahāmātra*。

2. schieinen miteinander vereinbar zu sein：Mayrhofer 1986：397.

3. 莱内提供资料。伊利安（Aelian 12.44）指出印度人使用一种乐器使新捕获的大象保持冷静。

4. 这两段内容借鉴了特劳特曼即将发表的一篇有关象夫的详细历史的

文章。

5.《摩诃婆罗多》，1.102.17。

6. Hopkins 1889：266.

7. 如《摩诃婆罗多》（4.30.27）中记述大象被骑乘的情况：*suārūḍhā yuddhakuśalaiḥ śikṣitair hastisādibhiḥ*。

8.《摩诃婆罗多》，2.5.109。

9.《摩诃婆罗多》，7.87.30。

10. 就此话题而言，《政事论》既是早期著作中最优秀的作品，同时又吸收了其他作品的相关内容。本书已经对此多有论述，本章还会介绍更多的内容。

11. Singh 2010：32.

12. 就此名单，埃杰顿还增加了彘日（Varāhamihira）的《广博观星大集》（*Bṛhatsaṃhitā*）。这是一本关于占星术的著作。埃杰顿认为其第 67 章（大部分）是"对《象论》的一个缩影"。此书可以追溯到公元 550 年。

13. 这两个版本都有出版。K.S. 苏布拉马尼扬·萨斯特里（K.S. Subrahmanya Sastri）编辑了坦贾武尔版本，该版本有泰米尔语翻译、英语释义及彩色插画；Siddharth Yeshwant Wankankar 和 V.B.Mhaiskar 编辑了奥恩特版本，附有大量介绍、英语翻译和插图。

14. E.R. 斯里克里希纳·萨尔马（E.R. Sreekrishna Sarma）教授对该书做了编辑。

15. 潘迪·希瓦达塔（Pandit Sivadatta）对其进行编辑。

16. 莱内（Lainé，2010）将该著作置于阿萨姆邦的编年史的背景中并做出了有价值的研究。

17. 如我们已在第二章中所见。

18. 本书的依据是埃杰顿所译《象猎》和他对坦贾武尔文稿中的《象论》和《象修》故事版本所做的注释。

19. 如第一章所概述。

20.《象猎》，113–125。

21. 已在第二章谈及。

22. 在《象猎》第五卷中，大象寿命各阶段的名称为：*bāla*（第一年）、*puccuka*（第二年）、*upasarpa*（第三年）、*barbara*（第四年）、*kalabha*（第五年）、*naikārika*（第六年）、*śiśu*（第七年）、*majjana*（第八年）、*dantāruṇa*（第九年）、*vikka*（第十年）；*pota*（第二阶段的十年）、*javana*（第三阶段的十年）、*kalyāṇa*（第四阶段的十年）、*yaudha*（第五阶段的十年）。

23.《政事论》，2.32.8。

24. 同上：2.1–2。

25. 同上：2.3–4 及下文。

26. 同上：2.2。

27. 同上：2.34.6。

28. 不过，奥里维耶（Olivelle）将这个术语 *gopa*（字面意为“保护牛的人”）比喻为“郡监”。该词还与收税官（*sthānika*）一词有关联，而且不与后来的驯象师一词之间存在联系。两者皆有可能。

29.《政事论》，2.1.7。

30. 同上：2.2.3。

31. 同上：2.2.4。

32. Allsen 2006.

33.《政事论》，2.2.8–9。

34. 同上：2.2.10–12。

35. 同上：2.31.8–10。

36. 同上：2.2.13–14。

37. 第一章，图 1.4。

38. 同上：7.12.22–24。

39. 同上：2.30.1。

40. 同上：2.30.39。

41. Digby 1971；Trautmann 1982.

42.《政事论》，2.21.2–4。

43.《政事论》，2.15.42。

44.《政事论》，2.30.3。

45.《政事论》，2.29.43；2.30.18；2.31.13。

46. 参见 Bosworth 2002：108，以及脚注中有关供给方面的希腊化时代和现在的资料。

47. “Fruchtfleisch”，见《政事论》，2.31.13，迈耶译，第 218 页。

48.《象猎》，p. 26，n. 59。

49. 同上：11.25，36；《大象阿育吠陀》，iv，15，30，87。

50. 乌塔拉·苏夫拉坦（Utthara Suvrathan）的个人信函。苏库马尔（2011：231）证实：“奇怪的是马拉巴尔（Malabar）地区的习俗，即喂给状态不好的大象煮熟的羊肉，似乎在英国管辖马德拉斯（Madras）的整个时期都存在。”

51.《政事论》，2.2.10。

52. 同上：2.32.16。

53. 同上：2.32.19。

54. 同上：2.1.7。

55. 同上：2.2.5。

56. 同上：2.34.10。

57. 同上：2.34.11。

58. 同上：9.2.1。

59. 同上：9.2.14，19。

60. 同上：8.4.41–43。

61. 同上：9.2.7。

62. 同上：7.14.27。

63. 同上：9.2.25。

64. 同上：5.3。

65. 见第三章。

66.《政事论》，45–47。

67. 同上：10.4.14。

68. 这种排兵布阵及其他列阵方式，似乎体现了众所周知的中亚式特点，即：如同帕提亚人发射弓箭后，再进行中亚速强式的正面进攻和快速撤退的战术。整篇文献呈现出的似乎是可以快速移动的轻骑兵，而非采用重甲骑兵的伊朗军队。

69.《政事论》，10.6.53–54。

70. 其中一些副本在图 4.1–4.3 中。

71.《阿克巴则例》，47，卷一。

72.《阿克巴则例》，41。

73. 同上。

74. 同上。

75. “dam” 是古代印度货币的所有面额中最小的一种铜币。尽管使用 “dam” 做单位会使得计算数额非常庞大，但可以更加准确地核算政府的账目，比使用更大的单位但计算结果为分数显得更加方便。（类似的情况也出现在古罗马，他们使用一种称为 “sesterce” 的小额铜币来记账。）

76.《阿克巴则例》，44。

77. 同上。

78.《阿克巴则例》，44。

79. 同上。

80. 同上：46。

81. Locke 2006：80.

82.《阿克巴则例》，47。

83. 同上：78。

84. 同上。

85. 同上：27。

86. 同上：49。

87. 同上：49。

88.《阿克巴则例》，2，卷二。

第五章　北印度、南印度和斯里兰卡

1. 这些典籍文献（《长阿含经 2》，第 200 页；《增支阿含经 1》，第 213 页，《大事记 1》第 34 页）均给出了相同的名单，但是最后两个不一样，为锡比尸毗（*Śibi*）和达沙拿达萨尔那（*Daśārṇa*）。佛教所列名单使用的是巴利文，本书已将这些名字改成在历史书中使用的对应之梵文形式。在《薄伽瓦地经》15.1 中还出现了一份耆那教用半摩揭陀语（Ardha-Magadhi）书写的名单：Aṅga，Baṅga，Magaha，Malaya，Mālva，Accha，Vaccha，Koccha，Pāḍha，Lāḍha，Bajji，Moli，Kāsi，Kosala，Avāha，Sambhultara。

2. Trautmann 1973：162.

3.《政事论》，11.1.1。

4.《阿闼婆吠陀》，5.22.14。

5. Pargiter 1913：25，69.

6.《〈大史〉注疏》，11。

7. 狄奥多罗斯，17.93；库尔提乌斯，9.2；普鲁塔克，《亚历山大生平》（*Life of Alexander*），62；普林尼，6.22。

8. Bosworth，1996：120.

9. 显然波鲁斯（Porus）一词与吠陀名“*Puru*”有关，或可能源自梵文父系名“*Paurava*”，巴利文名“*Poro*”。

10. 阿里安，《亚历山大史》（*History of Alexander*），6.15.4。

11. 库尔提乌斯，4：步兵 9 万，骑兵 1 万，战车 900；狄奥多罗斯，17.87：

步兵 8 万，骑兵 1 万，战车 700。

12. 库尔提乌斯，8；狄奥多罗斯，17.102。

13. 阿里安，《亚历山大史》，6.15.6，16.2。

14. 阿里安，5.25。

15. 斯特拉博，《地理》15.1.37。我们不知道斯特拉博论及该问题的资料来源，亦不清楚该资料是否源自亚历山大军队中的成员。

16. 同上。

17. 博斯沃思（C. E. Bosworth，1996）的《麦加斯梯尼〈印度记〉的历史背景》是近几十年来关于麦加斯梯尼的最新文章。该文挑战了学界主流观点，即麦加斯梯尼的出使与塞琉古和塞琉古－孔雀王朝签订的条约之间存在着联系。博斯沃思确切地将此出使情况和西比尔提亚斯的统治联系在一起，并将麦加斯梯尼的出使推至更早的时期，即在孔雀王朝扩张到印度河流域之前。

18. 麦加斯梯尼，残卷 4（同狄奥多罗斯，2.36.1）。

19. 详见第六章。

20. 这方面的讨论总结了我先前对麦加斯梯尼的分析（Trautmann，1982）。

21. 麦加斯梯尼，残卷 19a（同阿里安，《印度记》，11.9–10）。

22. Gommans 2002；Gommans & Kolff 2001.

23. 麦加斯梯尼，残卷 19a（同阿里安，《印度记》，12.2–4）。

24. 麦加斯梯尼，残卷 20a（同阿里安，《印度记》，13–15）。

25. Kailasapathy 1968.

26. 关于桑伽姆文学中论述大象情况的首创性著作是 E.S. 瓦拉达拉贾耶尔（E.S. Varadarajaiyer，1945）的《泰米尔土地上的大象》（*The elephant in the Tamil land*）。作为第一次概述此问题的著作，其具有重要价值。

27. Sontheimer 2004：353–382.

28. Ramanujan 1967.

29. Ramanujan 1985：251–257.

30. 同上：171，no.239。
31. Nilakanta Sastri 1955：74–75，引自 *Porunarārrupaṭai*。
32. 穆塔莫吉亚尔（Muṭamōciyār）所作《英雄诗歌选集》，Ramanujan 1985：151.
33. 已于第二章讨论。
34.《阿育王铭文》，2 号大石刻铭文。
35.《大史》，7.55–57。
36. 英译依据对“*sayoggabalavāhana*”这个词组的解释做出翻译。根据注释：*ettha yoggaṃ ti rathasakaṭādi*，*balaṃ ti senā*，*vāhane ti hatthiassādi*（p. 111，n.2），即“*yogga*”指战车和马车、“*bala*”为军队、“*vāhana*”为大象、马匹等等。
37.《大史》，15.188–190。
38. 同上：18.29。
39. 同上：31.36–39。
40. *Sayoggabalavāhano.* 见《大史》，25.1。
41. *hatthassarathayodehi pattīhi ca anūnako.* 同上：25.81。
42. *caturaṅginī senā.* 同上：48.122。
43. 同上：48.100。
44. 同上：70.217。
45. 同上：71.18。
46. 同上：72.198。
47. *Rathesabha.* 同上：15.11 及下文。
48. 同上：74.221–227。
49. 同上：73.149。
50. 盖格尔（Geiger，1960：155）对《大史》中提到的大象在战场上的证据，持更为怀疑的态度，但他没有为其观点提供可靠的佐证。
51.《大史》，55.13。

52. 同上：86。

53. 同上：76.75。

第六章 近东、北非和欧洲

1. Rance 2003.

2. Bosworth 1973，1977.

3. Sami 1954：20，以及第 27 页插图。

4. 泰西阿斯，2008：141；Goukowsky 1972：474.

5. 泰西阿斯，残卷 45b α；同伊利安，17.29。

6. 泰西阿斯，2008：219。

7. 同上。

8. 同上：45。

9. 泰西阿斯，残卷 45，源自伊利安；泰西阿斯，2008：45，124。

10. 泰西阿斯，同伊利安，残卷 9；泰西阿斯，2008：90。

11. 阿里安，3.8.8。

12. 见第二章。

13. 泰西阿斯，残卷 1b，同狄奥多罗斯，2.16。

14. 泰西阿斯，残卷 1b，同狄奥多罗斯，2.1–28；泰西阿斯，2008：64–67。

15. Scullard 1974：37–52.

16. 亚历山大时代的历史学者称现今的杰赫勒姆河为 Hydaspes；而比亚斯河为 Hyphasis。本书采用现代的用法。

17. 阿里安，4.30.7–8。

18. Scullard 1974：66–71.

19. 阿里安，《亚历山大史》，3.11.3。

20. 阿里安，5.19.1–2；普鲁塔克，《亚历山大生平》，60.15，181e,，332e，485b。

21. 见第五章。

22. 狄奥多罗斯，18.27。
23. Troncoso 2013：255.
24. 同上：256；Scullard 1974：Pl. XIII c.
25. 德普伊特（Depuydt，1997）已确认亚历山大的死亡时间为公元前 323 年 6 月，约下午 4 到 5 点。
26. Armandi 1843：i.
27.《战术》（*Arms tactical*），著于公元 138 年。
28. 除了提到的著作外，兰斯还注意到莫里斯的《战略学》（*Strategicon of Maurice*，约 590 年代）根本就没提到过大象；同时，维吉提乌斯（Vegetius）的《兵法简述》（*Epitoma rei militaris*，4 世纪晚期）在“一个主要介绍古代文物的章节中”，简要地解释了战场上战象和刀轮战车是如何相克制的（Rance 2003：358–359）。
29. Rance 2003：360.
30. Scullard 1974：pl. XIIIa，b.
31. Goukowsky 1972：492.
32. Azfar Moin，私人交流；Yule 1968：427；Wilson 1855：203.
33. “伟大的首领、王子、国王很少会登上大象，以至于我们有资格推断：国王在象轿上进行战斗出现的要比其他用战车作战的方法晚，因而提及象轿是晚近时期补充上的内容。象轿最初可能是在和平时期的习俗，然后才扩展到战争中；基本上后者必定与放弃战斗中的勇猛同步发生。不过我们发现了一些骑大象作战的例子，尤其是耶婆那（*Yavana*）王子……在 vii. 115.55 中记载“*vimāna*”是象轿（后来的 varaṇḍaka）。” Hopkins 1889：266–267，268，fn.
34. Monier–Williams 1899；Böhtlingk & Roth 1855.
35. 同上。
36. Turner 1966：659，11317 *varaṇḍa*–，686，11823 *vimāna*。
37. 吉尔（Geer，2008：189–225）在调查印度哺乳动物雕刻形象的一份资料中提到关于印度象的章节。这是一个有价值的起点，但是这些资料并没有更新象轿的相关知识。

38. 第七章，图 7.6。

39. Heckel 2006：120，引自狄奥多罗斯，19.4.8，普鲁塔克，《欧迈尼斯》（*Eumenes*），16.3；Bosworth 2002：107.

40. 阿庇安，11.55。

41. 斯特拉博，15.2.9。

42. 普鲁塔克，《德米特里》（*Demetrius*），25。

43. 见图 5.3，孔雀王朝地图。

44. Smith 1924：158–160："塞琉古・尼克托（Seleukos Nikator）割让给旃陀罗笈多・孔雀的阿里亚那的范围。"

45. Schlumberger et al.，1958.

46. 哈特穆特・沙尔费（Hartmut Scharfe，1971）认为，旃陀罗笈多臣服于塞琉古，500 头大象实质上是贡品；那 4 个辖区也并非割让给旃陀罗笈多，而是成为他手下的总督辖区。这一解释的依据源自对旃陀罗笈多之孙子阿育王的头衔"devānampiya"（通常认为是"天荣宠儿"之意）的分析。此头衔与希腊化头衔"国王的朋友"之间存在着联系。沙尔费是第一位也是目前唯一一位得此结论的现代学者。如果这是真的，人们会好奇为什么资料中不直接说出来。

47. 此段引自 Trautmann 1982。

48. 波利比乌斯，11.34。

49. 在讨论叙利亚国王时提及此事，见第二章。

50. 或者是塞琉古王朝和西庇尔提亚斯总督辖区：参见第五章，fn.17。

51. 普林尼，6.58；Casson 1993：251.

52. Casson 1993：251.

53. Goukowsky 1972：483.

54. Goosens 1943：52n.

55. 古科夫斯基认为"*angorpe*"为"*aṅku*(*śa*)"和"*orpe*"这两个词的结合，是"*harpe*"在方言中的变体；"*gandara*"(Goosens，1944)。

56. 同上。早些时候研究赫西基奥斯字典中有关印度材料的作者明显不认识古森斯(Goosens)，如格雷和斯凯勒(Gray & Schuyler，1901)所做的解释大多数是错误的；以及吕德斯(Lüders,1905)用"*mahāmātra*"一词来识别"*mamatrai*"。古森斯做出了令人信服的解释，但他对"*pirissas*"一词做出了曲解，在赫西基奥斯字典中该词指大象，而古森斯认为该词为"puruṣa"的巴利文形式，指"雄性(大象)。"但该词很可能和阿卡德语中的"*pīru*"一词有关。

57. Casson 1993；Burstein 2008.

58. 阿伽撒尔基德斯，56。

59. 卡林顿(Carrington，1959)有许多关于这个有趣的错误的材料，其中包括这首来自约翰·邓恩(John Donne)的诗歌(《灵魂的游历》，39)：

 大象啊，你是大自然的伟大杰作，
 这种巨兽是唯一无害的庞然大物；
 ……
 (不过大自然未赋予它可以弯曲的膝盖)
 它支撑着自己，依靠着自己，
 而且无有敌手，似乎没有敌人，
 依旧站着睡觉；丝毫不担心它幻想的噩梦；
 像一把不能弯曲的弓，
 它强壮的长鼻漫不经心地松弛着。

60. 阿伽撒尔基德斯，56。

61. Shinnie 1967.

62. 关于波利比乌斯，见 Scullard 1974：142–143。

63. 德拉尼亚加拉(Deraniyagala 1955：28，引自 Spolia Zeylanica 1948：27，10；Yalden，et al.，1986：46)提出了北非大象种(*Loxodonta africanus*

pharaoensis）。这种大象为托勒密王朝和迦太基人所使用，几个世纪前就已灭绝。布兰特等人（Brandt et al.，2013）在现在的厄立特里亚，使用了大约 100 头孤立种群的大象来进行遗传学研究。他们得出结论，厄立特里亚的大象类似热带草原象而不是非洲森林象。他们将现在厄立特里亚象等同于两千年前托勒密王朝捕捉训练的象种，并驳斥高尔斯（Gowers）的观点；但他们未能就此给出所谓的连续性证据。我们需要做的是将遗传学与出土的埃及前王朝时期（已在第二章讨论）的大象遗骨和历史资料结合起来。

64. Gowers 1947，1948.
65. Scullard 1974：148.
66. 阿庇安，7.7.41。
67. Scullard 1974：174–177；Sukumar 2011：82.
68. Scullard 1974：101–119.
69. 同上：102–103。
70. Scullard 1974：194，198–199.
71. 同上：197。
72. 同上：237。
73. 本书在第三章已述。
74. 见图 6.1 萨珊王朝使用大象进行野战与攻城战的战场分布地图。
75. Rance 2003：366–368.
76. Canepa 2009：73；遗憾的是画面损坏严重，无法在此展示。
77. 同上：95。
78. Rance 2003：379.
79. Bosworth 1973：115.
80. 同上：116。
81. 同上：116–117。
82. 同上：117。
83. 同上：118。

84. Digby 1971.

85. 同上：68。

86. Scullard 1974：249.

第七章 东南亚

1. Higham 1996.

2. Singh 2010.

3. Vickery 1998；Higham 2002：294，引用维克利（Vickery）的观点，但是持中立态度。

4. Lieberman 2003：1，6–66.

5. K 725，第 4 节，《真腊铭文》，1：8。“K”号指柬埔寨的铭文总目录，《真腊铭文》（八卷，“K”指“高棉”；还有使用“C”指代占婆王国的铭文）。

6. K 254，第 3 节，《真腊铭文》，3：182。

7. 对于这个重要却又有些模糊的国家而言，关于进行印度化的王国这一现象的起点，柯德斯（Coedès，1968）进行了权威性的研究；伯希和（Pelliot，1903）撰写了经典著作；近来，维克利（Vickery，2003）对上述问题做了出色的探讨，对早期进行的印度化持怀疑态度；邱（Khoo 编，2003）对最近的考古情况做了报告。

8. Higham 1996：26–28.

9. Heger 1902：2，Tafel VI，Trommel von Saleier.

10. Heine–Geldern 1947；Taylor & Aragon 1991.

11. *yo ’rjunako yudhi*，K 70，第 71 节，《真腊铭文》，2：59。

12. *śrījayaindravarmmā cāmpeśvaro rāvaṇavat*，K 485，第 68 节，《真腊铭文》，2：169。

13. *jitaikavīro diśam indraguptāṃ* |
yo dakṣiṇān dehabhṛtān didīpe |
prācetasīñ cetasi sottarāñ ca |
na rājasūyāya tu jiṣṇur ekām | |

K 807，第 30 节，《真腊铭文》，1：80；引自《摩诃婆罗多》，2.23–29，Digvijayaparvan。

14. *vijātim āśritya hariḥ khadgendraṃ*

rāmaḥ kapīndrañ ca ripūn mamardda |

savāhum ājau viṣame sujātim

ajāraroṣas tu ya ekavīraḥ ||

K 218，第 9 节，《真腊铭文》，3：47。

15. K 310，第 38 节，《真腊铭文》，1：22。

16. K 140，第 3 节，《真腊铭文》，6：14。

17. K 807，第 72 节，《真腊铭文》，1：85。

18. 在此，本书依据的是佐特穆德尔（Zoetmulder，1974）所做的全面调查。

19. Raffles 1965［1817］：410–68. 苏波摩（Supomo，1993）提供了拉丁语文本和全部译文，并对其印度来源进行研究。

20. 同上：412。

21. 同上。

22. "*Kresna duta*" 由印度尼西亚艺术学院梭罗市皮影师贾卡·里扬托（Jaka Riyanto）表演，2011 年 9 月 24 日，密歇根大学。

23. Raghavan 1975；Richman ed. 1991；Srinivasa Iyengar ed. 1983.

24. Alton Becher，私人交流。

25. Baskaran 1981.

26. Pigeaud & Prapantja 1960.

27. Poncar & le Bonheur 1995；Poncar & Maxwell 2006.

28. Groslier 1921：98，图 61；Jacq–Hergoualc'h 2007：158.

29. Poncar & Maxwell 2006：183.

30. 如第三章所示。

31. Charney 2004：132.

32. 同上：168，135.

33. *vibhidya śātravaṃ vyūham* *yo viśac cakrarakṣitam* |

Garudmāñ iva āhendrañ *jayāmṛtajighṛkṣayā* ||

K 806，第 150 节，《真腊铭文》，1：93。

34. Raffles 1965［1817］; 见 Wales 1952：198–9 & Charney 2004：7.

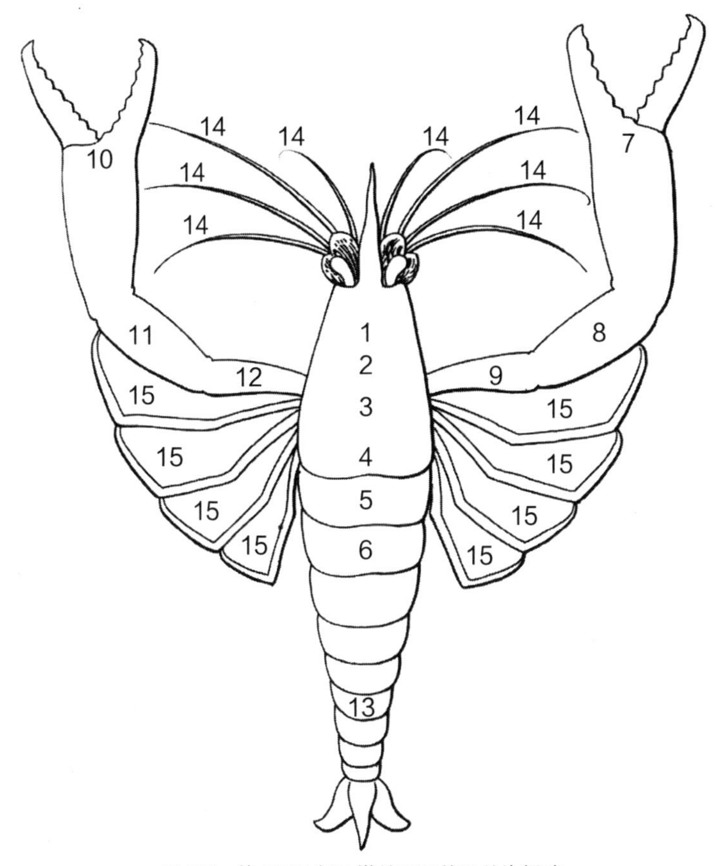

图 7.7 约 1500 年马塔兰王国使用的海怪阵

1. Mantris；2. senāpati；3. princes and relatives of the sovereign；4. the sovereign；5. Pangiran Adepati（heir apparent）；6. Pini Sepuh, elders of rank；7. Bupati Bumi；8. Wadana teng'en；9. mantris of the sovereign；10. Bupati Mancha nagara；11. Wadana Kiwa；12. Magtri Katang gung；13. Majegan；14. Prajurit（troops of the senāpati）；15. Prajurit（guards of the sovereign and heir apparent）.

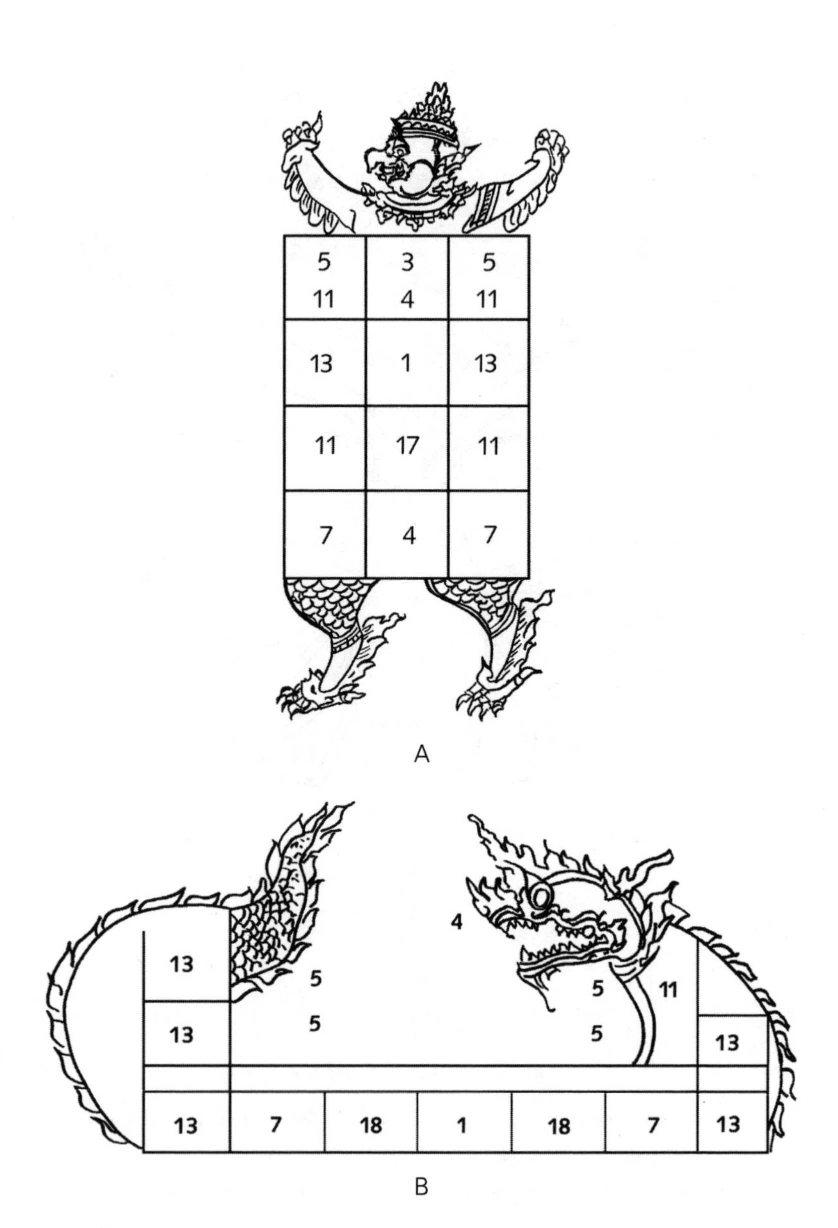
5
11
3
4
5
11
13
1
13
11
17
11
7
4
7
A
13
13
5
5
4
5
5
11
13
13
7
18
1
18
7
13
B

图 7.8 源自暹罗手稿的阵形图示

A. 迦楼罗阵；B. 海怪阵（摩伽罗阵）；C. 莲花阵，“上述阵形据说在 1592 年为纳黎萱王所使用。”

1. 总指挥；2. 主力军；3. 步兵卫队；4. 金甲矛兵和盾牌手；5. 步兵，武器不明；6. 使用弓、十字弓、火枪（手枪或步枪）、矛和剑的步兵；7. 长矛步兵；8. 使用长矛和剑的步兵；9. 使用盾和剑的步兵；10. 弓箭手；11. 骑兵；12. 带剑骑兵；13. 战象；14. 长矛战象；15. 先锋部队；16. 后卫部队；17. 预备部队；18. 火器部队，很可能是大炮；19. 炮兵；20. 战车（ratha，此处为牛车，未在图中显示）

35. Wales 1952：200–206.

36. Wales 1952：74.

37. Charney 2004：8.

38. 援引同上：73.

39. Irvine 1903：176.

40. 同上：177。

41. Kiernan 2008：207，211–213. 感谢约翰·惠特默（John Whitmore）让我注意到了该资料。

第八章　维持平衡，展望未来

1. Wen 1995.
2.《明实录》，2005 年版。
3.《明实录》: 1372 年 4 月 13 日。《明实录·明太祖实录·卷七十二》——译注
4.《明实录》: 1386 年 9 月 24 日。《明实录·明太祖实录·卷一百七十九》——译注
5.《明实录》: 1388 年 5 月 6 日。《明实录·明太祖实录·卷一百八十九》——译注
6.《明实录》: 1388 年 5 月 25 日。《明实录·明太祖实录·卷一百九十》——译注
7.《明实录》: 1388 年 8 月 6 日。《明实录·明太祖实录·卷一百九十二》——译注
8.《明实录》: 1388 年 10 月 15 日；1389 年 1 月 10 日。《明实录·明太祖实录·卷一百九十三、一百九十四》——译注
9. 能证实大象未出现的文献有几十年前出版的关于战争方面的论文集（Kierman & Fairbank 编，1974），还有最近出版的关于军事文化的著作集（Di Cosmo 编，2009），以及前文提到的古代中国兵法文献中未出现大象。
10. 这篇文章在利奥波德（Leopold，2013）英年早逝后才出版的《沙郡年鉴》（*A Sand County Almanac*，1949）的末尾出现。沃斯特（Worster，1994：284）认为《土地伦理》是一部具有开创性的文献："该文献比其他任何作品都更能标志着生态时代的到来；实际上，它被视为唯一一个对新环境哲学做出最简明表述的著作。"

11.《政事论》, 2.1–2; Trautmann 2012: 86–105.

12. Tregear 1966: 51–58.

13. 同上。

14. Jing, *et al.* 2008: 88, 图表 3.2。

15. Epstein 1971: 69–93, 以及插图 90–133

16. Buck 1982: 218–226.

17. Di Cosmo 2002: 134–138.

18. Luo 1983; Chang 1996; Portal & Kinoshita eds 2007.

19. Kierman 1974: 63.

20. Chang 2007: 2, 147.

21. Hathaway 2013.

22. Getty 1992［1936］; 1985 年版。

23. 比鲁尼, 560; Sukumar 2011: 148, 182。

24. 毕夏普（Bishop, 1921）认为, 古代中国和东南亚说掸语和泰语的民族持有大象, 不是出于战争需要而是出于宗教目的。

25. 同上: 304–305。

26. Tennent 1867; Sanderson 1893; Evans 1910; Milroy 1922; Ferrier 1947; Hepburn n.d.

27. 博士学位是在英国伦敦大学学院获得的; 同见凯吴玛（2002）。

28. Khyne U Mar 2007: 58.

29. 尤其是威廉姆斯（Williams, 1950）的著作, 除了提供英属缅甸运木象的一手资料外, 还讲述了第二次世界大战期间大象逃离日本占领的缅甸的故事。

30. Evans 1910: 13–14.

31. Tennent 1867: 175 n.1, 关于锡兰。

32. 16 年来 714 头死亡的运木象为: 9 岁及以下（78 头）; 10 至 17 岁（27 头）; 18 至 35 岁（185 头）; 36 至 54 岁（222 头）; 55 至 70 岁（202 头）。

托克·盖尔（1974：78–79）的推论是大部分的死亡发生在工作年龄期间，即 18 至 54 岁。问题在于这些年龄组的持续时间并不一致。如果我们通过计算每个年龄组每年的死亡数目的方式来修正上述问题，那么就能得到我们所预期的结果：最年轻的一组的死亡率最高，下一组最低，其后每一组的死亡率都在增加：9 岁和更年轻的（每年死亡 8.6 头）、10 至 17 岁（3.4 头）、18 至 35 岁（10.3 头）、36 至 54 岁（11.7 头）、55 至 70 岁（12.7 头）。

33. Toke Gale 1974：79–80.

34. Khyne U Mar 2007：90.

35. 图片，Toke Gale 1974：10.

36. 同上：11。

37. 图片，同上：14。

38. 同上：15。

39. Toke Gale 1974：85–106；Khyne U Mar 2007：31.

40. Toke Gale 1974：95.

41. 同上。

42. 同上：97。

43. 同上。

44. Khyne U Mar 2007：30.

45. Evans 1910：30.

46. Pittaya，*et al.* 2002.

47. Khyne U Mar 2007：33.

48. Toke Gale 1974：104.

49. Khyne U Mar 2007：58，62.

50. Clubb & Mason 2002：26，表格 3。

51. Sabu 1979.

52. Lair 1997：101.

53. Khyne U Mar 2007.

54. Lincoln 1953：125–126.

55. 照片和誊写，Young 2005：20，184–185. 这封信存于马里兰大学帕克分校的国家档案和记录管理处。

56. Skinner n.d.：213，n. 116; Buck 1937：346–347，表格 4 & 5.

57. 我很感激苏伦德拉・瓦尔马就此问题提出了观点。

58. Lahiri–Choudhury 1999; Rangarajan 2001; Hughes 2013.

59. Russell 1877.

60. 同上：254.

61. Guha & Gadgil 1989.

62. Menon，*et al.* 1997：2.

63. 2013 年 3 月 31 日; 每日电讯新闻网。

64. Menon，Sukumar，Kumar 1997.

65. 如第四章所总结。

66. Baker & Kashio eds 2002：4.

参考文献

古代和中世纪文献

伊利安（Aelian），《论动物的本质》（*De natura animaliuim*）

Aelian 1958. *On the characteristics of animals*. A.F. Scholfield，tran.Leob Classical Library，nos 446，448，and 449. Cambridge：Harvard University Press.

阿伽撒尔基德斯（Agatharcides）

Agatharcides 1989. *On the Erythraean Sea*. Stanley M. Burstein，tran. Works issued by the Hakluyt Society，2nd ser.，no.172. London：Hakluyt Society.

《阿克巴则例》（*Ā'īn-iAkbari*）

Abū al–Fazl ibn Mubārak 1993. The *Ā'īn-iAkbari*：*a gazetteer and administrative manual of Akbar's empire and part history of India*. Calcutta：The Asiatic Society.

《他氏奥义书》（*Ait. Br. = Aitareya Brāhmaṇa*）

Keith，Arthur Berriedale 1920. *Rigveda Brahmanas*：*the Aitareya and Kauṣītaki Brāhmaṇas of the Rigveda*. 1st ed. Cambridge，Mass.：Harvard Univeristy Press.

比鲁尼（*Al-Bīrūnī*）

Bīrūnī，Muḥammad ibn Aḥmad 1910. *Alberuni's Indi*：*An account of the religion*，*philosophy*，*literature*，*geography*，*chronology*，*astronomy*，*customs*，*laws and astrology of India about A.D. 1030.* An English ed. London：K. Paul，Trench，Trübner & Co.，Ltd.

《增支部》（*Aṅguttaranikāya*）

The Anguttara-Nikâya 1955–61，6 vols. Richare Morris，ed. London：

Publishedfor the Pali Text Society by Luzac.

《亚述丹二世编年史》(Annals of Aššur–dān II)

Weidner, Ernst F. 1926. *Die Annalen des Königs Aššurdân II. Von Assyrien.* Achiv für Orientforschung III：151–61.

阿庇安（Appian）

Appian 1912–13. *Appian's Roman history*. Horace White, tran. The Loed Classical Library, 2–5. London：W. Heinemann；Cambridge, Mass.：Harvard University Press.

阿里安（Arrian）

Arrian [History of Alexander and Indica] 1976, 2 vols. P.A. Brunt, ed. And tran. Loeb Clasical Library, 236, 269. Cambridge, Mass.：Harvard University Press.

《政事论》(*Arth.* = Arthaśāstra)

Kauṭilya 1969. *The Kauṭilīya Arthaśāstra*. 2nd ed. R.P. Kangle. Univerity of Bombay Studies：Sanskrit, Prakrit, and Pali, nos 1–2. Bombay：University of Bombay.

Kauṭilya 2013. *King, governance, and law in ancient India：Kauṭilya's Arthaśāstra*. Patrick Olivelle, tran. New York：Oxford University Press.

Kauṭilya 1926 *Das altindische Buch vom Welt- und Staatsleben：das Arthaçāstra des Kauṭilya*. J.J. Meyer, tran. Leipzig：O. Harrassowitz.

《阿育王铭文》(Aśokan inscriptions)

Hultzsch, E., E., ed. 1969. *Inscriptions of Aśoka*. New edition. Corpus inscriptionum Indicarum, vol. 1Delhi：Indological Book House.

《亚述词典》(*Assyrian Dictionary*)

Assyrian dictionary, ed. Ignace J. Gelb, vol. 12, 2005：418–20, s.v. pīru A. The Oriental Institute, University of Chicago.

《阿闼婆吠陀》(*Atharveda*)

AV = Whitney, William Dwight, ed. And tran. 1905. *Atharva-Veda-Samhita*. Harvard Oriental Series, vol. VII–VIII. Cambridge, Mass.：Harvard

University Press.

《佛所行赞》(*Buddhacarita*)
Aśvaghoṣa 1972. *Buddhacarita*. E.H. Johnston，ed. *The Buddhacartia*；*or*，*Acts of the Buddha. Complete Sanskrit text with English translation.* Delhi：Motilal Banarsidass.
Aśvaghoṣa 2008. *Buddhacarita. Life of the Buddha by Aśvaghoṣa*. Patrick Olivelle，tran. Clay Sanskrit Library，33. New York：New York University Press：JJC Foundation.

泰西阿斯（Ctesias）
Nichols，Andrew 2008. The complete fragments of Ctesias of Cnidus：translation and commentary with an introduction. PhD，University of Florida.

《小史》(*Cūlavaṃsa*)，见《大史》。

库尔提乌斯（Curtius）
Curtius Rufus，Quintus 1971. *Quintus Curtius*. Leob Classical Library. London：W. Heinemann；Cambridge，Mass.：Harvard Univeristy Press.

《长部》(*Dīghanikāya*)
The Dīgha-nikāya 1890. T.W. Rhys Davids，J. Estlin Carpenter，eds. London：Pub. For the Pali Text Society，by H. Frowde.

狄奥多罗斯（Diod. = Diodorus）
Diodorus 1961. *Diodorus of Sicily*. Charles Henry Oldfather，tran. Leob Classical Library，279，303，340，375，384，389–90，399，409，423. Cambridge，Mass.：Harvard University Press：London：W. Heinemann.

《巴利文专有名词词典》(DPPN = *Dictionary of Pali proper names*.)
G.P. Malalasekera 1960. *Dictionary of Pali proper names*. London：Published for the Pali Text Society by Luzac & Co.

《捕象术》(*Gajagrahaṇaprakāra*)
Gajagrahaṇaprakāra of Nārāyaṇa Dīkṣita，ed. E.R. Sreekrishna Sarma. S.V.U.O.

Journal，Texts and Studies，offprint no.1 Tirupati：Sri Venkateswara University Oriental Research Institute，1968.

《象学》(*Gajaśāstra*)

Pālakāpya 1958. *Gaja Śāstram of Pālakāpya Muni*，ed. And Tamil tran. K.S. Subrahmanya Sastri and English summary by S. Gopalan. Saraswati Hahal Series No. 76. Tanjore：T.M.S.S.M. Library.

Pālakāpya 2006. *Maharsi Palakapya's Gajasastram*，with the Sanskrit commentary，Bhavasandarsini of Anantakrisnabhattaraka. Eds Siddharth Yeshwant Wankankar and V.B. Mhaiskar. Delhi：Bharatiya Kala Prakashan.

《象修》(*Gajaśikṣā*)

Gajaśikṣā by Nāradamuni，with the commentary Vyakti of Umāpatyācārya，ed. E.R. Shreekrishna Sharma. S.V.U.O. Journal vol. 18—Texts and Studies—offprint No.5. Tirupati：Sri Venkateswara University Oriental Research Institute，1975.

《笈多铭文》(*Gupta inscriptions*)

Fleet，John Faithful 1888. *Inscriptions of the early Gupta kings and their successors*. Corpus inscriptionum indicarum，v. 3. Calcutta：Printed by the Superintendent fo Government Printing，India.

《哈里哈拉吒图兰迦》(*Hariharacaturaṅga*)

Godāvaramiśra 1950. *Hariharacaturangam* （*Godavaramisra pranitam*），ed. S.K. Ramanatha Sastri. Madras Governmetn Oriental Series no. XVII. Madras：Government Oriental Manuscript Library，1950.

《戒日王传》(*Harṣacarita*)

Bāṇa 1897. *The Harṣa-carita of Bāṇa*. Edward B. Cowell and Frederick William Thomas，tran. London：Royal Asiatic Society.

《象学之海》(*Hastividyārṇava*)

Sukumar Barkath 1976. *Hastividyārṇava*，ed. And tran. Pratap Chandra Choudhury. Gauhati：Publication Board，Assam.

《大象阿育吠陀》(*Hastyāyurveda*)

Pālakāpya 1984. *The Hastyāyurveda by Pālakāpya Muni*, ed. Paṇḍita Śivadatta. Ānandāśrama Sanskrita Series no.26. Poona：Ānandāśrama Press.

《真腊铭文》(IC = *Inscriptions du Cambodge*)

Cœdès, George 1937–66. *Inscriptions du Cambodge*, 8 vols. Collection de textes et documents sur l'Indochine. Hanoi and Paris：École fran çaise d'Extrême–Orient.

《吕氏春秋》(*Lüshi Chunqiu*)

Lü Buwei 2000. *The annals of Lü Buwei*. John Knoblock and Jeffrey Riegel, tran. Stanford, Calif.：Stnaford University Press.

《马加比书》(*Macc.* = *Maccabees* I)

Maccabees 1936. *Maccabaeorum liber I.* Werner Kappler, ed. Septuaginta：Vetus Testamentum Graecum, 9/I. G öttingen：Vandenhoeck & Ruprecht.

《摩诃婆罗多》(*Mbh.* = *Mahābhārata*)

Mahābhārata：*critical edition* 1933–71. V.S. Sukthankar, ed. Poona：Bhandarkar Oriental Research Institute.

《大史》(*MV* = *Mahāvaṃsa*)

Mahāvaṃsa 1958. *The Mahavamsa*. Wilhelm Geiger, ed. London：Published for the Pali Text Society by Luzac.

Mahāvaṃsa 1958. *The Mahavamsa*. Wilhelm Geiger, tran. London：Published for the Pali Text Society by Luzac.

Geiger, Wilhelm, ed. 1980 [1925, 1927] . *Cūlavaṃsa*. 2 vols reprinted as one. London：Pali Text Society.

Geiger, Wilhelm, and Christian Mabel (Duff) Richmers, trans. 1929. *Cūlavaṃsa, being the more recent part of the Mahāvaṃsa*. London and Colombo：Pali Text Society.

《大事记》(*Mahāvastu*)

Mahāvastu 1882. *Le Mahâvastu; texte sanscrit publié pour la premièr fois et accompagné d'introductions et d'un commentaire*. E. Senart, ed. Paris：Société

asiatique.
Mahāvastu 1949. *The Mahāvastu*. John James Jones，tran. Sacred Books of the Buddhists，v. 16，18–19. London：Luzac.

《摩奴法典》（*Manu*）
Manu 2005. *Manu's code of law*：*a critical edition and translation of the Mānava-Dharmaśāstra*. Patrick Olivelle，ed. And tran. New York：Oxford University Press.

麦加斯梯尼（Megasthenes）
Brill's new Jacoby（Brill online reference works），BNJ 715，tran. Duane W. Roller.

孟子（Mencius）
Mencius 1932. *Mencius*. Leonard Arthur Lyall tran. London：Longman，Green.

《明实录》（*Ming Shi-lu*）
Wade，Geoff 2005. *Southeast Asia in the Ming Shi-lu*. http：//www. Epress. edu.sg/msl/.

《象猎》（ML = *Mātaṅgalīlā*）
Nīlakaṇṭha 1910. *The Mātaṅgalīlā of Nīlakaṇṭha*，ed. T. Gaṇapati Śāstrī. Trivandrum Sanskrit Series，no. X. Trivandrum：Government of HH the Maharajah of Travancore.
Nīlakaṇṭha 1931. *The elephant-lore of the Hindus*；*the elephantsport*（*Matanga-lila*）*of Nilakantha*. Mātaṅgalīlā. Franklin Edgerton，tran. New Haven：Yale University Press.

尼阿库斯（Nearchus）
Brill's new Jacoby（Brill online reference works）. BNJ 133. Michael Whitby tran.

普林尼（Pliny）
Pliny 1961. *Natural history*. H. Rackham and W.H.S. Jones，tran. Leob Classical Library，330，352–3，370–1，392–4，418–19. Cambridge，

Mass.：Harvard University Press.

普鲁塔克（Plut. = Plutarch）

Plutarch 1982. *Plutarch's Lives*（lives of Alexander，Eumenes，and Demetrius）. Bernadotte Perrin，tran. Rev. Loeb Classical Library，46–7，65，80，98–103. Cambridge，Mass.：Harvard University Press；London：W. Heinemann.

波利比乌斯（Polybius）

Polybius 2010. *The histories*. W.R. Paton，tran. Rev. Loeb Classical Library，128，137，160，161. Cambridge，Mass.：Harvard University Press.

《往世书》（*Purāṇas*）

Pargiter，F.E. 1962. *The Purāṇa text of the dynasties of the Kali age*；*with introd. and notes*. 2nd ed. Varanasi：Chowkhamba Sanskrit Series Office.

《罗摩衍那》（*Rām.* = *Rāmāyaṇa*）

The Vālmīki-Rāmāyaṇa：*critical edition* 1960–75. G.H. Bhatt and U.P. Shah，eds. Baroda：Oriental Institute.

《美索不达米亚王室铭文》（RIMA = *The royal inscriptions of Mesopotamia*）

RIMA 1. Grayson，Albert Kirk 1987. *Assyrian rulers of the third and second millennia BC*（*to 1115BC*）. The royal inscriptions of Mesopotamia，v. 1. Toronto and Buffalo：University fo Toronto Press.

RIMA 2. Grayson，Albert Kirk 1991. *Assyrian rulers of the earlyi first millennium BC*. The royal inscriptions of Mesopotamia，v. 2–3. Toronto：Universtiy of Toronto Press.

《梨俱吠陀》（*RV* = *Rg Veda*）

Rg Veda 1966. *Rgveda-saṃhitā*. F. Max Müller，ed. 1st Indian ed.

萨克斯—洪格尔（Sachs–Hunger）

Sachs，Abrahma，and Hermann Hunger 1996. *Astronomical diaries and related texts from Babylonia*. Denkschriften / Österreichische Akademie der Wissenschaften. Philosophisch–Historische Klasse，<247.，299.，346.> Bd.

Wien：Verlag der Österreichischen Akademie der Wissenschaften.

《百道梵书》(*Śatapatha Brāhmaṇa*)
Śatapatha Brāhmaṇa 1983. *The Śatapatha Brāhmaṇa in the Kāṇvīya recension*. W. Caland and Raghu Viru，eds. Delhi：Motilal Banarsidass.

西尔比（Selby）
Selby，Martha Ann 2003. *The circle of six seasons：a selection from old Tamil, Prakrit and Sanskrit poetry*. New Delhi：Penguin.

斯特拉博，《地理学》(Strabo，*Geography*)
Strabo 1966. *The geography of Strabo*. Horace Leonard Jones and John Robert Sitlington Sterrett，tran. Loeb Classical Library，49–50，182，196，211，223，241，267. Cambridge，Mass：Harvard University Press.

《二十四孝》(*Twenty-four stories of filfial piety*)
Er shi si xiao comp. Guo Jujing. *The Chinese repository* 6.3 1837：130–1.

《〈大史〉注疏》(Vaṃsatthappakāsiṇī)
Vaṃsatthappakāsiṇī 1935. *Vaṃsatthappakāsinī：commentary on the Mahāvaṃsa*. G.P. Malalasekera，ed. London：Pali Text Society.
Vaṃsatthappakāsiṇī 1977. *Vaṃsatthappakāsiṇī：commentary on the Mahāvaṃsa*. G.P. Malalasekera，tran. London：Pali Texts Society.

《吠陀索引》(*Vedic Index*)
Macdonell，Arthur Anthony，and Arthur Berriedale Keith 1912. *Vedic index of names and subjects*. Indian Texts Series. London：J. Murray，for the Government of India.

玄奘（Xuanzang）
Xuanzang 1957. *Si-yu-ki. Buddhist records of the Western world*. Samuel Beal，tran. New ed. Calcutta：Susil Gupta.

《左传》(*Zuo zhuan*，《左氏春秋传》注疏)
The Ch'un Ts'we with the Tso Chuen，James Legge，tran. 2nd ed.（The

Chinese classics，vol. 5）1991. Taipei：SMC Publishing.

现代文献

Allsen，Thomas T. 2006. *The royal hunt in Eurasian history*. Encounters with Asia. Philadelphia：University of Pennsylvania Press.

Alvarez，L. W.，W. Alvarez，F. Asaro，and H.V. Michel 1980. Extraterrestrial cuase for the Cretaceous–Tertiary extinction. *Science* 208：1095–1108.

Anthony，David W. 2008. *The horse，the wheel，and language：how Bronze-Age riders from the Eurasian steppes shaped the modern world*. Princeton，N.J.；Woodstock：Princeton University Press.

Armandi，Pier Damiano 1843. *Histoire militaire des éléphants*. Pairs：D'Amyot.

Baines，John 2013. Celebration in the landscape：a hunting party under Amenemhat II. In *High culture and experience in ancient Egypt*，pp.187–234. Sheffield，South Yorkshire：Bristol，CT：Equinox.

—— forthcoming. La tombe thebaine d'Amenemhab. In *Les biographies de l'Egypte ancienne*.

Baker，Iljas，and Masakazu Kashio，eds. 2002. *Giant on our hands：proceedings of the international workshop on the domesticated Asian elephant*. Bangkok：FAO Regional Office for Asia and the Pacific.

Bar–Kochva，Bezalel 1976. *The Seleucid army：organization and tactics in the great campaigns*. Cambridge Classical Studies. Cambridge；New York：Cambridge University Press.

Baskaran，S. Theodore 1981. *The message bearers：the nationalist politics and the entertainment media in South India，1880-1945*. 1st ed. Madras：Cre–A.

Bhakari，S.K. 1981. *Indian warfare：an appraisal of strategy and tactics of war in early medieval period*. New Delhi：Munshiram Manoharlal.

Bishop，Carl W. 1921. The elephant and its ivory in ancient China. *Journal of the American Oriental Society* 41：290–306.

Rock–Raming，Andreas 1996. Mānasollāsa 5，560–623：ein bisher unbeachtet gebliebener Text zum indischen Schachspiel，übersetzt，kommentiert und interpretiert. *Indo-Iranian journal* 39：1–40.

Böhtlingk，Otto von，and Rudolf von Toth 1855. *Sanskrit-w örterbuch herausgegeben von der Kaiserlichen akademie der wissenschaften*. ST Petersburg：Buchdr. Der K. Akademie der wissenschaften.

Bosworth，A.B. 1983. The Indian satrapies under Alexander the Great.

Antichthon 17: 37–46.

—— 1996. The historical setting of Megasthenes' Indica. *Classical philosogy* 91 (2): 113–27.

—— 2002. *The legacy of Alexander: politics, warfare, and progaganda under the successors*. Oxford; New York: Oxford University Press.

Bosworth, C.E. 1965. Military organization under the Būyids of Persia and Iraq. *Oriens* 18/19: 143–67.

——1968. The armies of the Saffārids. *Bulletin of the School of Oriental and African Studies, University of London* 31: 534–54.

——1973. *The Ghaznavids; their empire in Afghanistan and eastern Iran, 994-1040*. 2nd ed. Beirut: Librairie du Liban.

——1977. *The later Ghaznavids: splendour and decay: the dynasty in Afghanistan and northern India, 1040-1186*. Persian Studies Seires, No.7 New York: Columbia University Press.

Brandt, Adam L., Yohannes Hagos, Yohannes Yacob, et al. 2013. The elephants of Gash–Barka, Eritrea: nuclear and mitochondrial genetic patterns. *Journal of heredity*: est078.

Buck, John Lossing 1937. *Land utilization in China: statistics*. Nanking: University of Nanking; Chicago: University of Chicago Press.

Burstein, Staley M. 2008. Elephants for Ptolemy II: Ptolemaic policy in Nubia in the third century B.C. In *Ptolemy II Philadelphus and his world*, ed. Paul McKechnie and Philippe Guillaume, pp.135–47. Leiden; Boston: Brill.

Canepa, Matthew P. 2009. *The two eyes of the Earth: art and tritual of kingship between Rome and Sasanian Iran*. Transformation of the Classical Heritage, 45. Berkeley: University of California Press.

Carrington, Richard 1959. *Elephant; a short account of their natural history evolution and influence on mankind*. New York: Basic Books.

Casson, Lionel 1993. Ptolemy II and the hunting of African elephants. *Transactions of the American Philological Association* 123: 247–60.

Chakravarti, Prithwis Chandra 1972. *The art of war in ancient India*. 1st ed. Delhi: Oriental Publishers.

Champion, Harry George, and Shiam Kishore Seth 1968. *A revised survey of the forest types of India*. Delhi: Manager of Publications.

Chang Chun–shu 2007. *The rise of the Chinese Empire*, 2 vols. Ann Arbor: University of Michigan Press.

Chang, Wen-li 1996. *The Qin terracotta army: treasures of Lintong*. London: Wappingers' Falls, NY: Scala Books; Cultural Relics Publishing House; distributed by Antique Collector's Club.

Charles, Michael B. 2007. The rise fo the Sassanian elephant corps: elephants and the later Roman empire. *Iranica antiqua* 42: 301–46.

Charney, Michael W. 2004. *Southeast Asian warfare*, 1300–1900. Handbook of Oriental Studies; South-East Asia, Section 3. v. 16. Leiden: Brill.

Chowta, Prajna 2010, *Elephant code book*. Bangalore: Asian Nature Conservation Foundation.

Clubb, Ros, and Georgia Mason 2002. A review of the welfare of zoo elephants in Europe: a report commissioned by the RSPCA. Royal Society for the Prevention of Cruelty of Animals.

Coedès, George 1948. *Les états hindouisés d'Indochine et d'Indonésie*. Paris: Boccard.

—— 1968. The Indianized States of Southeast Asia. Honolulu: East-West Center Press.

Coomaraswamy, A.K. 1942. HGorse-riding in the Rgveda and Artharveda. *Journal of the American Oriental Society* 62: 139–40.

Date, Govind Tryambak 1929. *The art of war in ancient India. London*: Oxford University Press.

Davies, Cuthbert Collin 1959. *An historical atlas of the Indian peninsula*. 2nd ed. Madras, New York: Oxford University Press.

Davies, Norman de Garis 1973. *The tomb of Rekh-mi-Rē' at Thebes*. New York: Arno Press.

Deloche, Jean 1986. *Le cheval et son harnachement dans l'art indien*. Lausanne: Caracole.

——1988. *Military technology in Hoysaḷa sculpture: twelfth and thirteenth century*. New Delhi: Sitaram Bhartia Institute of Scientific research.

——1990. *Horses and riding equipment in Indian art*. English ed. Madras: Indian Heritage Trust.

——2007. *Studies on fortification in India*. Collection indologie, 104. Pondicherry; Paris: Institut français de Pondichéry; École française d'Extrême-Orient.

Depuydt, Leo 1997. The time of death of Alexander the Great: 11 June 323 B.C. (–322), ca. 4: 00–5: 00 PM. *Die Welt des Orients* Bd. 28: 117–35.

Deraniyagala, P.E.P. 1955. *Some extinct elephants, their relatives, and the two living species*. Colombo: Printed at the Govt. Press.

Di Cosmo, Nicola 2002. *Ancient China and its enemies: the rise of nomadic power in East Asian history*. Cambridge, UK; New York: Cambridge University Press.

——, ed. 2009. *Military culture in imperial China*. Cambridge, Mass.: Harvard University Press.

Digby, Simon 1971. *War-house and elephant in the Dehli Sultanate: a study of military supplies*. Oxford: Orient Monographs.

Dikshitar, V.R. Ramachandra 1987. *War in ancient India*. Delhi: Motilal Banarsidass.

Dobby, Ernest Henry George 1961. *Monsoon Asia*. Chicago: Quadrangle Books.

Ebeling, Sascha 2010. *Colonizing the realm of words: the transformation of Tamil literature in nineteenth-century South India*. SUNY Series in Hindu Studies. Albany: State University of New York Press.

Epstein, H. 1971. *Domestic animals of China*. New York: African Pub. Corp.

Eisenberg, John F., George M. McKay, and M.R. Jainudeen 1971. Reproductive behavior of the Asiatic elephant (Elephas Maximus maximus L.). *Behaviour* 38 (3/4): 193–225.

Elvin, Mark 2004. *The retreat of the elephants: an environmental history of China*. New Haven: Yale University Press.

Erdosy, George 1988. *Urbanisation in early historic India*. BAR International Series, 430. Oxford, England: B.A.R.

ETF Report. Elephant Task Force, and Mahesh Rangarajan 2010. Gajah: securing the future for elephants in India. The report of the Elephant Task Force, Ministry of Environment and Forests, August 31, 2010. Ministry of Environment and Forest, Government of India.

Evans, G.H. 1910. *Elephants and their diseases: a treatise on elephants*. Rangoon: Superintendent, Government Printing, Burma.

Fairhead, James, and Melissa Leach 1996. *Misreading the African Landscape: society and ecology in a forest-savanna mosaic*. African Studies Series, 90. Cabridge and New York: Cambridge University Press.

Feeley–Harnik, Gillian 1999. "Communities of blood": the natural lhistory of kinship in nineteenth–century America. *Comparative studies in society and history* 41（2）: 215–62.

Ferrier, A.J. 1947. *Care and management of elephants in Burma*. N.p.: Williams, Lea & Co.

Finkel, Irving L., ed. 2007. *Ancient board games in perspective: papers from the 1990 British Museum colloquium, with additional contributions*. London: British Museum Press.

Fisher, Daniel C. 1987. Mastodont procurement by Paleoindians of the Great Lakes region: hunting or scavenging? In *The evolution of human hunting*, ed. Matthew H. Nitecki and Doris V. Nitecki, pp.309–421. New York: Plenum Press.

——2008. Taphonomy and paleobiology of the Hyde Park mastodon. In *Mastodon paleobiology, taphonomy, and paleoenvironment in the late Pleistocene of New York State: Studies on the Hyde Park, Chemung, and North Java sites*, ed. Warren D. Allmon and Peter L. Nester, pp.197–290.

——2009. Paleobiology and extinction of proboscideans in the Great Lakes region of North America. In *American megafaunal extinctions at the end of the Pleistocene*, ed. G. Haynes, pp.55–75. New York: Springer Science + Business Media.

Frankfort, Henri 1936. *Progress of the work of the Oriental Institute in Iraq*, 1934–35. Chicago: Universtiy of Chicago Press.

Friedman, Renée F. 2004. Elephants at Hierakonpolis. In *Egypt at its origins: studies in memory of Barbara Adams*, pp.131–68. Orientalia Lovaniensia analecta, 138. Leuven, Paris, Dodley, MA: Peeters.

Fukai, Shinji, Jiro Sugiyama, Keizo Kimata, Katsumi Tanabe 1983. *Tōkyō Daigaku Iraku Iran Iseki Chōsadan hōkokusho*, Report 19: Taq–I Bustan III, photogrammetric elevations.

Gadgil, Madhav, and Ramachandra Guha 1993. *This fissured land: an ecological history of India. Berkeley*: Universtiy of California Press.

Geer, Alexandra Anna Enrica van der 2008. *Animals in stone: Indian mammals sculptured through time*. Handbuch der Orientalistik. Zweite Abteilung, Indien, Abt. 2, Bd. 21. Leiden; Boston: Brill.

Geiger, Wilhelm 1960. *Culture of Ceylon in mediaeval times*. Wiesbaden: O. Harrassowitz.

Getty, Alice 1992［1936］. *Gaṇeśa: a monograph on the elephant-faced god*. New Delhi: Munshiram Manoharlal.

Goloubew, Victor. 1929. L'âge du bronze au Tonkin et dans le Nord-Annam. *Bulletin de l'Ecole française d'Extrême-Orient* 29 (1): 1–46.

Gommans, Jos J. L. 2002. *Mughal warfare: Indian frontiers and highroads to empire*, 1500–1700. Warfare and History. London: New York: Routledge.

——and D.H.A. Kolff, eds. 2001. *Warfare and weaponry in South Asia, 1000-1800*. Oxford in India Readings. New Delhi: New York: Oxford University Press.

Gonda, J. 1965. The absence of vāhanas in the Veda and their occurrence in Hindu art and literature. In J. Gonda, *change and continuity in Indian religion*, pp.71–114. The Hague: Mouton.

——1989. *The Indra hymns of the Rgveda*. Orientalia Rhenotraiectina, v. 36. Leiden; New York: Brill.

Goossens, Roger 1943. Gloses indiennes dans le lexique d'Hesychius. *L'antiquité classique* 12: 47–55.

Goukowsky, Paul 1972. Le roi Pôros, son éléphant et quelques autres. *Bulletin de correspondence hellénique* 96 (1): 473–502.

Gowers, William 1947. The African elephant in warfare. *African affairs* 46(182 [Jan.]): 42–9.

——1948. African elephants and ancient authors. *African affairs* 47 (188 [July]): 173–80.

Gray, Louis H. and Montgomery Schuyler 1901. Indian glosses in the lexicon of Hesychios. *The American Journal of philology* 22 (2): 195–202.

Gröning, Karl, and Martin Saller 1999. *Elephants: a cultural and natural history*. Cologne: Konemann.

Groslier, George 1921. *Recherches sur les Cambodgiens d'après les textes et les monuments depuis les premiers siècles de notre ère*. Paris: A. Challamel.

Grove, Richard, Vinita Damodaran, and Satpal Sangwan, eds. 1998. *Nature and the Orient: the environmental history of South and Southeast Asia*. Studies in Social Ecology and Environmental History. Delhi, New York: Oxford University Press.

Guha, Ramachandra, and Madhav Gadgil 1989. State forestry and social conflict in British India. *Past and present* (123): 141–77.

Habib, Irfan 1982. *An atlas of the Mughal Empire: political and economic maps with detailed notes, bibliography and index*. Delhi; New York: Oxford University Press.

Hathaway, Michael J. 2013. *Environmental winds: making the global in southwest China*. Berkeley, Los Angeles, London: Universtiy of Claifornia Press.

Hecht, S.B., K.D. Morrison, and C. Padoch, eds. 2014. *The social lives of forests: past, present, and future of woodland resurgence*. University of Chicago Press.

Heckel, Waldemar 2006. *Who's who in the age of Alexander the Great: prosopography of Alexander's empire*. Malden, MA; Oxford: Blackwell.

Heesterman, J.C. 1957. *The ancient Indian royal consecration: the Rājasūya described according to the Yajus texts and annotated*. The Hague: Mouton.

Heger, Franz 1902. *Alte metalltrommeln aus Südost-Asien*, 2 vols. Leipzig: K.W. Heirsemann.

Heine-Geldern, Robert 1947. The drum named Makalamau. *India antiqua*, Special Issue: 167–79.

Hepburn, William n.d. *Elephants, care and gtreatment*. Typescript. "This book has been compiled from notes left by the late William Hepburn, Veterinary Surgeon to the B.B.T.C., and is the result of many years' study by him of elephyants in their domestic state." Robet L. Parkinson Library and Research Center, Circus World Museum, Baraboo, Wisconsin.

Higham, Charles 1989. *The archaeology of mainland Southeast Asia: from 10,000 B.C. to the fall of Angkor*. Cambridge World Archeology. Cambridge; New York: Cambridge University Press.

——1996. *The bronze age of Southeast Asia*. Cambridge World Archaeology. Cambridge; New York: Cambridge University Press.

——2002. *Early cultures of mainland Southeast Asia*. Bangkok: London: River; Thames & Hudson.

Hopkins, Edward Washburn 1889. *The social and military position of the ruling caste in ancient India, as represented by the Sanskrit epic*. New Haven, Conn: Tuttle, Morehouse and Taylor.

Houlihan, Patrick F. 1996. *The animal world of the pharaohs*. London, New York: Thames and Hudson.

Hughes, Julie E. 2013, *Animal kingdoms: hunting, the environment, and power in the Indian princely states*. Ranikhet: Permanent Black; and Cambridge, Massahusetts and London: Harvard University Press.

Irvine, William 1903. *The army of the Indian Moghuls: its organization and administration*. London: Luzac & Co.

Jacq-Hergoualc'h, Michel 1979. *L'Armament et l'organisation de l'armée khmère aux XIIe et XIIIe siècles, d'après les bas-reliefs d'Angkor Vat, du Bàyon et de Banteay Chmar*. Musée Guimet, Collection recherches et documetns d'art et d'archéologie, 12. Paris: Presses Universitaires de France.

——2007. *The armies of Angkor: military structure and weaponry of the Khmers*. 1st English ed. Bibliotheca Asiatica. Bangkok, Thailand: Orchid Press.

Jing Yuan, Han Jian-Lin, and Roger Blench 2008. Livestock in ancient China: an archaeozoological perspective. In *Past migrations in East Asia: matching archaeology, linguistics and genetics*, ed. Alicia Sanchez-Mazas, Roger Blench, Malcolm D. Ross, Ilia Peiros, and Maries Lin, pp.84–104. London and New York: Routledge.

Kailasapathy, K. 1968. *Tamil heroic poetry*. Oxford: Clarendon Press.

Keith, Arthur Berriedale 1925. *The religion and philosophy of the Veda and Upanishads*. Cambridge, Mass: Harvard Universtiy Press; London: H. Milford, Oxford University Press.

Kenoyer, Jonathan M. 1998. *Ancient cities of the Indus Valley Civilization*. 1st ed. Karachi: Islamabad: Oxford University Press; Americna Institute of Pakistan Studies.

Khoo, James C.M. 2003. *Art & archaeology of Fu Nan: pre-Khmer kingdome of the lower Mekong Valley. Bangkok*: Orchid Press; Singapore: Southeast Asian Ceramic Society.

Khyne U Mar 2002. The studbook of timber elepahtns of Myanmar with special reference to survivorship analysis. In Iljas Baker and Masakazu Kashio, eds. 2002. *Giants on our hands: proceedings of the international workshop on the domesticated Asian elephant*, pp.195–211. Bangkok: FAO Regional Office for Asia and the Pacific.

——2007. The demography and life history strategies of timber elephants in Myanmar. PhD thesis, University College London.

Kierman, Frank Algerton, and John King Fairbank, eds. 1974. *Chinese ways in warfare*. Harvard East Asian Series, v. 74. Cambridge, Mass.: Harvard University Press.

Kosambi, D.D. 1956. *An introduction to the study of Indian history*. Bombay:

Popular Book Depot.
——1965. *The culture and civilization of ancient India in historical outline*. London：Routledge and Paul.

Lahiri–Choudhury，Dhriti K. 1999. *The great Indian elephant book：an anthology of writings on elephants in the raj*. New Delhi；New York：Oxford University Press.

Lainé，Nicolas 2010. Les éléphants sous la cour ahom（XIIIe–XIXe s.）. *Athropozoologica* 45.2：7–25.

——forthcoming. Pratiques vocales et dressage animal. Les melodies huchées des Khamtis à lears elephants. In Bénard N. Poulet C. ed.，*Chant pensé，chant vécu，temps chanté：Formes，usages et representations des pratiques vocales*. Rosières–en–Haye：Éditions Camion Blanc.

Lair，Richard C. 1997. *Gone astray：the care and management of the Asian elephant in deomesticity*. RAP publication，1997/16. Bangkok，Thailand：FAO Regional Officer for Asia and the Pacific.

Lal，Makkhan 1984. *Settlement history and rise of civilization in Ganga-Yamuna doab，from 1500B.C. to 300A.D.* New Delhi，India B.R. Pub. Corp.；Distributed by D.K. Publishers' Distributors.

Lattimore，Owen 1937. Origins of the Great Wall of China：a frontier concept in theory and practice. *Geographical review* 27（4）：529–49.

——1951. *Inner Asian frontiers of China*. 2nd ed. American Geographical Society [of New York] Research Series，no.21. Irvington–on–Hudson，N.Y.，New York：Capitol Pub. Co.，American Geographical Society.

Laufer，Berthold 1925. *Ivory in China*. Anthropology，Leaflet 21. Chicago：Fielf Museum of Natural History.

Legrain，Leon 1946. Horseback riding in the third millennium B.C. *University Museum Bulletin，University of Pennsylvania* 11.4：27–33.

Leopold，Aldo 2013. *A sand county almanac & other writings on ecology & conservation*. Library of America，238. New York：Library of Ameirca.

Lévi，Sylvain 1938. *L'Inde civilisatrice；aperçu historique*. Publications de l'Institute de civilization indienne. Paris：Librairie d'Amérique et d'Orient，A. Maisonneuve.

Li Chi 1977. *Anyang*. Seattle：Universtiy of Washington Press.

Lieberman，Victor B. 2003. *Strange parallels：Southeast Asia in global context，c. 800-1830*，vol. 1. Studies in Comparative World History. New

York: Cambridge University Press.

Lincoln, Abraham 1953. *Collected works*. Roy Prentice Basler, ed. New Brunswick, N.J.: Rutgers University Press.

Locke, Piers 2006. History, practice, identity: an institutional ethnography of elephant handlers in Chitwan, Nepal. PhD thesis, University of Canterbury.

Lüders, Heinrich 1905. Eine indische glosse des Hesychios. *Zeitschirift für vergleichende Sprachforschung auf dem Gegiete der Indogermanischen Sprachen* 38 (3): 433–4.

Luo, Zhongmin, ed. 1983. *Qin Shihuang ling bing ma yong*. Di 1 ban. Beijing: Wen wu chu ban she: Xin hua shu dian Beijing fa xing suo fa xing.

Mackay, Ernest John Henry 1937. *Further excavations at Mohenjo-daro, being an official account fo archaeological excavations at Mohenjo-daro carried out by the government of India between the years 1927 and 1931*. Delhi: Manager of Publications.

MacPhee, R.D.E., ed. 1999. *Extinctions in near time: causes, contexts, and consequences*. Advances in Vertebrate Paleobiology. New York: Kluwer Academic/Plenum Publishers.

Mahadevan, Iravatham 1977. *The Indus script: texts, concordance, and tables*. Memoirs——Archaeological Survey of India, No.77. New Delhi: Archaeological Survey of India.

Mark, Michael 2007. The Beginnings of Chess. In *Ancient board games in perspective*, ed. Irving L. Finkel, pp.138–57. London: British Museum Press.

Marshall, John Hubert 1951. *Taxila, an illustrated account of archaeological excavations carried out at Taxila under the orders of the Government of India between the years 1913 and 1934*. Cambridge: University Press.

——1973. *Mohenjo-daro and the Indus civilization; being an official account of archaeological excavations at Mohenjo-daro carried out by the Government of India between the years 1922 and 1927*. Delhi: Indological Book House.

Martin, Paul S. 2005. *Twilight of the mammoths: ice age extinctions and the rewilding of America*. Organisms and Environments, 8. Berkeley: University of California Press.

——, and Richard G. Klein, eds. 1984. *Quaternary extinctions: a prehistoric revolution*. Tucson, Ariz.: Universtiy fo Arizona Press.

Martini, François 1938. En marge du Rāmayāna cambodgien. *Bulletin de l'Ecole française d'Extrême-Orient*. Tome 38: 285–95.

Mayrhofer, Manfred 1986. *Etymologisches Wörterbuch des Altindoarischen*. Indogermanische Bibliothek. Heidelberg: C. Winter.

Meno, Vivek 2009. *Mammals of India*. Princeton Field Guides. Princeton: Princeton University Press.

——, R. Sukumar, and Ashok Kumar 1997. *A god in distress: threats of poaching and the ivory trade to the Asian elephant in India*. Technical report / Asian Elephant Conservation Centre, No.3. Bangalore: Asian Elephant Conservation Centre, Indian Institute of Science.

Michel, Ernst 1952. Ein neuentdecter Annalen–Text Salmanassars III. *Die Welt des Orients*, Bd. 1, H. 6: 454–75.

Milroy, A.J.W. 1922. *A short treatise on the management of elephants*. Shillong: Government Press, Assam.

Monier–Williams, Monier 1899. *A Sanskrit-English dictionary etymologically and philologically arranged with special reference to cognate Indo-European languages*. New ed. Oxford: The Clarendon Press.

Morrison, Kathleen D. forthcoming. Opening up the pre–colonial: primeval forests, baseline thinking, and other archives in environmental history. In *Shifting ground: people, animals, and mobility in India's environmental history*, ed. M. Rangarajan and K. Sivaramakrishnan. New Delhi: Oxford University Press.

Mukherjee, Radhakamal 1938. *The regional balance of man: an ecological theory of population*. Madras: Universtiy of Madras.

Murray, Harold James Ruthven 1913. *A history of chess*. Oxford: Clarendon Press.

Nilakanta Sastri, K.A. 1955. *The Cōḷas*. 2d ed. Rev. Madras University Historical Series, No.9. Madras: University of Madras.

Nowak, Ronald M. 1999. *Walker's mamals of the world*. 6th ed. Baltimore: Johns Hopkins University Press.

OEAE 2001. *The Oxford encyclopedia of ancient Egypt*, 3 vols. New York: Oxford University Press.

Oki, Morihiro, and Shōji Itō 1991. *Genshi Bukkyō bijutsu zuten / Ancient Buddhist sites of Sānchi & Barhu / photograph Morihiro Oki; text Shōji Itō.*

Tōkyō: Yūzankaku.
Parmentier, Henri. 1918. Anciens tambours de bronze. *Bulletin de d'Ecole française d'Extrême-Orient* 18: 1–30.
Patel, Manilal 1961. *The dānastutis of the Rg-Veda*. Vallabh Vidyanagar, India.
Pelliot, Paul 1903. Le Fou–nan. *Bulletin de l'Ecole française d'Extrême-Orient*, Tome 3: 248–303.
Pigeaud, Theodore G.Th., and Prapantja 1960. *Java in the 14th century: a study in cultural history: the Nāgara-Kĕrtāgama by Rakawi Prapañca of Majapahit, 1365 A.D.* Koninklijk Instituut voor Taal–, Land–en Volkenkunde. Translation Series 4. The Hague: M. Nijhoff.
Pittaya, Homkrailas, Rōtčhanaphruk Prawit, and Hng Prathēt Thai Kānthǫngthīeo 2002. *Ta Klang: the elephant valley of Mool River Basin*. Bangkok: Tourism Authority of Thailand.
Pollock, Sheldon I. 2006. *The language of the gods in the world of men: Sanskrit, culture, and power in premodern India*. Berkeley: University of California Press.
Portal, Jane, and Hiromi Kinoshita, eds. 2007. *The first emperor: China's terracotta army*. London: British Museum.
Poncar, Jaroslave, and Albert Le Bonheur 1995. *Of gods, kings, and men: bas-reliefs of Angkor Wat and Bayon*. London: Serindia Publications.
Poncar, Jaroslav, and T.S. Maxwell 2006. *Of gods, kings, and men: the reliefs of Angkor Wat*. Chiang Mai, Thailand: Silkworm Books.
Poole, Joyce H. 1987. Rutting behaviro in African elephants: the phenomenon of musth. *Behaviour* 102 (3/4): 283–316.
Posehl, Gregory L. 2002. *The Indus civilization: a contemporary perspective*. Walnut Creek, CA: AltaMira Press.
Puri, Gopal Singh 1960. *Indian forest ecology: a comprehensive survey of vegetation and its environment in the Indian subcontinent*. 1st ed. New Delhi: Oxford Book & Sationery Co.
Raffles, Thomas Stamford 1965 [1817] . *The history of Java*, 2 vols. Oxford in Asia. Historical Reprints. Kuala Lumpur, New York: Oxford University Press.
Raghavan, V. 1975. *The Ramayana in Greater India*. 1st ed. Rao Bahadur Kamalashankar Pranshankar Trivedi Memorial Lectures, 1973. Surat: South

Gujarat Uiversity.

Ramanujan, A.K. 1967. *The interior landscape; love poems from a classical Tamil anthology*. UNESCO Collection of Representative Works. Bloomington: Indiana University Press.

——1985. *Poems of love and war: from the eight anthologies and the ten long poems of classical Tamil*. Translations form the Oriental Classics. New York: Columbaia University Press.

Rance, Philip 2003. Elephants in warfare in late antiquity. *Acta Ant. Hung*. 43: 355–84.

Rangarajan, Mahesh 2001. *India's wildlife history: an introduction*. Delhi: Permanent Black in association with Ranthambhore Foundation: Distributed by Orient Longman.

——, and K. Sivaramakrishnan, eds. 2012. *India's enrironmental history*. Ranikhet: Permanent Black.

Reid, Anthony 1995. Humans and forests in pre-colonial Southeast Asia. *Environment and history* 1 (1): 93–110.

Richman, Paula, ed. 1991. *Many Rāmāyaṇas: the diversity of narrative tradition in South Asia*. Berkeley: University of California Press.

Roy, Kaushik, ed. 2010. *Warfare, state, and society in South Asia, 500 BCE-2005 CE*. New Delhi: Viva Books.

——2011. *Warfare and politics in South Asia from ancient to modern times*. New Delhi: Monohar Publishers & Distributors.

Russell, William Howard 1877. *The Prince of Wales' tour: a diary in India; with some account of the visits of His Royal Highness to the courts of Greece, Egypt, Spain and Portugal*. New York: R. Worthington.

Sabu 1979. *Mustin't forget*. Niagara Falls, NY: the author. Ringling elephant history. Robert L. Parkinson Library and Research Center, Circus World Museum, Baraboo, Wisconsin.

Sami, Ali 1954. *Persepolis* (Takht-i-Jamshid). Shiraz: Musavi Print Office.

Sanderson, G.P. 1893. *Thirteen years among the wild beasts of India: their haunts and habits from personal observations; with an account of the modes of capturing and taming elephants*. 5th ed. London: W.H. Allen.

Sanft, Charles 2010. Environment and law in early imperial China (third century BCE–first century CE): Qin and Han statures concerning natural resources. *Environmental History* 15: 701–21.

Schachermeyr, Fritz 1966. Alexander und die Ganges–Länder. In G.T. Griffith, *Alexander the great: the main problems*. Cambridge: Heffer; New York: Barnes & Noble.

Schafer, Edward H. 1957. War elephants in ancient and medieval China. *Oriens* 10 (2): 289–91.

Schaller, George B. 1967. *The deer and the tiger; a study of wildlife in India*. Chicago: University fo Chicago Press.

Scharfe, Hartmut 1971. The Maurya dynasty and the Seleucids. *Zeitschrift für vergleichende Sprachforschung* 85 (2): 211–25.

Schulumberger, D., L. Robert, A. Dupont–Sommer, and E. Benveniste 1958. Un bilingue gréco–amraméenne d'Asoka. *Journal asiatique* 246: 1–48.

Scullard, H.H. 1974. *The elephant in the Greek and Roman world. Aspects of Greek and Roman life*. Ithaca, NY; London: Thames and Hudson.

Semenov, Grigori L. 2007. Board games in Central Asia and Iran. In *Ancient board games in perspective*, ed. Irving L. Finkel, pp.169–76. London: British Museum Press.

Sen, Chitrabhanu 2005. *The Mahabharata, a social study*. 1st ed. Calcutta: Sanskrit Pustak Bhandar.

Seneviratne, H.L. 1978. *Rituals of the Kandyan state*. Cambridge Studies in Social Anthropology, 22. Cambridge; New York: Cambridge University Press.

Sharma, S., M. Joachimski, M. Sharma, H.J. Tobschall, I.B. Singh, M.S. Chuahan, and G. Morgenroth 2004. Lateglacial and Holocene environmental changes in Ganga plain, Northern India. *Quaternary Science Reviews* 23 (1–2): 145–59.

Sharma, S., M. M. Joachimski, H.J. Tobschall, I. B. Singh, C. Sharma, and M.S. Chauhan 2006. Correlative evidences of monsoon variability, vegetation change and human inhabitation in Sanai lake deposit: Ganga plain, India. *Current science* 90 (7): 973–8.

Sherwin–White, Susan M., and Amelie Kuhrt 1993. *From Samarkhand to Sardis: a new approach to the Seleucid Empire*. London: Duchworth.

Shinnie, P.L. 1967. *Meroe; a civilization of the Sudan*. Ancient peoples and places, v. 55. New York: F.A. Praeger.

Shoshani, Jeheskel, and John F. Eisenberg 1982. Elephas maximus. *Mannalian speices* 182: 1–8.

Singh, Sarva Daman 1963. The elephant and the Aryans. *Journal of the Royal Asiatic Society of Great Britian and Ireland.*

——1965. *Ancient Indian warfare with special reference to the Vedic period.* Leiden: E.J. Brill.

Singh, Upinder 2010. Politics, violence and war in Kāmandaka's *Nītisāsa. Indian economic and social history review* 47 (1): 29–62.

Skinner, G. William n.d. *Marketing and social structure in rural China.* Tucson: Assoication for Asian Studies. Reprinted from *The Journal of Asian Studies* 1964–5.

Smith, T.M., and Robert Leo Smith 2009. *Elements of ecology.* 7th ed. San Francisco, CA: Pearson Benjamin Cummings.

Smith, Vincent Arthur 1924. *The early history of India from 600 B.C. to the Muhammadan conquest.* 4th ed. Oxford: Clarendon Press.

Soar, Micaela 2007. Board games and backgammon in ancient Indian sculputure. In *Ancient board games in perspective*, ed. Irving L. Finel, pp.177–231. London: British Museum Press.

Sontheimer, Günther–Dietz 2004. *Essays on religion literature and law.* New Delhi: Indira Gandhi National Centre for the Arts and Manohar Publishers.

Sparreboom, M. 1985. *Chariots in the Veda.* Memoirs of the Kern Institute, No.3. Leiden: E.J. Brill.

Spate, O.H.K. and A.T.A. Learmonth 1967. *India and Pakistan: a general and regional geography.* 3rd ed. Revised and completely reset. London: Methuen.

Srinivasa Iyengar, K.R., ed. 1983. *Asian variations in Ramayana: papers presented at the International Seminar on" Variations in Ramayana in Asia: Their Cultural, Social, and Anthropological Significance", New Delhi, January 1981. New January 1981.* New Delhi: Sahitya Akademi.

Stebbing, Edward Percy 1922. *The forests of India.* London: J. Lane.

Sukumar, R. 1989. *The Asian elephant: ecology and management.* Cambridge Studies in Applied Ecology and Resource Management. Cambridge; New York: Cambridge University Press.

——2011. *The story of Asia's elephants.* Mubai: Marg.

Supomo, S. 1993. *Bhāratayuddha: an old Javanese poem and its Indian sources.* Śata–pitaka Series, 373. New Delhi: International Academy of Indian Culture and Aditya Prakashan.

Surovell, Todd, Nicole Waguespack, P. Jeffrey Brantingham, and George

C. Frison 2005. Global archaeological evidence for proboscidean overkill. In *Proceedings of the National Academy of Sciences of the United States of America*, vol. 102, No.17 (April 26), pp.6231–36.

Taylor, Paul Michael and Lorraine V. Aragon 1991. *Beyond the Java Sea: art of Indonesia's outer islands. Washington*, D.C.: New York: National Museum of Natural History, Smithsonian Institution; H.N. Abrams.

Tennent, James Emerson 1867. *The wild elephant and the method of capturing and taming it in Ceylon*. London: Longman, Green.

Toke Gale, U 1974. *Burmese timber elephant*. Rangoon, Burma: Trade Corp.

Truatmann, Thomas R. 1971. *Kauṭilya and the Arthaśāstra; a statistical investigation of the authorship and evolution of the text*. Leiden: Brill.

——1973. Consanguineous marriage in Pali literature. *Journal of the American Oriental Society* 93: 158–80.

——1982. Elephants and the Mauryans. In *India: history and thought. Essays in honour of A.L. Basham*, ed. S.N. Mukherjee, pp.254–81. Calcutta: Subarnarekha. Reprinted in Truatmann, *The clash of chronologies: ancient India in the modern world* (New Delhi: Yoda, 2009), pp.229–54, and in *India's environmental history*, ed. Mahesh Rangarajan and K. Sivaramakrishnan (New Delhi: Permanent Black, 2012), pp.152–81.

——2009. *The clash of chronologies: ancient India in the modern world*. New Perspectives on Indian Pasts. New Delhi: Yoda Press.

——2012. *Arthashastra: the science of wealth*. New Delhi: Allen Lane.

——forthcoming. Toward a deep history of mahouts. *Rethinking human-elephant relations in South Asia*, Piers Locke, ed. New Delhi: Oxford Universtiy Press.

Tregear, T.R. 1966. *A geography of China*. Chicago: Aldine Pub. Co.

Troncoso, Victor Alonso 2013. The Diadochi and the zoology of kingship: the elephants. In *After Alexander: the time of the Diadochi (323-281 BC)*, ed. Victor Alonso Toncoso and Edward M. Anson (Oxford and Oakville: Oxbow Books), pp.254–70.

Tucher, Richard P. 2011. *A forest history of India*. New Delhi; Thousand Oaks: Sage.

Turner, R.L. 1966. *A comparative dictionary of the Indo-Aryan languages*. London; New York: Oxford Universtity Press.

Uno, Kevin T., Jay Quade, Daniel C. Fisher, George Wittemyer, Ian

Douglas-Hamilton, Samuel Andanje, Patrick Omondi, Moses Litoroh, and Thure E. Cerling 2013. Bomb-curve radiocarbon measurement of recent biologic tissures and applications to wildlife forensics and stable isotope (paleo) ecology. *Peoceedings of the National Academy of Sciences*, doi/10.1073/pnas.1302226110: 1-6.

Varadarajaiyer, E.S. 1945. *The elephant in the Tamil land*. Annamalai University Tamil Series, 8. Annamalainagar: Annamalai University.

Varma, Surendra 2013. Gentle giants on the move. *Sanctuary Asia* (October) .

——2014. *Captive elephants in India: ecology, management and welfare*. Compassion Unlimited Plus Action (CUPA) and Asian Nature Conservation Foundation (ANCF), Bangalore, India.

Varma, Surendra, P. Anur Reddy, S.R. Sujata, Suparna Ganguly, and Rajendra Hasbhavi 2008. *Captive elephants of Karnataka: an investigation into population status, management and welfare significance*. Elephants in Captivity: CUPA/ANCF Technical Report, No.3. Bangalore: Compassion Unlimited Plus Action (CUPA) and Asian Nature Conservation Foundation (ANCF) .

Varma, Surendra, P. Anur Reddy, S.R. Sujata, Suparna Ganguly, and Rajendra Hasbhavi 2009. *Captive elephants of Andaman Islands: an investigation into the population status, management and welfare significance*. Elephants in Captivity: CUPA/ANCF Technical Report, no.11. Bangalore: Compassion Unlimited Plus Action (CUPA) and Asian Nature Conservation Foundation (ANCF) .

Varma, Surendra, S.R. Sujata, N. Kalaivanan, T. Rajamanickam, M.C. Sathyanarayana, R. Thirumurugan, S. Thangaraj Panneerselvam, N.S. Manoharan, V. Shankaralingam, D. Boominathan and N. Mahanraj 2008. *Captive elephants of Tamil Nadu: an investigation into the status, management and welfare significance*. Elephants in Captivity: CUPA/ANCF Technical Report, No.5. Bangalore: Compassion Unlimited Plus Action (CUPA) and Asian Nature Convservation Foundation (ANCF) .

Varma, Surendra, Suparna Ganguly, S.R. Sujata, and Sandeep K. Jain 2008. *Wandering elephants of Punjab: an investigation of the population status, management and welfare significance*. Elephants in Captivity: CUPA/ANCF Technical Report, No.2 Bangalore: Compassion Unlimited Plus Action (CUPA) and Asian Nature Conservation Foundation (ANCF) .

Varma, Surendra, George Verghese, David Abrahma, S.R. Sujata, and Rajendra Hasbhavi 2009. *Captive elephants of Andaman Islands: an investigation into the population status, management and welfare significance.* Elephants in Captivity: CUPA/ANCF Technical Report no.11. Bangalore: Compassion Unlimited Plus Action (CUPA) and Asian Nature Conservation Foundation (ANCF).

Vickery, Michael 1998. *Society, economics, and politics in pre-Angkor Cambodia: the 7th–8th centuries.* Tokyo, Japan: The Centre for East

——2003. Funan revisited: deconstructing the ancients. *Bulletin de l'Ecole française d'Extrême-Orient* 90–1: 101–43.

Wales, H.G. Quaritch 1952. *Ancient South-East Asian warfare.* London: B. Quaritch.

Wen Huanran 1995. *Zhongguo li shi shi qi zhi wu yu dong wu bian qian yan jiu.* Wen Rongsheng, ed. First ed. Chongqing: Chongqing chubanshe (*The shifts of plants and animals in China during the historical period.* Chongqing: Chongqing Publishing). The portions dealing with elepahts, translated for the me by Charles Sanft, are:

Chapter 15, pp.185–201. Wen Huanran, Jiang yIngliang, He Yeheng, and Gao Yaoting. Initial research on Chinese wild elephants in the historical period.

Chaper 16, pp.203–9. Wen Huanran, ed. Wen Rongsheng. Reexamining the distribution of wild elephants in China during the historical period.

Chapter 17, pp.211–19. Wen Huanran, ed. Wen Rongsheng. Reexamining the shifts in the wild elephant's range during the historical period in China.

Wheeler, Robert Eric Mortimer 1968. *Early India and Pakistan: to Ashoka.* Rev. ed. Ancient peoples and places, v. 12. New York: Praeger.

Wink, André 1997. Kings, slaves and elephants. Ch. 3 in *Al-Hind: the making of the Indo-Islamic world*, vol. 2: The Slave Kings and the Islamic conquest 11th–13th centuries, pp.79–110. Leiden, New York, Köln: Brill.

Wiseman, D.J. 1952. A new stela of Aššur–naṣir–pal II. Iraq 14 (1): 24–44.

Williams, James Howard 1950. *Elephant Bill.* 1st Ameircan ed. Garden City, NY: Doubleday.

Wilson, H.H. 1855. *A glossary of judicial and revenue terms: and of useful words occurring in official documents relating to the administration of the government of British India, from the Arabic, Persian, Hindustáthí,*

Telegu, *Karnáta*, *Tamil*, *Malayálam*, *and other languages*. London: W.H. Allen and Co.

Woodbury, Angus Munn 1954. *Principles of general ecology*. New York: McGraw Hill.

Woolley, Leonard, and Max Mallowan 1976. *Ur excavations*, vol. VII: *The old Babylonian period*, ed. T.C. Mitchell. British Museum Publications.

Worster, Donald 1994. *Nature's economy: a history of ecological ideas*. 2nd ed. Studies in environment and history. Cambridge [England]; New York: Cambridge University Press.

Wrangham, Richard W. 2009. *Catching fire: how cooking made us human*. New York: Basic Books.

Yalden, D.W., M.J. Largen, and D. Kock 1986. Catalogue of the mammals of Ethiopia. 6. Perissodactyla, Proboscidea, Huyuracoidea, Lagomorpha, Tululidentata, Sirena and Cetacea. *Monitore zoologico italiano/ Italian journal of zoology* N.S. supplement 21: 33–103.

Young, Dwight 2005. *Dear Mr. President: letters to the Oval Office from the files of the National Archives*. Washington, D.C.: National Geographic.

Yule, Henry 1968. *Hobson-Jobson; a golossary of cooloquial Anglo-Indian words and phrases, and of kindred terms, etymological, historical, geographical and discursive*. 2nd ed. Delhi: Munshiram Manoharlal.

Zheng, Dekun 1982. *Studies in Chinese archaeology*. Studies Series / Institute of Chinese Studies, Centre for Chinese Archaeology and Art, 3. Hong Kong: Chinese University Press.

Zimmermann, Francis 1987. *The jungle and the aroma of meats: an ecological theme in Hindu medicine*. Comparative Studies of Health Systems and Medical Care. Berkeley: University of California Press.

Zoetmulder, P.J. 1974. *Kalangwan: a survey of old Javanese literature*. Koninklijk Instituut voor Taal–, Land–en Volkenkunde. Translation Series, 16. The Hague: Martinus Nijhoff.

译后记

云南大象北上的故事被搬上 2022 年春晚的舞台，而此时我已完成本书的翻译工作。当人们都在好奇野象迁徙的原因时，我正在校对本书中有关大象在中国退却的这部分内容。现在回想起来能翻译这部优秀的著作颇有些机缘巧合。2018 年底，我偶遇四川天地出版社的黄媛女士，无意间接触到这本书。令我惊讶的是该书作者特劳特曼的另一本著作《印度次大陆：文明五千年》（*India*，*Brief history of a civilization*）正是我读研时期的专业课教材。于是，我欣然接受本书的翻译任务。

首先，这是一部值得细细品味的作品。作者托马斯 · R. 特劳特曼（Thomas R. Trautmann）是美国著名印度史学者、密歇根大学历史系教授。上文提及的两部著作都是印度古代史学者和学生必备的参考书。本书也是一部融会自然科学和社会科学的大作，涉及生物学、地理学、历史学、军事学、环境科学等多个领域，是一部跨学科著作；它以宏观视角探讨大象在南亚、东南亚、东亚、西亚、北非以及部分欧洲地区被人类利用的历史，以大象为切入点从整体上考察亚、非、欧三大洲使用大象的情况，因此也可称得上是一部有关大象的世界史；它考察了从古至今世界上多个国家和地区使用大象的情况，以及战象的产生、发展、传播和衰落的过程，是一部视角独特、观点新颖的新史学著作。

其次，这是一部优秀的环境史著作。此前，伊懋可的《大象的退却》一书以中国为中心，根据大象数千年退却的历史趋势，分析中国历史上自然与人文的变迁。而本书则以全世界为研究范围，根据有关大象的文献考察古代的王权形式、政治管理、经济交往等多方面的综合情况。

最后，这也是一部有趣的作品。本书的三个关键词，若按照重要性排列，依次为印度、亚欧大陆、中国。在亚欧大陆范围内，除中国外，几乎各个时期的不同文明都存在使用大象的习俗，但唯独中国拒绝使用大象。该问题一直是我在翻译本书时希望能够从中找到答案的兴趣点。特劳特曼将其归因于中国特殊的“土地伦理”。与印度自然环境造就农、牧、林三种区域互补分布不同，中国主要有两种土地使用模式——游牧区和农耕区。这两种土地使用模式以长城为分界线泾渭分明，长城以北为游牧区，以南为农耕区。而在古代，由北向南依次为游牧区、农耕区、林区。中国的环境条件决定着农、牧两大区域的地位重要，且以农耕区为主，森林地带最为弱小，仅是农耕区的附庸。因此，对于以农耕为主的中华文明而言，直接将森林摧毁变为耕地，再将森林部落纳入主流经济体系之中，才是最优的管理方式。读罢此言，我颇为特劳特曼的洞察力所震撼。

另外，在翻译过程中我遇到几点困难，特此说明。

第一，关于专有名词的翻译。本书中许多词汇涉及印度史和世界史。人名、地名和专有名词需要参考专业字典、辞典，所用之专业辞书会在下文第二点中列出。对于没有中文译文的术语，我会参照相关工具书，结合文本给出译文。例如，*Mātaṅgalīlā* 这部印度古代文献。我查遍相关资料，并未找到对应的中文译名。“Mātaṅga”梵语词典解释为“大象”，音译“摩登伽”。而“līlā”梵文词典解释为阴性名词游戏、娱乐之意。汉语中的“猎”字恰好有“打猎，捕捉禽兽”之意。因此，我将 *Mātaṅgalīlā* 翻译为《象猎》。再如，“Indianized kingdom”（印度化王国）和“Indianizing kingdoms”（进行印度化的王国）两个术语的译文，在此需要详述区别。在英语中表示“使……如何”之意的动词，其对应的形容词有两种形式：现在分词 –ing 形式和过去分词 –ed 形式。二者之间的区别在于现在分词（–ing）表示的形容词为动作实施者主动进行，而过去分词（–ed）表示的形容词为动作承受者被动接受。因此，“Indianized”意指“被动接受的印度化”，即东南亚被动地受到印度文化的影响；而“Indianizing”意指“主动选择的印度化”，即东南亚的主体主动选择和效仿印度的王权模式和战象习俗。本书的相关章节也专门对这两个术语进行解释。因此，读者可在上下文语境中体会两个术语在表述上的差异。而我在译文中以“印度化王国”指代“Indianized kingdom”、“进行印度化的王国”指代“Indianizing kingdoms”，特此说明。

第二，关于工具书的使用。本书中地名和人名的翻译依据《世界地名翻译大辞典》《世界人名翻译大辞典》《古代世界历史地图集》（A–M. 威特基等）、《印度地图册》《世界分国地图——印度》。而更为专业的印度史术语参阅的是《佛光大辞典》（慈怡）、《印度文化词典》（毛世昌）、《印度古典文学词典》（毛世昌）和相关梵语辞典。

第三，关于翻译风格。我努力在不改变文本风格的基础上，本着“信、达、雅”的原则翻译此书。对于原文中晦涩难懂的部分，我选择尊重原作者的习惯，尽量在译文中保留作者的语言特色。这可能会使读者读起来感觉困难，但原文本身就很晦涩。

我很荣幸能够翻译本书，历时三年，独立完成，一时感触良多。

在此，我要感谢黄媛女士使我获得翻译该著作的机会。还要感谢天喜文化和天地出版社的编辑对译稿认真负责的编校。同时，感谢在大学时期教导我翻译实践的三位老师——张尚莲、岑秀文、孙乃荣——教会我如何做到信、达、雅，使我具备接手这份工作的能力基础；还要感谢我读研时期的两位导师——刘欣如教授和刘健研究员——传授我世界史和印度史的专业知识，使我拥有翻译这本书的历史素养。最后，感谢我的妻子杨秀美。翻译本书耗时费力，日常工作也很繁重，但是她一直支持我，直到我完成译稿。还有许多人在此过程中给予我帮助，我在此感谢所有在生活和学习中给予我帮助的人。

最后，翻译这本著作算是我多年来学习英语和历史的一场大考，所幸我最终顺利完成了。尽管我竭尽全力，反复斟酌，但毕竟能力和水平有限，难免出现谬误，诚恳盼望读者批评指正。

李天祥

2022年3月8日

从声音到文字，分享人类智慧

天喜文化